智能建造系列丛书

装配式钢结构建筑与智能建造技术

张　鸣　纪颖波 ◎ 主　编
苏　磊　肖彧洁　白玉星 ◎ 副主编

中国建材工业出版社

图书在版编目（CIP）数据

装配式钢结构建筑与智能建造技术/张鸣，纪颖波
主编．--北京：中国建材工业出版社，2022.7
ISBN 978-7-5160-3405-7

Ⅰ.①装… Ⅱ.①张… ②纪… Ⅲ.①智能技术—应
用—装配式构件—钢结构—建筑施工 Ⅳ.①TU758.11

中国版本图书馆 CIP 数据核字（2021）第 257201 号

装配式钢结构建筑与智能建造技术

Zhuangpeishi Gangjiegou Jianzhu yu Zhineng Jianzao Jishu

张　鸣　纪颖波 ◎ 主　编

苏　磊　肖彧洁　白玉星 ◎ 副主编

出版发行：中国建材工业出版社

地　　址：北京市海淀区三里河路 11 号
邮　　编：100831
经　　销：全国各地新华书店
印　　刷：北京印刷集团有限责任公司
开　　本：787mm×1092mm　　1/16
印　　张：18.25
字　　数：450 千字
版　　次：2022 年 7 月第 1 版
印　　次：2022 年 7 月第 1 次
定　　价：**69.80 元**

本书编委会

主　　编	张　鸣	纪颖波
副主编	苏　磊	肖彧洁　白玉星
编　　委	朱颖杰	刘心男　覃洁琼
	曹志亮	浦双辉　崔晓娜
	蒲小强	杨伟峰　张德生
	梁玉景	刘　妍　齐　园
	姚福义	张召冉　李燕姚
	何泽钰	张　品　马　骐

前　言

　　"中国建造"打造了一个个令世界惊叹的超级工程，创造了蜚声海外的国家品牌。在新的历史时期，面对不断快速变化的新形势，"中国建造"迫切需要优化生产关系，提高运营效率，抵御危机压力，重塑核心竞争力。智能建造是建筑业供给侧改革的技术支撑，是做强做优"中国建造"的关键抓手，是增强国家竞争实力的有效途径。智能建造是将信息化、数字化、智能化融入工程建造过程的新型建造方式。

　　在新时代背景下，发展智能建造技术已逐步上升为国家战略，成为建筑行业整体转型升级的新方向。同时，装配式钢结构建筑由于加工和装配性能优良，具有绿色环保、节能高效的特点，在建筑业得到越来越广泛的应用。智能建造技术邂逅装配式钢结构建筑，将显著提升建筑的全生命周期性能，引领新时代的建造业革命。然而目前专业人才的严重缺乏制约了装配式钢结构建筑的发展和推广应用，因此亟须培养掌握装配式钢结构建筑设计、生产、施工和运维智能建造技术的专业人才队伍，编写一本装配式钢结构建筑与智能建造技术的教材亦势在必行。

　　北京建谊投资发展（集团）有限公司长期专注于装配式钢结构建筑智能建造技术的研发与实践，多项创新技术在沧州市天成装配式住宅项目、北京市丰台区成寿寺 B5 地块定向安置房项目、北京市丰台区首钢二通厂南区棚改定向安置房项目等多项大型工程中取得了良好的应用效果，为本书的编写奠定了坚实基础。北方工业大学具有丰富的智能建造专业人才培养经验，在工业化建筑设计施工与预制构件生产、智能装备领域具有丰富的研发和工程经验，建有智能建造领域的实训中心和实验室，已形成较完善的人才培养体系。

　　本书共分 6 章，第 1 章介绍装配式钢结构建筑的基本概念和知识，特别列出了装配式钢结构建筑中常用的部品部件。第 2 章内容包括 BIM 技术的核心知识及其在钢结构住宅建设中应用的理念。第 3～6 章依次讲解装配式钢结构建筑设计、生产、施工、运维各阶段中的智能建造关键技术与应用。各章节的理论知识均配有翔实的工程实例，使本书具有更强的可读性和可操作性。

　　本书由北京建谊投资发展（集团）有限公司张鸣和北方工业大学纪颖波担任主编，北京建谊投资发展（集团）有限公司苏磊、肖彧洁和北方工业大学白玉星担任副主编。本书的编者还包括北方工业大学朱颖杰、刘心男、覃洁琼、刘妍、齐园、姚福义、张召冉、李燕姚，北京建谊投资发展（集团）有限公司曹志亮、浦双辉、崔晓娜、蒲小强、杨伟峰、张德生、梁玉景、何泽钰、张品、马骐。

　　限于作者的水平，加之智能建造技术的迅速发展，书中的不足之处在所难免，诚挚欢迎读者批评指正。

编　者

2022 年 6 月

CONTENTS 目 录

1 绪 论

教学目标

1. 了解装配式钢结构建筑的定义和发展现状。
2. 了解装配式钢结构建筑的特点和适用范围。
3. 了解装配式钢结构建筑体系的分类。
4. 了解装配式钢结构工程中的常用部品部件。

1.1 装配式钢结构建筑定义

装配式建筑是由预制部品部件在工地装配而成的建筑（《装配式建筑评价标准》GB/T 51129—2017）。近年来，我国积极探索发展不同结构形式的装配式建筑，装配式建筑代表新一轮建筑业的科技革命和产业变革方向。装配式建筑从结构材料上可分为装配式混凝土结构、装配式钢结构和装配式木结构建筑等。《装配式钢结构建筑技术标准》（GB/T 51232—2016）指出"装配式钢结构建筑是指建筑的结构系统由钢部（构）件构成的装配式建筑"。即装配式钢结构建筑不等同于装配式钢结构，而是钢结构作为承重结构的装配式建筑。钢结构因其制作及安装特点，主体本身就属于装配式建筑，再配合与钢结构相适应的预制楼板体系、内隔墙体系、装配式外墙体系、设备与管线、卫生间与阳台等，就组成了系统的装配式钢结构建筑。

1.2 装配式钢结构建筑发展现状

发展装配式钢结构建筑既是建造方式的重大变革，也是推进供给侧结构性改革和新型城镇化发展的重要举措，有利于节约资源、减少施工污染、提升劳动生产效率和质量安全水平，有利于促进建筑业与信息化、工业化深度融合，培育新产业新动能，推动化解过剩产能。

1.2.1 国外发展现状

国外的钢结构建筑产业化主要集中在低层装配式钢结构。澳大利亚冷弯薄壁轻钢结构住宅体系应用广泛，该体系具有环保、施工速度快、抗震性能好等显著优点。意大利BSAIS工业化建筑体系适于建造1～8层钢结构住宅，具有造型新颖、结构受力合理、抗震性能好、施工速度快、居住办公舒适方便等优点，在欧洲、非洲、中东等地区得到大量推广和应用。瑞典是世界上建筑工业化较为发达的国家，其轻钢结构建筑构件预制率达到95%。此外，较为典型的装配式建筑体系还有日本积水住宅株式会社的 Sekisui 和 Toyota Homes 住宅体系等。

国外装配式多层、高层钢结构建筑体系比较具有代表性的，一种是美国《钢结构抗震设计规范》中规定的 Kaiser Bolted Bracket 和 ConXtechCon 体系，其使用范围一般局限于多层建筑；另外一种是日本的高层巨型钢结构建筑体系，该建筑将结构构件与各房间的建筑构成分离开，结构主体为由钢柱、钢梁及支撑构成的纯钢框架。

国外装配式复合墙板主要是在1970年以后发展起来的。美国的轻质墙板以各种石膏板为主，以品种多、规格全、生产机械化程度高而著称；日本的石棉水泥板、蒸压硅钙板、玻璃纤维增强水泥板的生产居世界领先水平；英国以无石棉硅钙板为主；德国、芬兰以空心轻质混凝土墙板为主。

1.2.2 国内发展现状

我国装配式钢结构建筑起步较晚，但在国家政策的大力推动下，钢构企业和科研院所投入大量精力研发新型装配式钢结构体系，钢结构建筑从1.0时代快速迈向2.0时代。在1.0时代，钢结构建筑仅是结构形式由混凝土结构改为钢结构，建筑布局、围护体系等一般采用传统做法。而在2.0时代，钢结构建筑实现了建筑布局、结构体系、围护体系、内装和机电设备的融合统一，从单一结构形式向专用建筑体系发展，呈现出体系化、系统化的特点。

1.3 装配式钢结构建筑特点和适用范围

装配式建筑具有标准化设计、工业化生产、装配化施工、一体化装修、信息化管理、智能化应用、支持标准化部品部件等特点，这些特点使装配式建筑与传统建筑在设计、制作及安装过程中都有显著的差别。此外，装配式钢结构建筑的承重构件主要采用钢材制作，具有节能、低碳、环保、抗震性好、加工精度高和安装速度快等特点。从适用范围看，装配式钢结构建筑适用于低层、多层和高层的居住建筑，以及超高层建筑和部分工业建筑。

装配式钢结构的优点主要体现在以下几个方面。

（1）节约成本、缩短工期。

目前现浇混凝土建筑的建设成本中人工费占总造价的15%~20%，材料费占总造价的45%~65%。投资建设成本不断升高的主要原因包括劳动力价格持续升高，传统建造方式工业化水平不高、建造效率低下，建筑材料和设备浪费大、损耗高等。发展装配式钢结构建筑则可以将现场用工数量减少30%，并大幅度降低建筑材料、模板、设备用量及损耗，而且装配式钢结构建筑的建造效率也远高于现场作业，施工不易受天气等因素的影响，因此，建设工期可有效缩短25%，工期更为可控。

（2）节约资源、降低能耗。

装配式钢结构建筑与目前广泛采用现浇方式的建筑相比，在节约资源、降低建筑能耗方面有着无可比拟的优势。其主要构件和外围护材料均在工厂制成、现场组装，相对于传统建筑可以减少建筑垃圾排放量 80%，在建筑施工节水、节电、节材、节地等方面优势明显。在拆除后，主体结构 90% 以上可以重复利用或加工后再利用，对环境产生的负担小。

（3）抗震性好。

钢结构构件的延性好，与混凝土建筑相比，地震作用下不易发生脆性破坏。同时，由于大量采用轻质围护材料，在建筑面积相同时，钢结构建筑的自重远小于钢筋混凝土剪力墙建筑，地震反应小。

（4）建筑空间灵活、使用面积增大。

装配式钢结构建筑采用框架结构体系，钢梁的经济跨度为 5～8m，中间不需要柱的支撑，容易形成大空间。在现代住宅设计中，对使用空间的功能可变性要求越来越高，而钢结构的特点使得空间灵活布置更容易实现。并且，钢构件的截面尺寸远小于混凝土构件，可增大使用面积。

此外，装配式钢结构有以下需要注意的问题。

（1）相对于装配式混凝土结构，外墙体系较为复杂。

（2）防火和防腐问题需要引起重视。

（3）如果设计不当，钢结构比传统混凝土结构造价高，但相对于装配式混凝土建筑而言，仍然具有一定的经济性。

1.4 装配式钢结构建筑体系分类

目前，我国钢结构建筑体系主要分为三类。

（1）以传统钢结构形式为基础开发新型围护体系（图 1.1）的改进型建筑体系。

设计阶段摒弃"重结构、轻建筑、无内装"的错误概念，实行结构、围护和内装三大系统协同设计。以建筑功能为核心，主体以框架为单元展开，尽量统一柱网尺寸，户型设计及功能布局与抗侧力构件协同设置；以结构布置为基础，在满足建筑功能的前提下优化钢结构布置，满足工业化内装所提倡的大空间布置要求，同时严格控制造价，降低施工难度；以工业化围护和内装部品为支撑，通过内装设计隐藏室内的梁、柱、支撑，保证安全、耐久、防火、保温和隔声等性能要求。

（2）"模块化、工厂化"新型建筑体系（图 1.2）。

模块化建筑体系可以做到现场无湿作业，全工厂化生产，较有代表性的体系包括拆装式活动房和模块化箱型房。其中，拆装式活动房以轻钢结构为骨架，彩钢夹芯板为围护材料，标准模数进行空间组合，主要构件采用螺栓连接，可方便快捷地进行组装和拆卸；箱型房以箱体为基本单元，主体框架由型钢或薄壁型钢构成，围护材料全部采用不燃材料，箱房室内外装修全部在工厂加工完成，不需要二次装修。工厂化钢结构建筑体系从结构、外墙、门窗，到内部装修、机电，工厂化预制率达到 90%，颠覆了传统建筑模式。工厂化钢结构采用制造业质量管理体系，所有部品设计经过工厂试验验证后定型，部品生产经过品质管理流程检验后出厂，安装工序必须经过品质管理流程检验才允

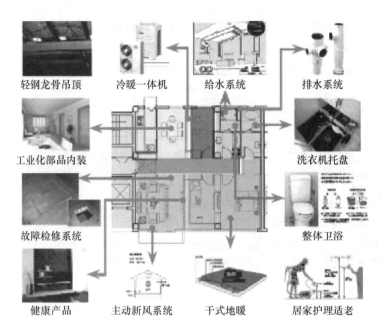

图 1.1　新型围护体系

许进入下一道工序，确保竣工验收零缺陷。由于采用工厂化技术，使得生产、安装、物流人工效率提高 6～10 倍，材料浪费率接近零，总成本比传统建筑低 20%～40%。

图 1.2　工厂化框架及装配式墙板

（3）"工业化住宅"建筑体系。

我国一些企业、科研院所开发了适宜于住宅的钢结构建筑专用体系，解决了传统钢框架结构体系应用在住宅时梁柱凸出的问题。较为典型的钢结构住宅体系有杭萧钢构股份有限公司研发的钢管束组合结构体系（图 1.3）。该体系由标准化、模数化的钢管部件并排连接在一起形成钢管束，内部浇筑混凝土形成钢管束组合结构构件作为承重和抗侧力构件；钢梁采用 H 型钢；楼板采用装配式钢筋桁架楼承板。

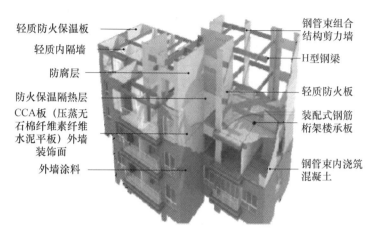

轻质防火保温板
轻质内隔墙
防腐层
防火保温隔热层
CCA板（压蒸无石棉纤维素纤维水泥平板）外墙装饰面
外墙涂料

钢管束组合结构剪力墙
H型钢梁
轻质防火板
装配式钢筋桁架楼承板
钢管束内浇筑混凝土

图 1.3 钢管束组合结构体系

1.5 装配式钢结构建筑部品部件

在装配式钢结构建筑发展初期，由于装配式钢结构住宅的产业链不健全，导致配套的外墙板、楼板、内墙板等可供选择的资源有限，而公共建筑中则因多采用幕墙和楼承板，配套问题不大。近年来从国外引进及自主研发的相关新型建材企业正在蓬勃发展，故可供选择的部品部件已经基本形成体系。建筑部品部件是具有相对独立功能的建筑产品，是由建筑材料、单项产品构成的部件、构件的总成，是构成成套技术和建筑体系的基础。其中，部品指由工厂生产，构成外围护系统、设备与管线系统、内装系统的建筑单一产品或复合产品组装而成的功能单元的统称。部件指在工厂或现场预先生产制作完成，构成建筑结构系统的结构构件及其他构件的统称。下文将介绍各大系统的装配式钢结构部品部件。

1.5.1 建筑系统

建筑系统常用部品部件见表 1.1。

表 1.1 建筑系统部品部件

建筑			
一级编码	30-02.00.00 楼梯	40-02.00.00 窗	40-03.00.00 门
二级编码部品类别	30-02.01.00 普通楼梯	40-02.01.00 内窗	40-03.01.00 室内门
			40-03.02.00 单元门
		40-02.02.00 外窗	40-03.03.00 入户门
	30-02.02.00 特种楼梯		40-03.04.00 防火门
		40-02.03.00 天窗	40-03.05.00 车库门

1.5.2 结构系统

结构系统常用部品部件见表1.2。

表1.2 结构系统部品部件

			结构			
一级编码	30-01.00.00 钢结构	30-03.00.00 钢板剪力墙	30-04.00.00 阻尼器与屈曲支撑	30-06.00.00 楼板	30-05.00.00 防火涂料	50-01.00.00 预留预埋
二级编码部品类别	30-01.01.00 钢结构梁柱 30-01.02.00 钢檩条 30-01.03.00 钢支撑 30-01.04.00 钢结构预埋件 30-01.05.00 钢结构辅件 30-01.06.00 钢结构节点	30-03.01.00 组合钢板剪力墙 30-03.02.00 延性钢板剪力墙	30-04.01.00 阻尼器 30-04.02.00 屈曲支撑	30-06.01.00 钢筋混凝土楼板 30-06.02.00 钢衬板楼板 30-06.03.00 楼承板用辅材 30-06.04.00 楼板支撑 30-06.05.00 楼板后浇带模板	30-05.01.00 防火涂料	50-01.01.00 预埋管 50-01.02.00 预埋螺栓 50-01.03.00 预留洞

1.5.3 围护系统

围护系统常用部品部件见表1.3。

表1.3 围护系统部品部件

	围护		
一级编码	40-01.00.00 建筑墙	40-04.00.00 幕墙	40-05.00.00 屋顶
二级编码部品类别	40-01.01.00 外墙 40-01.02.00 内墙	40-04.01.00 玻璃幕墙 40-04.02.00 金属板幕墙 40-04.03.00 非金属板幕墙	40-05.01.00 坡屋顶 40-05.02.00 平屋顶

1.5.4 机电系统

机电系统常用部品部件见表1.4。

表 1.4　机电系统部品部件

机电					
一级 编码	50-02.00.00 给水排水	50-03.00.00 电气系统	50-04.00.00 供热通风和空调	50-05.00.00 消防系统	50-06.00.00 弱电系统	50-08.00.00 电梯
二级 编码 部品 类别	50-02.01.00 给水系统 50-02.02.00 排水系统 50-02.03.00 水管管件 50-02.04.00 水管附件	50-03.01.00 高压配电系统 50-03.02.00 低压配电系统 50-03.03.00 防雷接地 50-03.04.00 桥架线槽 50-03.05.00 电气配管 50-03.06.00 电线电缆 50-03.07.00 接线盒 50-03.08.00 开关插座 50-03.09.00 灯具灯饰	50-04.01.00 通风系统 50-04.02.00 空调系统 50-04.03.00 新风系统 50-04.04.00 散热器 50-04.05.00 空气幕 50-04.06.00 防排烟系统 50-04.07.00 液体输送设备 50-04.08.00 空气输送设备 50-04.09.00 其他设备	50-05.01.00 消火栓系统 50-05.02.00 自动喷水灭火系统 50-05.03.00 防排烟系统 50-05.04.00 防火卷帘门系统 50-05.05.00 火灾报警及控制系统 50-05.06.00 消防事故广播对讲 50-05.07.00 应急疏散及智能逃生系统	50-06.01.00 可视对讲门禁系统 50-06.02.00 户内呼救报警系统 50-06.03.00 小区周界防范报警系统 50-06.04.00 闭路电视监控系统 50-06.05.00 保安巡更系统 50-06.06.00 停车场管理系统 50-06.07.00 智能花园系统 50-06.08.00 小区背景音乐系统	50-08.01.00 乘用电梯

1.5.5　内装系统

内装系统常用部品部件见表 1.5。

表 1.5　内装系统部品部件

内装修				
一级编码	40-06.00.00 装饰线条	50-07.00.00 智能家居	60-01.00.00 墙面装修	60-03.00.00 顶面装修
二级编码部品类别	40-06.01.00 聚合陶线条 40-06.02.00 GRC 线条 40-06.03.00 铝板线条 40-06.04.00 保温装饰一体板线条 40-06.05.00 水泥压力板装配线条	50-07.01.00 智能家居	60-02.01.00 涂料饰面 60-02.02.00 墙纸类饰面 60-02.03.00 饰面板 60-02.04.00 玻璃 60-02.05.00 吸声板 60-02.06.00 墙面防水材料	60-03.01.00 集成吊顶 60-03.02.00 顶面不吊顶 60-03.03.00 吊装体系 60-03.04.00 吊顶造型 60-03.05.00 顶角线 60-03.06.00 顶面防水材料

思考题

1. 装配式钢结构建筑的定义是什么？
2. 钢结构建筑与装配式钢结构建筑有什么关系？
3. 装配式钢结构建筑体系分为哪几类？
4. 常用的装配式钢结构建筑的部品部件有哪些？

参考文献

[1] 中华人民共和国住房和城乡建设部.装配式建筑评价标准：GB/T 51129—2017 [S].北京：中国建筑工业出版社，2018.

[2] 中华人民共和国住房和城乡建设部.装配式钢结构建筑技术标准：GB/T 51232—2016 [S].北京：中国建筑工业出版社，2019.

[3] 山东省住房和城乡建设厅.装配式钢结构建筑技术规程：DB37/T 5115—2018 [S].北京：中国建筑工业出版社，2018.

[4] 中国建筑标准设计研究院.装配式建筑系列标准应用实施指南（钢结构建筑）[M].北京：中国计划出版社，2016.

[5] 李久林，魏来，王勇，等.智慧建造理论与实践 [M].北京：中国建筑工业出版社，2015.

[6] 马张永，王泽强.装配式钢结构建筑与BIM技术应用 [M].北京：中国建筑工业出版社，2019.

[7] 文林峰.装配式钢结构技术体系和工程案例汇编 [M].北京：中国建筑工业出版社，2019.

2 BIM 技术

教学目标

1. 了解 BIM 的基本应用及发展现状。
2. 了解 BIM 主要相关标准。
3. 理解 BIM 在规划、设计、施工、运维各阶段的应用和优势。
4. 掌握 BIM 的定义及特点。

2.1 BIM 技术概述

2.1.1 BIM 概念的提出

BIM（Building Information Modeling）是"建筑信息建模"的简称，这一概念最初发源于 20 世纪 70 年代的美国，由美国佐治亚理工大学建筑与计算机学院的 Chuck Eastman 博士提出，目前已经在全球范围内得到业界的广泛认可。狭义的 BIM 是指在项目某一个工序阶段应用 BIM；广义的 BIM 是把 BIM 应用到建设项目全生命周期。目前我国已向广义 BIM 应用发展，BIM 技术和解决方案将是我国工程建设行业实现高效、协作和可持续发展的必由之路。

美国国家 BIM 标准中定义：BIM 是建设项目的兼具物理特性与功能特性的数字化模型，且是从建设项目的最初概念设计开始的整个生命周期里做出任何决策的可靠共享信息资源。实现 BIM 的前提是：在建设项目生命周期的各个阶段，不同的项目参与方通过在 BIM 建模过程中插入、提取、更新及修改信息以支持和反映各参与方的职责。BIM 是基于公共标准化协同作业的共享数字化模型。这个定义反映了 BIM 的三种重要属性：

（1）BIM 是关于建筑设施的数据产品或智能数字化表述。

（2）BIM 是一种协作过程，它包含事务驱动和自动化处理能力，以及维护信息的可持续性和一致性的开放信息标准。

（3）BIM 是一种熟知的用于信息交换、工作流和程序步骤的工具，可作为贯穿建筑全生命周期的可重复、可验证、可维持和明晰的信息环境。

2.1.2 BIM 技术特点

1. 可视化

BIM 可以实现装配式钢结构三维建模，能够三维展现建筑工程项目的全貌、构件连接、细部做法以及管线排布等。这种可视化模式具有互动性和反馈性，便于设计、制作、运输、施工、装修、运维等各个单位的沟通与讨论。

BIM 的出现可以作为设计者工作方式的转折点，设计者可以利用三维立体的方式，将预想的设计图以三维的形式展现，不再局限于原来的平面设计；同时，在制作效果图方面，由于以往的效果图制作都是在效果图公司完成，而不是设计者本人完成，所以往往缺少真实的互动性和反馈性。BIM 对于构件的互动以及反馈有较为明确的说明，设计者在进行模型设计时，无论任何阶段都能够实现项目的可视化，使设计者能够更为清楚地了解设计的具体情况，这在建造过程、运营过程中也同样能够实现。

2. 可协调性

BIM 可以实现装配式钢结构工程全生命周期内的信息共享，使工程设计、制作、运输、施工、装修、运输等各环节信息互相衔接。基于 BIM 的三维设计软件可以提供清晰、高效、专业的沟通平台。当各专业项目信息出现"不兼容"时，如管道冲突、预留洞口不合适等，可在工程建造前期进行协调，生产协调数据，减少不合理变更方案或者问题变更方案。

对于施工单位和设计单位来说，协调好不同部门的工作十分重要，在项目实行过程中经常会出现很多问题，因此，需要通过相互协调来找到问题产生的原因和解决的方法。在建筑设计过程中由于各设计师之间没有达到很好的沟通，经常会出现施工图纸交叉等问题。例如，暖通等专业在进行管道布置过程中，需要在施工的图纸上绘制施工路线，但在实际的操作过程中管线的布置位置可能与房屋的整体结构发生冲突。BIM 的应用就能大幅度减少这些冲突的产生。对于不同专业之间相互碰撞的情况，通过协调数据来进行相应的调整。BIM 的优点不仅是处理不同专业之间的交叉问题，同时还能处理更为复杂的情况，例如电梯井的布置、防火区与其他安全问题设计布置的交叉、地下排水以及其他设计间的交叉等。

3. 模拟性

BIM 不仅能够三维呈现建筑物模型，还能够模拟不在真实世界中进行操作的事物。例如，在设计阶段，能够对建筑物进行节能模拟、日照模拟、紧急疏散模拟等；在施工阶段，利用四维施工模拟软件可以根据施工组织设计模拟实际施工，从而确定合理的施工进度控制方案；另外，还可以对整个工程造价进行快速计算，从而实现工程成本的合理控制；在运营维护阶段，可以对应急情况处理方式进行模拟，例如火灾或地震逃生模拟等。

4. 优化性

从前期规划、中期设计施工到后期运营维护，整个装配式钢结构工程项目就是一个不断优化的过程。现代建筑复杂程度较高，参与人员本身的能力无法掌握所有信息，必须借助一定的科学技术和设备的帮助。BIM 及其配套的优化工具为这类复杂项目的优化提供了可能。例如，在装配式钢结构建筑前期项目方案阶段，BIM 可实现项目投资及其回报的快速计算，使建设单位更加直观地知道哪种方案更加适合自身需求；在设计阶段，可以对某些施工难度较大的设计方案进行优化，控制造价和工期。

5. 输出性

BIM可以输出的装配式钢结构建筑图纸包括综合管线图（经过碰撞检查和设计修改，消除了相应错误以后）、综合结构留洞图（预留套管图）、碰撞检查侦错报告和建议改进方案等。

6. 可追溯性

在装配式建筑全生命周期的不同阶段，BIM模型信息是一致的，同一信息无须重复输入，而且信息模型能够自动演化，模型对象在不同阶段可以简单地进行修改和扩展而无须重复创建，避免了信息不一致的错误，便于实现信息追溯。信息模型中的对象是可识别且相互关联的，系统能够对模型的信息进行统计和分析，并生成相应图形和文档，如果模型中的某个对象发生变化，与之关联的所有对象都会随之更新，以保持模型的完整性和稳定性。

BIM的成果之一就是完善的信息模型，能够连接建筑项目生命周期不同阶段的数据、过程和资源，是对工程对象的完整描述，可被建筑项目各参与方普遍使用，实现装配式建筑全生命周期的追溯。

7. 高度集成化

装配式钢结构建筑项目不同阶段的数据都被收录到一个完整的数据库中，BIM技术的主要作用是对项目进行数据信息的统一处理，并对数据库进行架构。这些项目数据信息主要是项目的基础信息、附属信息等。项目的基础信息包括预制构件的物理性能、梁柱的大小情况、位置的坐标情况、材料密度大小以及导热情况等。厂家信息则属于附属信息。从数据信息来看，由于组织方式存在差距，BIM能够做到信息的单一对接，而传统的信息则是一个与多个之间对接。从这些对比中能够发现，BIM项目不仅有较为完整的数据信息，同时还能够让信息更加完整地保存和传输。这对于项目中的各个参与方来说，项目信息会更加公开化，团队之间的协作也会更加默契。

2.1.3　BIM系列软件

BIM软件就是BIM的应用工具，其核心特征包括：支持面向对象的操作，以n（$n \geqslant 3$）维建模为基础；支持参数化技术；支持开放式数据标准；提供更强大的功能。通常BIM软件可分为三大类：①模型创建软件；②模型应用软件；③协同平台软件。目前主流软件有以下几种。

1. Autodesk Revit系列软件

Revit建筑设计软件专为建筑信息建模（BIM）而构建，可帮助专业的设计和施工人员使用协调一致的基于模型的方法，将设计创意从最初的概念变为现实的构造。Revit是一个综合性的应用程序，其中包含适用于建筑设计（Revit Architecture）、机械、电器和管道（Revit MEP）、结构工程（Revit Structure）以及工程施工（Revit Construction）的各项功能。

目前，可以说Revit是国内BIM软件中的主流，因为其强大的族功能，上手容易，深受设计单位和施工企业喜爱。可进行局部碰撞检查，不需要对全部构件进行检查，节省检查时间，还可以利用显示功能，自动跳转到问题构件；价格低廉，基于 CAD 基础，上手容易；文件格式兼容性强，学习资源丰富。

2. Bentley 三维设计软件

Bentley 软件一般用于工业设计院，主要应用在基础设施建设、海洋石油建设、厂房建设等。可以支持 DNG 和 DWG 两种文件格式，这两种格式是全球 95％基础设施文件格式，可直接编辑，非常便利；可以记录修改流程，比较修改前后的设计。并且，Bentley 公司有协同设计平台，使各专业充分交流，具有管理权设置与签章功能。可以将模型发布到 Google Earch，还可以将 SketchUp 模型导入其中，支持任何形体较为复杂的曲面。

3. Tekla Structures 软件

Tekla Structures 软件是国内钢结构建筑工程中应用最为广泛的 BIM 软件，具有强大的钢结构设计、施工以及制造的能力。Tekla Structures 的功能包括3D 实体结构模型与结构分析完全整合、3D 钢结构细部设计、3D 钢筋混凝土设计、专案管理、自动 Shop Drawing、BOM 表自动生成系统。可以追踪修改模型的时间以及操作人员，方便核查；内设有结构分析功能，不需要转换，可以随时导出报表。

4. 广联达 BIM 5D 软件

广联达 BIM 5D 以 BIM 平台为核心，集成全专业模型，并以集成模型为载体，关联施工过程中的进度、合同、成本、质量、安全、图纸、物料等信息，为项目提供数据支撑，实现有效决策和精细管理，从而达到减少施工变更、缩短工期、控制成本、提升质量的目的。其具有模型全面、接口全面、数据精确、功能强大等特点。

5. Navisworks 软件

Autodesk Navisworks 软件能够将 AutoCAD 和 Revit 系列等应用创建的设计数据，与来自其他设计工具的几何图形和信息相结合，将其作为整体的三维项目，通过多种文件格式进行实时审阅，而无须考虑文件的大小。Navisworks 软件产品可以帮助所有相关方将项目作为一个整体来看待，优化从设计决策、建筑实施、性能预测和规划直至设施管理和运营等各个环节。Autodesk Navisworks 软件系列包括三款产品，能够帮助扩展团队加强对项目的控制，使用现有的三维设计数据透彻了解并预测项目的性能，即使在最复杂的项目中也可提高工作效率，保证工程质量。

6. ArchiCAD/AllPLAN/VectorWorks

2007 年 Nemetschek 收购 Graphisoft 以后，Archi CAD/AllPLAN/VectorWorks 三个产品就被归到同一个门派里面了，其中国内同行最熟悉的是 Archi CAD，它属于一个面向全球市场的产品，应该可以说是最早的一个具有市场影响力的 BIM 核心建模软件，但是在我国由于其专业配套的功能（仅限于建筑专业）与多专业一体的设计院体制不匹配，很难实现业务突破。Nemetschek 的另外两个产品，AllPLAN 主要市场在德语区，VectorWorks 则是其在美国市场使用的产品名称。

7. CATIA

Dassault 公司的 CATIA 是全球最高端的机械设计制造软件，在航空、航天、汽车等领域具有接近垄断的市场地位，它应用到工程建设行业无论是对复杂形体还是超大规模建筑，其建模能力、表现能力和信息管理能力都比传统的建筑类软件有明显优势，而与工程建设行业的项目特点和人员特点的对接问题则是其不足之处。Digital Project 是 Gery Technology 公司在 CATIA 基础上开发的一个面向工程建设行业的应用软件（二次开发软件），其本质还是 CATIA，就跟天正的本质是 AutoCAD 一样。

2.2　BIM 技术发展现状与方向

2.2.1　发展现状

1. 美国

在美国，关于 BIM 的研究和应用起步较早。时至今日，BIM 应用已经初具规模，各大设计事务所、施工公司和业主纷纷主动在项目中应用 BIM，政府和行业协会也出台了各种 BIM 标准。有统计数据表明，2009 年美国建筑业 300 强企业中 80% 以上都应用了 BIM 技术。威斯康星州政府已实施并强制性要求，如果公共项目的预算等于或超过 500 万美元总预算，则必须实施 BIM。

2. 英国

英国是目前全球 BIM 应用增长最快的地区之一。作为最早把 BIM 应用在各项政府工程上的国家之一，英国不仅颁布了各项规定并制定了相关标准，并且出台了 BIM 强制政策，从而减少工作重复性，节省设计、工期和总体项目管理的成本。

3. 日本

在日本，BIM 应用已扩展到全国范围，并上升到政府推进的层面。日本的国土交通省负责全国各级政府投资工程，包括建筑物、道路等的建设、运营和工程造价管理。国土交通省的大臣官房（办公厅）下设官厅营缮部，主要负责组织政府投资工程建设、运营和造价管理等具体工作。2010 年 3 月，国土交通省官厅营缮部宣布，将在其管辖的建筑项目中推进 BIM 技术，根据今后实施对象的设计业务来具体应用 BIM。

4. 韩国

在韩国，已有多家政府机关致力于 BIM 应用标准的制订，韩国公共采购服务中心下属的建设事业局制订了 BIM 实施指南和路线图。具体路线图为：2010 年，1～2 个大型项目施工 BIM 示范使用；2011 年，3～4 个大型项目施工 BIM 示范使用；2012—2015 年，500 亿韩元以上建筑项目全部采用 4D（3D+cost）的设计管理系统；2016 年，实现全部公共设施项目使用 BIM 技术。

5. 新加坡

自 2015 年以来，新加坡建设局已在所有公共项目中实施了 BIM。新加坡政府拨款 2.5 亿新元用于实施 BIM，将 BIM 作为数字化重点，建筑和建设管理局 CORNET 已于 2015 年实施了 BIM 电子提交。对于所有大于 5000m² 的项目强制应用 BIM。由于实施了 BIM，新加坡建筑业的生产力有了显著的提升。

6. 澳大利亚

建筑业为澳大利亚的经济增长做出了巨大贡献，建筑业产值约占 GDP 的 7.8%。

为了提高建筑建造效率，专业人员正在采用BIM，但是缺乏一致性。由于没有统一的方法，在澳大利亚采用BIM仍然不均衡，很少有私人企业实施BIM。2016年，政府敦促成立一个智能基础设施工作队，以便在5000万美元以上的公共项目中推广实施BIM。

7. 中国

在我国，一向是亚洲潮流风向标的香港地区，BIM技术已经广泛应用于各类型建筑项目中，并于2009年成立了香港BIM学会。2010年，中国房地产业协会商业地产委员会率先组织研究并发布了《中国商业地产BIM应用研究报告》，用于指导和跟踪商业地产领域BIM技术的应用和发展。"十一五"期间，BIM已经进入国家科技支撑计划重点项目。在住房城乡建设部发布的《2011—2015年建筑业信息化发展纲要》中明确提出："'十二五'期间要加快建筑信息模型（BIM）、基于网络的协同工作等新技术在工程中的应用"。2012年由中国建筑科学研究院等单位共同发起成立的中国BIM发展联盟标志中国BIM标准正式启动。2016年8月23日，住房城乡建设部印发了《2016—2020年建筑业信息化发展纲要》，要求全面提高建筑业信息化，增强BIM、大数据、智能化、移动通信、云计算、物联网等信息技术集成应用能力，建筑业数字化、网络化、智能化取得突破性进展，初步建成一体化行业监管和服务平台。

2.2.2　发展方向

（1）在BIM极大应用价值的基础上引入时间维度，形成最终的BIM 4D建模，将不再借助第三方软件，其应用给项目带来更高价值，更加有助于项目施工管理，从根本上实现工程信息的集成化管理，提高项目的管理效率和信息化水平。基于BIM的4D建模代表了4D信息模型的发展方向。

（2）BIM不仅是强大的设计平台，更重要的是它把创新应用——体系化设计与协同工作方式相结合，将对传统设计管理流程和设计院技术人员结构产生变革性的影响。高人力成本、高专业水平的技术人员将从繁重的制图工作中解脱出来而专注于专业技术本身，而较低人力成本、高软件操作水平的制图员、建模师、初级设计助理将担当起大量的制图建模工作，这为社会提供一个庞大的就业机会，同时为高等院校的毕业生就业展现了新的前景。

2.3　BIM主要相关标准

1. 《建筑工程设计信息模型交付标准》

2017年3月15日，BIM重要国家标准——《建筑工程设计信息模型交付标准》送审稿顺利通过审查。本次审查会邀请了12位行业知名专家组成审查专家组，专家组成员涵盖了审批、业主、设计、施工等工程参与方及其他BIM国家标准专家。

（1）《建筑工程设计信息模型交付标准》是第一批立项的有关建筑信息模型（BIM）国家标准之一，于2012年开始正式编制，由中国建筑标准设计研究院担任主编单位，其他47家参编单位来自国内有影响力的业主单位、设计单位、施工总承包单位、科研院所和软件企业。

（2）《建筑工程设计信息模型交付标准》送审稿梳理了设计业务特点，同时对BIM信息的交付准备、交付过程、交付成果均做出了规定，提出了建筑信息模型工程设计的四级模型单元，并详细规定了各级模型单元的模型精细度，包括几何表达精度和信息深度等级；提出了建筑工程各参与方协同和应用的具体要求，也规定了信息模型、信息交换模板、工程制图、执行计划、工程量、碰撞检查等交付物的模式。

（3）《建筑工程设计信息模型交付标准》是BIM国家标准体系的重要组成部分，将与其他标准相互配合、共同作用，逐步形成BIM国家标准体系，为行业标准、地方标准等提供重要的框架支撑，同时为国际BIM标准的协同和对接提供依据，其针对性和可操作性也有利于推动建筑信息模型技术在工程实践过程中的应用。中国BIM国家标准——《建筑工程设计信息模型交付标准》的出台，将给建筑业带来巨大改变，也必将BIM推向又一个高潮。

2.《建筑信息模型施工应用标准》

《建筑信息模型施工应用标准》于2017年5月4日发布，由中国建筑科学研究院、中国建筑股份有限公司主编，由住房城乡建设部标准定额研究所组织中国建筑工业出版社出版发行。

《建筑信息模型施工应用标准》的发布实施规范和引导了施工阶段建筑信息模型应用，有效提升施工信息化水平并提高信息应用效率和效益。根据施工进度的不同阶段，规定了施工模型与施工图设计模型中的模型细度等级，提出了建筑施工中施工工艺模拟、结构深化设计和预制加工的标准与流程，规定了各阶段施工模型中的模型元素及信息，同时提出了施工进度计划与预算成本管理的具体要求，需要根据实际进度对数据进行整理分析，将信息关联至进度管理模型与成本模型中。

《建筑信息模型施工应用标准》的发布有力地促进了建筑信息模型技术的推广，加快推进BIM技术在新型建筑工业化全寿命期的一体化集成应用。推进BIM报建审批和施工图BIM审图模式，推进与城市信息模型平台的融通联动，提高信息化监管能力，提高建筑行业全产业链资源配置效率。

3.《建筑信息模型分类和编码标准》

《建筑信息模型分类和编码标准》由中国建筑标准设计研究院担任主编单位，参考了有关国际标准与国外先进标准，对应着国际标准体系的第一类分类编码标准，于2018年5月1日起实施。

《建筑信息模型分类和编码标准》规范了建筑信息模型中信息的分类和编码，并将建筑信息模型按照功能、形态、元素和工程项目阶段等进行分类，同时规定了编码的逻辑运算符号与编码应用，实现建筑工程全生命期信息的交换与共享。

4.《建筑信息模型应用统一标准》

2016年12月2日，中华人民共和国住房和城乡建设部发布《建筑信息模型应用统一标准》国家标准，自2017年7月1日起实施。由中国建筑科学研究院主编，由住房城乡建设部标准定额研究所组织中国建筑工业出版社出版发行。

《建筑信息模型应用统一标准》提出建筑信息模型的模型结构与模型扩展具体要求，要求采用开放的模型结构，并按照不同应用需求形成子模型，增加模型元素时需要根据种类与数据进行实体扩展方式或者属性扩展方式；规定模型应用宜采用基于工程实践的建筑信息模型应用方式，并对模型创建、模型使用和组织实施提出相应要求。

《建筑信息模型应用统一标准》适用于建设工程全生命期内建筑信息模型的创建、使用和管理，充分利用社会资源，共同建立、维护基于 BIM 技术的标准化部品部件库，实现设计、采购、生产、建造、交付、运行维护等阶段的信息互联互通和交互共享。

5. 《建筑工程设计信息模型制图标准》

《建筑工程设计信息模型制图标准》是第一批立项的有关建筑信息模型国家标准之一，由中国建筑标准设计研究院主编，于 2019 年 6 月 1 日起实施。

《建筑工程设计信息模型制图标准》规定了建筑信息模型的制图表达应满足工程项目各阶段的应用需求，并需要同时满足《建筑信息模型设计交付标准》中对于建筑信息模型制图的规定；提出了模型单元以几何信息和属性信息表达工程对象设计内容的规定，并要求建筑信息模型交付物应利用多种方式体现模型信息，各表达方式与信息模型需要具有关联关系；各类表达方式应采用与模型单元分类、组合相融合的单元化表达方法。

《建筑工程设计信息模型制图标准》规范了建筑工程设计的信息模型制图表达，提高了工程各参与方识别设计信息和沟通协调的效率，适应工程建设的需要。

2.4　BIM 模型精度和深度等级

模型的细致程度定义了一个 BIM 模型构件单元从最初级的概念化的程度发展到最高级的竣工级精度的步骤。按照 BIM 模型的运行阶段不同，从概念设计到竣工设计共划分为 5 个阶段：

（1）1.0 阶段，等同于概念设计，此阶段的模型通常为表现建筑整体类型分析的建筑体量，分析包括体积、建筑朝向、每平方造价等。

（2）2.0 阶段，等同于方案设计，此阶段的模型包含普遍性系统，包括大致的数量、大小、形状、位置以及方向。

（3）3.0 阶段，模型单元等同于传统施工图和深化施工图的层次。

（4）4.0 阶段，此阶段的模型被认为可以用于模型单元的加工和安装。

（5）5.0 阶段，最终阶段的模型表现项目竣工的情形。

BIM 模型深度应按不同专业划分，包括建筑、结构、机电专业的 BIM 模型深度。BIM 模型深度应分为几何和非几何两个信息维度。

2.4.1　几何表达精度等级划分

在建筑信息模型中应选取适宜的几何表达精度呈现模型单元几何信息，在满足设计需求的前提下，应选取较低等级的几何表达精度，不同的模型单元可选取不同的几何表达精度。几何表达精度详见表 2.1。

表 2.1 几何表达精度等级

等级	英文名	代号	几何表达精度要求
1级几何表达精度	Level 1 of geometric detail	G1	满足二维化或者符号化识别需求的几何表达精度
2级几何表达精度	Level 2 of geometric detail	G2	满足空间占位、主要颜色等粗略识别需求的几何表达精度
3级几何表达精度	Level 3 of geometric detail	G3	满足建造安装流程、采购等精细识别需求的几何表达精度
4级几何表达精度	Level 4 of geometric detail	G4	满足高精度渲染展示、产品管理、制造加工准备等高精度识别需求的几何表达精度

2.4.2 信息深度等级划分

在建筑信息模型中，根据不同的交付阶段。需要各模型单元达到要求的信息深度等级。信息深度等级详见表 2.2。

表 2.2 信息深度精度等级

等级	英文名	代号	等级要求
1级信息深度	Level 1 of information detail	N1	宜包含模型单元的身份描述、项目信息、组织角色等信息
2级信息深度	Level 2 of information detail	N2	宜包含和补充 N1 等级信息，增加实体系统关系、组成及材质、性能或属性等信息
3级信息深度	Level 3 of information detail	N3	宜包含和补充 N2 等级信息，增加生产信息、安装信息
4级信息深度	Level 4 of information detail	N4	宜包含和补充 N3 等级信息，增加资产信息和维护信息

2.5 BIM 技术在钢结构住宅中的应用

相比传统住宅建筑的建造方式，装配式钢结构住宅的建造过程包含设计、加工、物流、装配、运维等建造全过程技术协同以及建筑、结构、水暖电、内外装等全专业技术协同的复杂工况。因此，信息化平台的应用非常重要，通过将 BIM 技术与互联网、云技术结合应用，搭建信息化协同工作平台，实现构件级异地协同技术，进行广泛的模型和信息共享，多参与方在任何阶段均可进行基于模型和信息的实时协同，可以大大提高生产效率，减少风险。

2.5.1 规划阶段

在项目规划阶段，采用多规合一系统平台，可以通过"一个平台、一个模型、一组数据"整合离散在各政府部门的数据,以"BIM＋GIS"技术为依托、以模型为载体、以数据整合与应用为目的、以整合建筑产业链中小企业创新性资源为途径、以集合建筑行业全生命周期的创新应用为愿景,简化政府审批工作、减少社会成本,实现政府管理的智能化、社会资源的集约化,为政府和社会提供基于模型智能数据的平台化服务,最终开创一个数据智能驱动的简约、快捷、优质、高效的建筑行业信息化新生态。

多规合一系统平台以多规合一全信息模型为载体,整合建筑行业的智能化数据,集成建筑行业信息化创新与技术革新,为政府和社会提供基于模型数据的联合审批、三维辅助审查、智慧规划、双模检验等智能化数据服务。

多规合一联合审批平台基于 BIM＋GIS 模型进行项目建设联合审批,具有简化工作、提高效率、明确责任、精确审批、节约社会资源等优势,减少政府人力资源 30%,减少时间成本 70%,节约经济总成本 30%。

三维辅助审查系统通过规划审核的规章规范进行计算机编程,通过算法、旋转卡壳法,实现计算机智能审批规范,减少人工审批的种种风险责任及错误,同时,计算机出具审核结果报告单,使传统审批周期缩减至几秒钟,实现从一个审批人员审核 50 个项目,到一台计算机审核 500 个项目。

智慧规划系统基于人工智能技术,结合了机器学习、大数据、云计算、智能显示与 VR 等技术,帮助建筑师和开发商完成常规的规划和建筑设计前期工作,节约设计院管理成本高达设计费用的 65%,软件提供多种合规性方案供建设方选择,提高设计效率、设计质量。

2.5.2 设计阶段

在项目设计阶段,利用 BIM 技术及协同设计平台 (图 2.1),建筑、结构、给排水、空调、电气等各个专业可基于一个模型进行工作,从而使真正意义上的三维集成协同设计成为可能,并在线基于模型数据进行协同对话。建筑专业可采用 Archi CAD、Sketch Up、Revit 等软件,结构专业采用 PKPM、盈建科、Tekla 等软件,机电暖通专业采用 Revit、Magi CAD 等软件,并通过 BIMcloud、鲁班 iWorks、Autodesk 360 等协同设计平台整合各专业模型,实现不同软件模型之间的数据交换,最终实现多方、异地、实时协同设计工作。

在二维图纸时代,各个设备专业的管道综合是一个烦琐、费时的工作,并且很难发现全部问题,经常引起施工中的反复变更。而 BIM 技术可实现在设计阶段综合各专业设计模型进行软、硬碰撞检查,结构与专业管线、专业管线与专业管线之间的冲突会三维直观地显现出来。对于需要调整的位置可反馈至各专业负责人处,设计师可以根据所在位置的情况调整设计,避免因专业间协调问题而产生不必要的因设计而产生的浪费情况。BIM 模型的设计修改比传统二维图纸修改容易得多,只要一处修改,相关联的整个项目数据自动协调更新,各个视图中的平、立、剖面图自动修改更新,不会出现图纸各视图出现漏改、不一致的现象。而且借助 BIM 模型可简化图纸设计过程,如实现利用 Archi CAD 软件直接出建筑专业施工图,利用 Tekla 软件直接出钢结构施工图等。

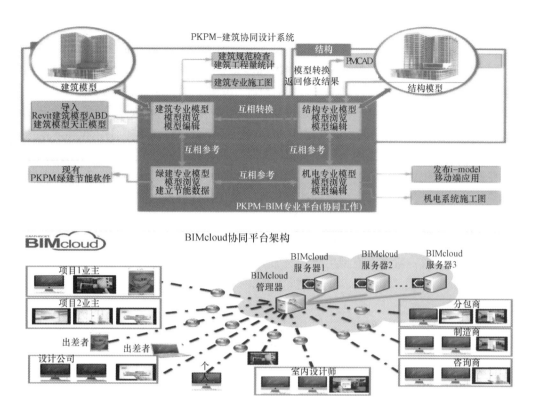

图 2.1　协同设计平台

此外，通过部品部件的研究，将建筑产业化工作前置到设计端，在 BIM 模型中直接输出工厂部品部件模型，对接生产。建筑师、结构工程师、生产厂协同家、安装工程师从方案阶段直到实施的全过程密切配合和共同创作，实现设计、生产、施工的一体化。

BIMcloud 是一个运行在服务器端的协同平台，客户端无须安装任何程序，可以通过网页直接登录，也可以通过 Archi CAD 连接加入团队工作登录到 BIMcloud、对于 BIM 设计过程中各阶段各领域专业人员，BIMcloud 通过权限、角色、项目等设置，不仅完美支持团队内部的协同，还将外部参与人员纳入到一个协同平台上，进行高效有序的管理和协同工作。BIMcloud 平台适用于任意类型及规模的项目，其高超的运行效率保证了不同规模项目的可实施性；同时，还能让身处不同地点、区域的参与者随时随地了解项目进度，有效参与 BIM 设计过程。

2.5.3　加工阶段

在钢结构各部品部件加工前，可以通过互联网地域经济平台进行供货商的优选。地域经济平台将建筑产业链中的各类产品与服务聚合到供需平台上，并形成三维化与数据化的产品，用户间在供需平台上进行互联交互，实现网络协同并产生精准数据，达到数据智能。地域经济平台上的产品销售不只是一个简单的买卖过程，而是产品的平台化制作过程，是与用户联通关联的一个过程，通过网络协同，实现数据智能的产品，形成建筑产业的升级。

具体实施步骤如下：选择位置定位区域→显示地域信息数据→选择建筑产品类别→显示部品部件清单→选择部品部件产品→出现部品部件三维模型→点击部品部件模型→显示部品部件数据信息→选择部品部件模型→显示部品部件厂商定位→选择地图中某个厂商→显示厂商信息资料→查询厂商部品部件工艺方法→与厂商技术/商务人员交互沟通→连接厂商可视化系统→向厂商发出部品部件需求信息→部品部件厂商依据需求响应→供需双方沟通确认并网上签约→款项支付与订单下发。

在钢构件深化加工阶段，可以利用 BIM 技术之间的数据交互功能，在结构计算模型的基础上进行深化工作，实现结构计算软件、深化设计软件之间的数据流通，大大减少了深化工作量。利用 BIM 深化设计模型，建立加工制造模型，钢结构构件、一体化装饰构件以及机电设备构件在工厂加工生产时，通过预制加工应用平台直接从模型中获取零配件设计参数，直接由模型生成预制加工图纸或机床生产数控文件，实现资源需求分析、订单下达、资源接收、存量分析等管理，并将大大提升深化设计及生产加工效率。

在构件运输、安装过程中，利用 BIM 应用平台（如 EBIM）通过二维码等信息化途径实现加工、运输、安装、运维流程中模型的数据更新。基于二维码可以跟踪材料进场、安装等状态，发起问题、挂接资料等，基于二维码进行一系列的项目管理工作，并实现现场使用 EBIM 移动端进行施工现场的安装和进度管理工作（图 2.2）。

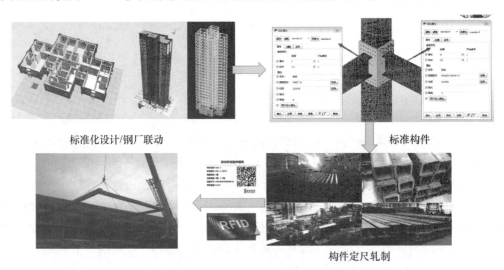

标准化设计/钢厂联动　　　　　　　　　　标准构件

构件定尺轧制

图 2.2　信息化加工、运输、安装

2.5.4　施工阶段

BIM 技术的引入，使得虚拟施工成为可实施项。在施工之前，编制虚拟建造手册并进行模型虚拟建造，将施工模型、劳动力模型、进度模型、质量模型、安全模型、成本模型在平台上建立完成，保证设计图纸没有设计问题，确认施工方案能够正确指导施工。施工时，各方根据平台上模型进行工序安排、工艺规划等工作，做到先虚拟后施工。通过虚拟施工，完成施工模型搭建、安装工艺流程、品质管控流程、施工组织设计、技术交底、质量验收等。施工完成后，对现场进行点云扫描，生成扫描模型与设计模型进行对比，检查施工错误及漏洞及时整改；整理施工前、施工中、施工后全部信息，统一管理，为建筑运维保养提供技术支持。

基于 BIM 所建立的 3D 模型，其强大的可视化能力与高效的建筑性能分析能够为项目设计和方案优选等提供良好的保障，大大提高了建筑从业人员的工作效率，使项目的质量在前期设计阶段得到多方面的优化和提升。当项目进展到施工阶段，具体工程可建性模拟、进度计划成为建筑从业人员更关心和重视的问题。建筑机械的行进路线和操作空间、土建工程的施工顺序、设备管线的安装顺序、材料的运输堆放安排等，都需要随着项目进展做出相应变化。在 3D 模型基础上增加"时间"这一维度，建立基于 BIM 的 4D 模型，能够有效地在施工阶段发挥过程模拟的功效，对项目进行有效的监控和指导。

在项目实施过程中，采用"大后台、小前台"的项目管理模式（图 2.3）。公司组织后台 BIM 管理小组，项目部组成前台 BIM 管理小组，确认前后台对接人员及职责，实时收集整理施工信息。项目成本管控、质量管理、安全管理、技术支持、虚拟施工模型指导等更多地依托于后台管理与支撑，以便于前台更加快捷、高效地执行。

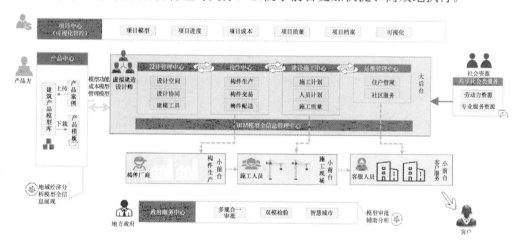

图 2.3 "大后台、小前台"管理模式

通过 BIM 云平台，以模型为载体指导、协同参建各方进行项目技术、质量、安全、成本管理，加强业主对项目的管理能力，项目现场通过移动设备即时获取 BIM 模型信息、构件信息与现场实际施工进行比对，解决图纸疑难问题，降低各参建方的沟通成本。

2.5.5 运维阶段

前期设计、建设与后期运维脱节是我国物业管理行业水平难以提高的主要原因之一，利用 BIM 技术管理建筑物全生命周期的信息是打通这种信息断层的非常有效的手段。BIM 承载了完整的建筑物各种信息，可以让信息完整、准确地传递下去，并应用至建筑运维全过程中。通过三维可视化的形式方便查看，可以让运维人员快速熟悉系统，尽快度过试运营期，同时摆脱对经验的依赖。BIM模型的使用，使得我们可以将真实的数据与虚拟的实物对应起来，同时将数据以颜色、动作、声音等不同的方式直观地呈现出来，让建筑物的运行情况一目了然，让那些专业而复杂的数据变得所有人都能看得懂。

运维管理的基本原则是以建筑模型信息为基础，实现对建筑物构件级的信息化管理，从规划设计、加工制造、安装调试、运行维护、维修改造至最终报废的全生命周期管理，建造更低碳环保的住宅，实现高效、低碳、智能的运维管理，为居民创造健康便利、人文和谐的社区环境。运维管理的工作内容涵盖前期服务、物业平台建设运营、智能化系统建设、物业项目服务等核心内容。

思考题

1. BIM技术的概念和特点分别是什么？

2. BIM技术未来可能的发展方向有哪些？

3. BIM模型精度和深度划分为几个等级？分别对应哪些要求？

4. BIM技术在钢结构住宅规划设计、生产施工、运维管理的各个阶段分别有哪些应用？

参考文献

［1］马张永，王泽强．装配式钢结构建筑与BIM技术应用［M］．北京：中国建筑工业出版社，2019．

［2］中华人民共和国住房和城乡建设部．建筑信息模型设计交付标准．GB/T 51301—2018［S］．北京：中国建筑工业出版社，2018．

［3］中华人民共和国住房和城乡建设部．建筑信息模型分类和编码标准．GB/T 51269—2017［S］．北京：中国建筑工业出版社，2017．

［4］中华人民共和国住房和城乡建设部．建筑信息模型应用统一标准．GB/T 51212—2016［S］．北京：中国建筑工业出版社，2016．

［5］中华人民共和国住房和城乡建设部．建筑工程设计信息模型制图标准．JGJ/T 448—2018［S］．北京：中国建筑工业出版社，2018．

3 装配式钢结构建筑智能建造设计技术

教学目标

1. 了解基于 BIM 技术的全专业设计流程。

2. 掌握装配式钢结构的建筑设计、结构设计、围护体系设计、机电设计和内装设计的基本原则，主要的设计步骤和方法。

3. 基于实际案例掌握装配式钢结构建筑智能建造设计技术的具体应用。

3.1 建筑设计

3.1.1 基本原则

装配式钢结构住宅的建筑设计，应满足当代人居生活的需求，满足建筑工业化生产建造的要求，并结合装配式钢结构体系的特点。比如，在模数化的基础上实现标准化，通过标准部件的多样组合实现多样化，以及结合钢结构大跨度柱网实现室内空间的流动性、灵活性和全寿命周期。装配式钢结构建筑竖向结构少、结构截面尺寸小，有空间开放、流动等特点，方便作为大空间建筑，容易形成兼具标准化和适应性的建筑空间。

建筑设计应采用系统集成的方法，统筹各专业对通用部品部件及其接口的设计选型。装配式住宅应采用模块和模块的组合设计方法，应根据使用功能建立不同层级模块，功能模块应由部品部件通过标准化的接口组成，并应满足功能性的要求。建筑设计确定功能空间模块尺寸时应与结构、机电、内装修等专业相关部品部件的选型相结合，装配式住宅功能空间的优先尺寸应符合行业标准《工业化住宅尺寸协调标准》（JGJ/T 445—2018）的规定。

装配式钢结构建筑应在模数协调的基础上，采用标准化设计，提高部品部件的通用性，遵循"少规格，多组合"的设计原则，综合考虑平面的承重构件布置和梁板划分、立面的基本元素组合、可实施性等要求。例如，公共建筑采用楼电梯、公共卫生间、公共管井、基本单元等标准模块进行组合设计，住宅建筑采用楼电梯、公共管井、集成式厨房、集成式卫生间等模块进行组合设计。

装配式钢结构建筑平面与空间的设计应满足结构构件布置、立面基本元素组合及可实施性等要求，同时采用大开间、大进深、空间灵活可变的结构布置方式。

（1）平面设计应符合下列要求：

①结构柱网布置、抗侧力构件布置、次梁布置应与功能空间布局及门窗洞口相协调；

②平面几何形状宜规则平整，并宜以连续柱跨为基础布置，柱距尺寸按模数统一；

③设备管井宜与楼电梯结合，集中设置；

④机电设备管线平面布置应避免交叉。

（2）立面设计应符合下列要求：

①外墙、阳台板、空调板、外窗、遮阳设施及装饰等部品部件宜进行标准化设计；

②宜通过建筑体量、材质机理、色彩等变化，形成丰富多样的立面效果。

3.1.2 主要步骤与要求

新型钢结构住宅技术体系的建筑设计应采用模块化、标准化和多样化相结合的设计方法。在统一协调建筑模数、结构模数和部品模数的基础上，在全专业协同的基础上，在设计、生产、施工全流程协同控制的基础上，应用标准化生产的装配式部品，完成建筑空间的组合与建造（图 3.1）。

图 3.1 主要步骤

设计时可遵循"由小及大"的思路：

第一步，统一协调模数体系和要求；第二步，精细化研究最小单元部品部件的组合，逐步形成标准化部品库；第三步，分项研究厨房、卫浴、厅卧、阳台等不同功能空间模块的标准化设计；第四步，将不同模块进行组合设计，在过程中提高模块、部品构件的重复使用率及通用性，形成标准化、多样化的户型；第五步，通过不同的户型组合，得到多样化的住宅单元；第六步，综合考虑住宅单元的体量、钢结构构件、外墙构件等部品体系，遵循"少规格，多组合"的设计原则，完成标准化、多样化的立面设计。其中的最后一步，立面设计的工作主要集中在楼体单元组合完成之后的整体把控，但是在前期部品（尤其是外围护部品）研究时，就已经开始涉及。

1. 模数协调

建筑设计的过程涉及各专业部品部件的协调，因此也涉及基本模数、扩大模数和分模数的协调。建筑空间适用的基本模数是 1M＝100mm，结构柱网适用的扩大模数是 3M＝300mm，而构造节点、构件接口、家具橱柜等内装部品适用的分模数是 1/10M、1/5M、1/2M，即 10mm、20mm、50mm。

由于工业化生产和装配的需要，尤其是装配式装修的需要，住宅空间部品集中布置的区域，比如厨房和卫生间，应按照分模数体系进行精细化设计。空间尺寸应以装修完成面净尺寸为准，并且净尺寸宜为分模数的倍数。例如，在厨房和卫生间的内部空间平立面设计中，应考虑到瓷砖的标准模数 3M＝300mm，尽量减少瓷砖切割率，将贴砖后的空间净尺寸设计为 300mm 的倍数。

2. 部品标准化

在模数协调的基础上，新型钢结构住宅的建筑设计应采用模块及模块组合的设计方法。住宅模块的最小单元是部品。为满足建筑工业化生产建造的需求，提高部品部件的通用性，应首先实现部品的标准化设计，建立真实可靠的标准化部品库。

以工业化生产比较成熟的厨房、卫浴部品为例，橱柜、淋浴间、马桶、浴缸等部品是最小单元，可以作为尺子，丈量厨卫功能空间，调整空间尺寸合理化。这些最基本的部品部件和收纳空间，与居住者日常的使用需求息息相关，它们的组合方式直接影响使用者的生活质量，因此也成为建筑户型设计的一个入手点和出发点。

3. 功能空间标准化

由标准化、系列化的部品部件出发，可推导出标准化、系列化的功能空间模块。一套完整的户型至少包含七大功能空间：厨房、卫生间、玄关、餐厅、客厅、卧室与阳台，每个功能空间针对不同的需求都有其标准化、多样化的布置方案。

在每个功能空间的推导过程中，需要综合考虑三大元素及其内部逻辑关系：

$X=$家具等部品的容积、数量和尺寸；

$Y=$部品之间的合理距离；

$Z=$装修建材的尺寸。

其中，家具收纳部品组合的容积、数量和尺寸，是研究的起点和重点。

1）厨房功能空间模块

厨房设计应重点考虑 3 个长度和 3 个高度：

衡量厨房好用的 3 个长度（单位 mm）	
$L1$	黄金操作区（备餐区）的长度
$L2$	置物台面区的总长度
$L3$	操作流线：顺畅/中断/交叉
衡量厨房好用的 3 个高度（单位 mm）	
$H1$	台面高度＝身高÷2＋50（操作舒适）
$H2$	吊柜底高度＝1550～1600（防碰头）
$H3$	吊柜顶高度一般为 2250（便于取物）

2）卫生间功能空间模块

卫生间的标准化设计，可以与整体卫浴厂家协同，实现深化设计前置、工厂化预制与装配式装修。空间设计可依据整体卫浴成熟的标准化产品的部品模块来选择适配。

3）玄关功能空间模块

玄关处应考虑穿衣镜、收纳、换鞋凳的设置空间，玄关柜净宽宜≥1000mm（紧凑型）；建筑面积 80m² 以上两室两厅或三室一厅建议净宽≥1200mm（基本型），宜为 1600～1800mm（舒适型），深 350～400mm，高 2200～2400mm。

4）餐厅功能空间模块

餐厅空间应与厨房相邻，设置餐边柜，柜净宽宜≥800mm，深 400mm，高 2200～2400mm。

5）客厅功能空间模块

客厅空间标准化设计：人眼到电视机的距离不宜小于 2m；紧凑型客厅开间不宜小于 3m（净宽），舒适型客厅开间宜为 3.3～3.6m；客厅深宽比不宜大于 2；应减少开向客厅的门洞，摆放厅柜的墙面直线长度不宜小于 2200mm（紧凑型）/2800mm（基本型）/3400mm（舒适型）。厅柜长度宜≥1800mm（紧凑型）/2400mm（基本型）/3000mm（舒适型），深 350mm（含柜门），高 2200～2400mm。

6）卧室功能空间模块

主卧标准化设计：主卧衣柜长度不宜小于 1500mm（基本型），建议长度 1800～2000mm（舒适型），深 600mm（含柜门），高 2400mm 左右。衣柜、书柜、书桌可结合考虑。主卧床不应小于 1.5m，建议配置 1.8m。床正对面宜设计小型斗柜，可放置衣物和摆放电视。

次卧标准化设计：衣柜长度不宜小于 1200mm，建议长度 1500～1600mm，深 450～600mm（含柜门），高 2400mm 左右。衣柜、书柜、书桌、床头柜可综合统一设计为组合转角柜。床不应小于 1.2m，舒适型可配置 1.5m。床正对面宜设计小型斗柜，可放置衣物和摆放电视。

7）阳台功能空间模块

阳台标准化设计：阳台一端为家政空间，预留上下水，设置洗衣机、洗手池（还可以早间洗漱）、地柜吊柜；另一端为休闲空间，摆放躺椅、养草养花。阳台净宽不宜小于 1100mm，预留洗衣机位不小于 600mm×600mm。

公共空间的功能模块设计应包括楼梯间、电梯间、公共管道井及公共走道等的尺寸选择、组合形式、管线布置等内容，并应符合下列规定：

①楼梯间净尺寸应统一，当采用单跑剪刀楼梯间时，开间净尺寸应为 2600mm，进深净尺寸对应层高 2800mm、2900mm、3000mm 应分别为 6600mm、6800mm、7200mm；当采用双跑楼梯间时，开间净尺寸应为 2500mm，进深净尺寸对应层高 2800mm、2900mm、3000mm 应分别为 4300mm、4600mm、4600mm。

②电梯井尺寸应在电梯选型的基础上进行，当采用载重为 800kg 的电梯时，电梯井道开间、进深净尺寸宜为 1900mm×2200mm；当采用载重为 1000kg 的电梯时，电梯井道开间、进深净尺寸宜为 2200mm×2200mm 或 2000mm×2600mm；当采用载重为 1050kg 的电梯时，电梯井道开间、进深净尺寸宜为 2200mm×2200mm。

4. 户型的标准化

完成各功能空间模块的标准化设计之后，结合不同的面积标准，可将多种模块按照生活动线有机组合，推导出标准化和多样化的户型。

新型钢结构住宅建筑的户型设计，应采用与结构体系相适应的大空间结构布置方式，空间布局应考虑结构抗侧力体系的位置。在户型组合搭配的过程中，应尽量按照结构柱网模数 3M＝300mm 的标准，调整建筑空间模块的搭配。

钢结构住宅，套内基本无柱，室内空间自由灵活。可将梁藏于厨房、卫生间、玄关的吊顶内，或者藏于餐柜、衣柜等大型立柜中。

5. 住宅单元标准化

模块化设计思路的第五步，是推导标准化系列化的住宅单元。结合不同的核心筒形式，将多种标准化户型合理搭配，获得标准层单元。

6. 立面的标准化

新型钢结构住宅建筑设计的最后一步，是标准化、多样化的立面设计。

立面设计应遵循"少规格，多组合"的设计原则，在配合工业化生产和装配的前提下，实现多样化和个性化。

建筑外立面部品由以下四类构件组成：

①结构构件，比如凸出于外墙的钢柱、阳台板、空调板。

②外墙板部品，比如预制混凝土外墙挂板、蒸压加气混凝土条板。

③门窗构件。

④装饰构件，比如遮阳板、装饰板。

在装配式钢结构建筑中，钢结构的灵活性给予了建筑师很大的创作空间，所以立面的表现形式可以丰富多样。但具体到构件层面，一扇门、一扇窗、一块板都需要实现标准化，以利于工厂生产。每一种立面构件，结合工厂的生产技术，均可进行标准化模块化的研究；通过同一模块不同尺寸、表面纹理和色彩的变化，以及不同模块之间的多种搭配方案，可形成丰富多样的立面效果。立面标准化就是用来解决丰富多彩的立面形式和标准化工厂生产之间矛盾的办法。

7. 构件标准化

标准化设计的目标是满足工厂化生产需求，只有通过构件标准化设计，才能让构件在工厂得到高效、优质、批量化的生产。装配式建筑的标准化是通过构件标准化和部件标准化来实现的。其体系的主要构件有：钢柱、钢梁、预应力带肋叠合板等。结合其建筑高度、抗震要求、功能需求等确定统一的构件尺寸，如：预制钢柱 700mm×700mm×6000mm，钢梁跨度 12600mm，统一高 900mm，从而实现构件的标准化。

3.3.3 BIM 技术应用

建筑设计是一项科学而系统的工作，其设计内容不仅包含了建筑主体部分的合理化构建，同时也涵盖了工程建设区域相关地质水文条件的分析与研究。在建筑设计中应用BIM 技术，能够通过动态数字信息实现建筑结构主体在客观环境因素影响下对应力的分析。将 BIM 技术与 GIS 技术相结合，能够全面而深入地模拟建筑工程场地条件，对建筑结构选型与体系结构进行合理的预测判断，准确合理地确定最佳建筑施工场地区域，保证建筑设计能够全面符合当地的地质、水文以及气候环境条件，在施工与使用的过程中维持较高的稳定性与安全性。

1. 要点

（1）在项目临建使用过程中，可以先由公司级 BIM 技术中心建立具有本公司特征的标准化活动板房，再由各项目共同使用。

（2）在项目 BIM 模型搭建过程中，要严格按照施工图深度与现场实际情况进行（墙体高度建议到达板底或到达梁底）。

（3）门窗过梁、压顶按照施工图设计说明进行搭建（为统计实际的砌体工程量以及后期对砌体进行优化排砖做好基础）。

（4）建筑地面按照施工图说明进行搭建，分区域进行，每个区域边界选择墙体内侧。

（5）墙体粉刷按照施工图说明进行搭建，按照现场实际情况对梁边、顶棚进行统一粉刷，命名按照墙体规则进行。

2. 软件

建筑专业常用软件：ArchiCAD 软件。Graphisoft 旗下产品 Archi CAD 是一种面向对象和完全集成的 BIM 解决方案，适用于建筑和建筑行业。

3. 交付标准

参照国家标准《建筑信息模型设计交付标准》（GB/T 51301—2018）表 C.0.3。

3.1.4　建筑设计案例

1. 部品标准化

以橱柜部品的研究为例，涉及水槽柜、灶台柜、拉篮、封板、单开门柜、双开门柜及冰箱预留空间的标准化设计（图 3.2）。例如，标准柜宽度为 900mm，封板的标准宽度为 150mm，拉篮的标准宽度为 300mm，单门柜的标准宽度为 450mm，抽屉柜的标准宽度为 600mm 等，在 150mm 模数的基础上可以实现柜体的自由组合。

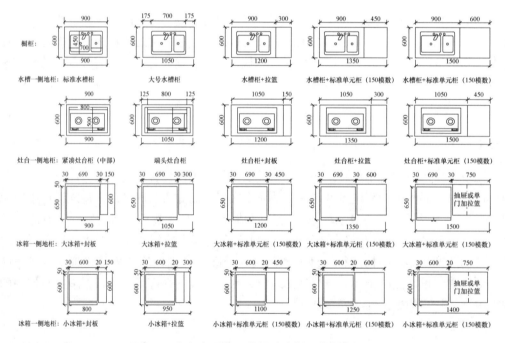

图 3.2　橱柜部品标准化设计案例（单位：mm）

2. 功能空间标准化

1）厨房功能空间模块

标准化厨房功能空间体系中的模块设计案例（图 3.3）。U 形的布局能够最大限度地利用空间，并实现台面长度最大化；L 形的布局适合厨房在短边开门的情况。

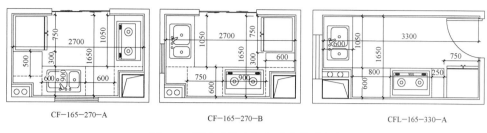

CF-165-270-A   CF-165-270-B   CFL-165-330-A

图 3.3   厨房功能空间标准化设计案例

2）卫生间功能空间模块

图 3.4 是某整体卫浴厂家的 2600mm×1400mm 标准型号产品。

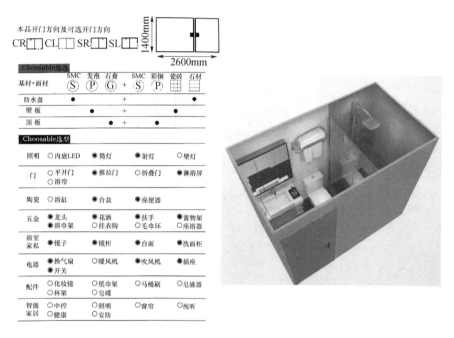

图 3.4   2600mm×1400mm 整体卫浴模块设计案例

杭州市钱江世纪城人才专项用房项目就应用了整体卫浴，采用高密度、高强度的 SMC 防水盘，地面及挡水翻边一次性高温高压成型，同款浴室实现了多次复用（图 3.5）。各专业协同设计，建筑空间、机电管井与整体浴室综合考虑，利用整体浴室壁板作为隔墙取消管道井部分非结构性墙体，节约了空间及土建成本。

北京市丰台区的成寿寺 B5 地块定向安置房项目样板间也采用了整体卫浴，而且做到了干湿分区，面盆、马桶与淋浴三分离，使用方便，空间规整，便于复用（图 3.6）。

3）玄关功能空间模块

北京市丰台区成寿寺 B5 地块定向安置房项目玄关设计如图 3.7 所示。

4）餐厅功能空间模块

图 3.8 是北京市丰台区成寿寺 B5 地块定向安置房项目的餐厅模块设计。借助餐边柜靠墙一侧的封板，隐藏了凸出墙体的钢柱；餐柜的顶部结合吊顶的灯槽设计与凸出的钢梁碰撞，顺势将梁整体包覆。餐厅区域，预留了将来改造为小卧室的可能性。

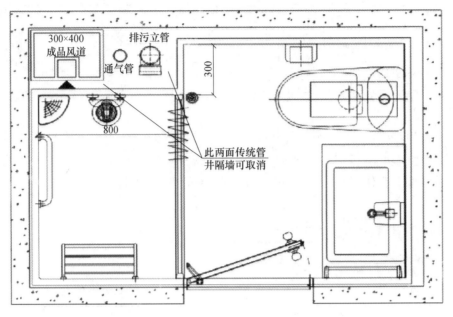

图 3.5 钱江世纪城整体卫浴模块设计案例

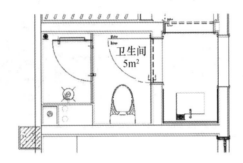

图 3.6 成寿寺 B5 地块定向安置房项目卫浴模块设计案例

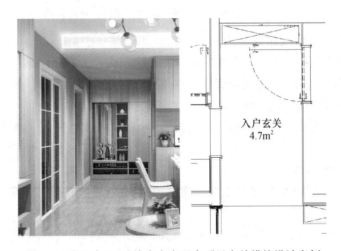

图 3.7 成寿寺 B5 地块定向安置房项目玄关模块设计案例

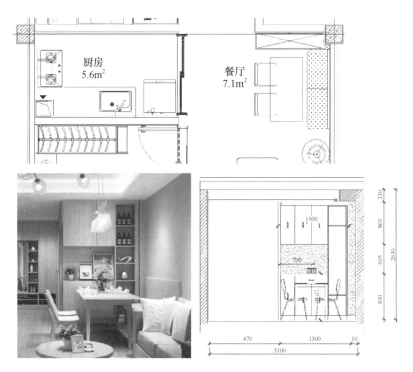

图 3.8　成寿寺 B5 地块定向安置房项目餐厅功能模块设计案例

5）客厅功能空间模块

北京市丰台区成寿寺 B5 地块定向安置房项目客厅设计如图 3.9 所示。

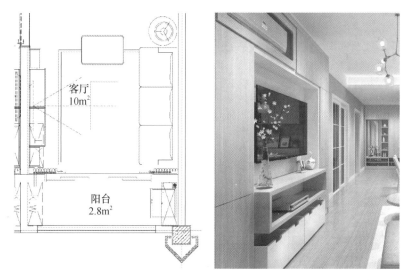

图 3.9　成寿寺 B5 地块定向安置房项目客厅功能模块设计案例

6）卧室功能空间模块

北京市丰台区成寿寺 B5 地块定向安置房项目卧室设计如图 3.10、图 3.11 所示。

7）阳台功能空间模块

阳台功能设计案例如图 3.12 所示。

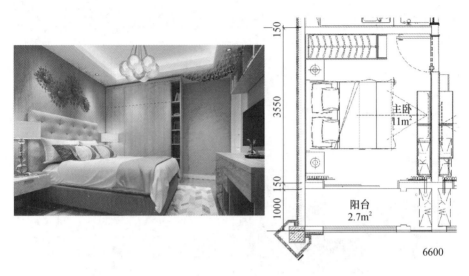

图 3.10　成寿寺 B5 地块定向安置房项目主卧功能模块设计案例

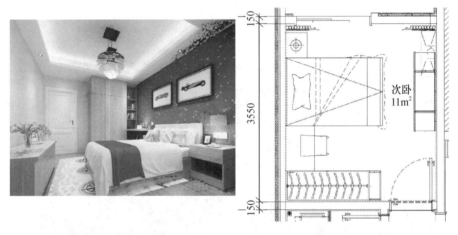

图 3.11　成寿寺 B5 地块定向安置房项目次卧功能模块设计案例

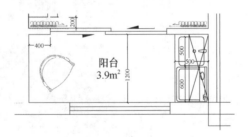

图 3.12　阳台功能模块设计案例

3. 户型的标准化

图 3.13、图 3.14 为北京建谊集团与北京市建筑设计研究院合作研发的两款钢结构住宅标准化户型。两款户型采用了同一款整体卫生间，基本相同的厨房、客厅和主次卧室的布置，正在复用于多个项目。户型内部空间的分隔合理考虑了钢梁、钢柱的位置，

并且通过偏移墙体、结合内装等方式，化解了露梁露柱的问题。其中，套内 90m² 户型的玄关柜和餐柜依托门厅的钢柱，组合设计为双面柜，以柜当墙，划分出了玄关空间，同时也隐藏包覆了暴露的柱子。室内隔墙设计为装配式的轻钢龙骨隔墙，满足内部空间可变性的要求。

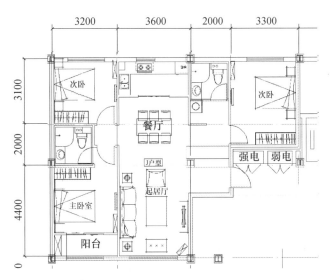

图 3.13   建谊集团套内 90m² 三室两厅两卫标准化户型

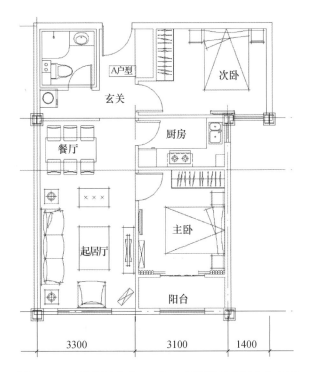

图 3.14   建谊集团套内 63m² 三室两厅两卫标准化户型

图 3.15 是北京建谊集团与深圳家具协会合作研发的一款收纳式户型。随着人们生活水平的提高，居住者的生活物品逐渐增加，但面对高房价，能够购买与家庭需求相匹

配的住宅面积的用户并不多。因此，收纳式户型日益受到欢迎。在新型钢结构住宅的建筑设计中，也可以把收纳空间模块设计作为一大亮点。

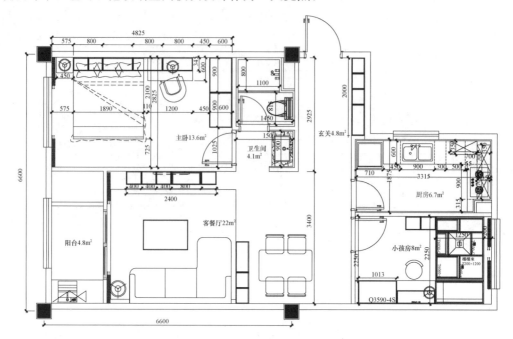

图 3.15　建谊集团套内 64m² 收纳式户型

4. 住宅单元标准化

将图 3.13 和图 3.14 的两款标准化户型组合，即得到图 3.16 中的标准化单元。

图 3.16 中的单元平面规则平整，以连续柱跨为基础布置，柱距尺寸按模数统一；楼电梯及设备竖井等区域独立集中设置；住宅空间分隔与结构梁柱的布置协调。

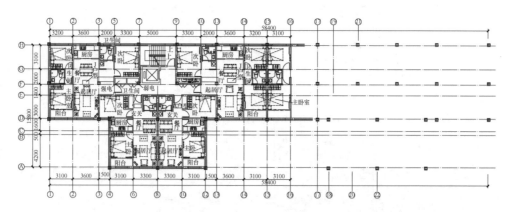

图 3.16　厨房功能空间标准化设计案例建谊集团标准化住宅单元

图 3.17 是河南安阳市的装配式钢结构住宅 2.0 示范项目。此项目采用 EPC 工程总承包的建设模式，总承包方为中国建筑标准设计研究院有限公司。该项目采用标准院研发的钢结构住宅 2.0 技术体系，将建筑主体工业化与内外装饰装修工业化统筹考虑，对建筑户型、结构系统、围护系统、内装系统等进行了协同设计，厨卫等多组空间模块实

现了多次复用。

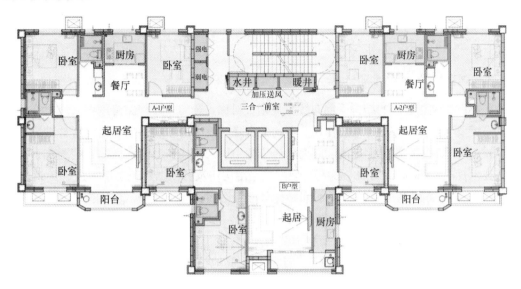

图 3.17　安阳市钢结构住宅 2.0 示范项目

5. 立面的标准化

图 3.18 中安阳市钢结构住宅 2.0 示范项目的单体立面设计，综合考虑了四类构件的模块化组合。凸出于外墙的钢柱被包覆之后，形成了标志性的橙色竖向线条；大面积的蒸压加气混凝土外墙板作为白色的基底；标准化的外窗和阳台板模块层层叠加，形成整齐的节奏韵律；楼顶橙色的遮阳板与楼体的竖向线条相结合，使整个单元立面浑然一体又不失活泼动感。

图 3.18　安阳市钢结构住宅 2.0 示范项目单体立面效果图

3.2　结构设计

3.2.1　设计基本原则

装配式钢结构建筑的结构平面布置宜规则、对称，竖向布置宜保持刚度、质量变化均匀。布置要考虑温度作用、地震作用、不均匀沉降等效应的不利影响，当设置伸缩缝、防震缝或沉降缝时，应满足相应的功能要求。依据中华人民共和国国家标准《装配式钢结构建筑技术标准》（GB/T 51232—2016）装配式钢结构建筑可根据建筑功能用途、建筑物高度以及抗震设防烈度等条件选择下列结构体系：①钢框架结构；②钢框架-支撑结构；③钢框架-延性墙板结构；④钢框架-核心筒体结构；⑤巨型结构；⑥交错桁架结构；⑦门式刚架结构；⑧低层冷弯薄壁型钢结构。

当有可靠依据时，通过相关论证，也可采用其他结构体系，包括新型结构和节点。

在设计过程中选用何种体系，应该综合考虑多方面的因素，包括结构受力、工程造价、施工工期、建筑处理等。应该权衡好各因素的要求，在满足结构受力和经济合理的基础上，尽量突出钢结构住宅适应现代人生活需要的大开间、易改造的布置因素和工业化程度高、施工速度快的优势。

为了提高构件的标准化程度，在结构设计初期就有意识地采用标准化的钢构件，选取住宅建筑上常用的热轧 H 型钢型号进行标准化设计，减少非常用型号、规格，便于标准化、工业化的实现。

装配式钢结构建筑的结构体系应具有明确的计算简图和合理的传力路径，以及适宜的承载能力、刚度及耗能能力，避免因部分结构或构件的破坏而导致整个结构丧失承受重力荷载、风荷载和地震作用的能力，对可能出现的薄弱部位应有效地采取加强措施。同时，装配式钢结构建筑的结构设计应符合《工程结构可靠性设计统一标准》（GB 50153—2008）、《建筑结构荷载规范》（GB 50009—2012）、《建筑工程抗震设防分类标准》（GB 50223—2008）、《建筑抗震设计规范》（GB 50011—2010）、《钢结构设计标准》（GB 50017—2017）、《装配式钢结构住宅建筑技术标准》（JGJ/T 469—2019）等国家及行业标准。

3.2.2　装配式钢结构体系

本书以多、高层钢结构住宅常用的主体结构体系介绍如下：

1. 钢框架结构体系

钢框架结构是指由钢梁和钢柱组成的承受竖向和水平作用的结构。框架柱一般采用热轧或高频焊接 H 型钢，双向受力框架柱或角柱，也可用箱形截面；当柱子受力较小时，可采用轻型热轧型钢或冷弯薄壁型钢。框架梁大多为轧制或焊接 H 型钢，当考虑混凝土楼板与钢梁共同工作时必须按组合梁设计，可节约钢材、减小梁高、增大净空、降低造价。

该体系的优、缺点详见表 3.1。

表 3.1 钢框架结构体系优、缺点分析

优点	缺点
1. 受力明确，具有很好的抗震延性； 2. 建筑平面布置灵活，钢框架结构体系能够使建筑物的空间得到最大程度的利用； 3. 制作安装简单，在钢材生产过程中能够进行批量化生产，施工速度较快	抗侧移刚度小，当层高较大、设防烈度较高、层数较多时，主要通过增加梁柱截面来增加结构刚度，经济性较差

此结构体系主要用于低烈度区的低、多层结构，上海北蔡住宅、济南埃菲尔花园等项目均采用了此种结构体系。

2. 钢框架-支撑结构体系

为解决钢框架结构抗侧移刚度小的问题，在钢框架的某些跨间设置支撑，便形成了钢框架-支撑结构体系。此结构体系由钢支撑和钢框架组成双重抗侧力结构体系，根据支撑两端设置位置、耗能梁段设计要求及支撑本身是否具有耗能属性，可将支撑分为中心支撑、偏心支撑、耗能支撑。

该体系的优、缺点详见表 3.2。

表 3.2 钢框架-支撑结构体系优、缺点分析

优点	缺点
1. 减少用钢量； 2. 支撑增加了结构整体刚度，抗侧力加强； 3. 框架和支撑形成两道抗震防线，使得结构具有较好的抗震性能	1. 斜向支撑布置不利于门窗洞的布置； 2. 对住宅结构来说横向支撑的设置较为方便，纵向支撑基本没有可能，如何协调纵横向的刚度是这种体系需要考虑的重要问题； 3. 在施工过程中的施工难度较大

为了不影响建筑门窗的布置，以及为了保证外围护系统的完整性、闭合性、标准化，结构设计应与建筑设计密切配合，将支撑布置在建筑内部，尽量布置在公共部位及分户墙内。

为了保证整个结构的纵向刚度，框架柱宜选用矩形柱，柱长边沿纵向布置。这种布置方式既可以满足结构纵向、横向刚度相近，同时也满足了隐藏柱子的要求。

为了避免露梁露柱，结构布置应与内装修、外墙系统协调，设计时应采取大柱网、柱外偏的设计原则，钢柱宜偏向阳台、厨房、卫生间等附属功能空间或者偏向楼梯、楼层设备间、公共走道等公共空间。

此结构体系可用于高烈度及较大风荷载地区小高层住宅及低烈度地区的高层住宅。山东莱钢樱花园 4 号楼、武汉赛博园一期工程、柳州市莲花城保障性住宅、天津罗马花园、包头万郡大都城小区等项目均采用了此种体系。

3. 钢框架-剪力墙结构体系

在框架结构中设置部分剪力墙，使框架和剪力墙结合起来，共同抵抗水平荷载，就组成了钢框架-剪力墙结构体系。剪力墙布置在一跨或多跨全高范围内并与周围框架梁柱连接，剪力墙承担主要水平力作用，竖向力主要由钢框架承担。该体系可细分为框架混凝土剪力墙体系、框架带缝混凝土剪力墙体系、框架-钢板剪力墙体系及框架-带缝钢

板剪力墙体系等。

该体系的优、缺点详见表 3.3。

表 3.3　钢框架-剪力墙结构体系优、缺点分析

优点	缺点
1. 侧向刚度大，受力性能良好； 2. 剪力墙设置可缓解对梁柱节点区的延性要求； 3. 结构构件相对较经济，且能与隔墙布置相结合，同时剪力墙可起到防火墙的作用	1. 遭遇强烈地震时，在剪力墙处易产生应力集中，造成局部结构的破坏； 2. 现浇混凝土剪力墙虽然整体性好，但是现场湿作业时施工速度慢，而且受天气的影响较大

钢框架-剪力墙结构体系常用于小高层及高层住宅，而且带缝剪力墙抗震性能较好，较适用于高烈度地震区。武汉紫润明园小区、浙江省杭州市金都-城市芯宇等项目均采用了此种结构体系。

4. 钢框架-核心筒结构体系

钢框架-核心筒结构体系是由外侧钢框架与内部核心筒两种抗侧力体系共同承担水平荷载和竖向荷载的混合结构体系。该结构受力明确，核心筒承担大部分倾覆力矩与水平剪力，钢框架主要承担竖向荷载，可以减小框架柱的截面尺寸。此类结构的整体破坏属于弯剪型，结构破坏主要集中在混凝土核心筒，特别是结构下部的混凝土筒体四角，对这些部位应予以加强，比如在筒体角部配置小钢柱，以保证筒体的延性。该体系的优、缺点详见表 3.4。

表 3.4　钢框架-核心筒结构体系优、缺点分析

优点	缺点
1. 结构受力明确，核心筒抗侧移刚度极强，可以减小柱的截面尺寸，减少钢结构的用钢量； 2. 由于是现浇核心筒，防水性能较好，可有效避免钢构件锈蚀	1. 钢框架与核心筒的关联性不够紧密； 2. 核心筒为混凝土，质量很大； 3. 现场浇捣混凝土的工作量较大，减慢施工速度，工期延长

该体系综合受力性能好，特别适合地震区和地基土质较差的地区，适用于高层和超高层建筑。天津丽苑小区、北京金融街金宸公寓、马钢光明新村住宅小区、上海中福城等项目均采用了此种结构体系。

5. 交错桁架结构体系

交错桁架结构体系的基本结构组成是钢柱或钢管混凝土柱、平面桁架和楼面板。钢柱布置在房屋的外围，中间无柱。桁架两端支承于外围钢柱上，桁架在相邻柱轴线上，为上、下层交错布置。该体系的优、缺点详见表 3.5。

表 3.5　交错桁架结构体系优、缺点分析

优点	缺点
1. 布局开间大，得房率高； 2. 体系结构刚度较大，用钢量少； 3. 构件在工厂预制，施工周期短	1. 结构较为复杂，施工难度偏大，不易于在高层钢结构住宅中应用； 2. 适用范围窄，主要用于低、多层旅馆和办公建筑

交错桁架结构体系是一种经济、实用、高效的结构体系，主要适用于多层及小高层旅馆、办公楼等平面为矩形或由矩形组成的钢结构房屋，不太适合在住宅类建筑中使用。

6. 新型装配式钢结构体系

随着装配式钢结构建筑的发展，新型钢结构体系不断被提出，本节介绍 4 种新型钢结构体系：钢框架-墙板式阻尼器结构体系、钢框架-组合钢板剪力墙结构体系、钢框架-防屈曲钢板剪力墙结构体系、矩形钢管混凝土组合异形柱结构体系。

1）钢框架-墙板式阻尼器结构体系

墙板式阻尼器是一种放置于建筑墙体内部，在改善结构整体抗震性能的同时，确保建筑使用功能、立面效果等不受影响的结构产品。其厚度较小（外观厚度为 80～130mm）、布置灵活、不会影响门窗的布置，满足建筑使用空间的要求，解决了框架-中心支撑方案给住宅建筑使用带来的不利于门窗布置、影响使用空间等问题。其优势集中体现在建筑、结构、制作加工及施工安装 4 个层面。

（1）建筑方面：产品可避开建筑门窗，在柱间的任意位置自由布置。因能隐藏于墙体内，可大大提升建筑的外立面效果。与普通支撑及其他阻尼器相比，此产品外观厚度相对较薄，因此能显著提高建筑空间的使用面积。

（2）结构方面：钢板剪力墙在芯板屈服前，能有效地提高结构抗侧刚度。在芯板屈服后，则为主结构提供附加阻尼，从而降低主结构地震作用，既达到减震耗能作用，又可降低主体结构的用料，实现一定的经济指标。可以解决刚度不足、扭转变形大等技术难题。

（3）制作加工及施工安装层面：产品为纯钢制品，加工质量易于把控。施工安装方法与一般钢结构相同，因此在新建钢结构项目中，此产品安装可与主体结构施工同步进行，从而加快施工进度。

该体系组成为：钢管混凝土柱＋H 型钢梁＋墙板式减震阻尼器。框架柱为钢管混凝土柱，可以为方钢管或圆钢管，内灌自密实混凝土，在保证受力和经济的要求前提下，钢管截面尺寸尽量标准化。梁采用国标热轧 H 型钢梁，在保证受力和经济的要求前提下，钢梁截面尺寸尽量标准化。在结构纵向、横向根据建筑户型及结构需要布置墙板式减震阻尼器（图 3.19），通过将其固定于从建筑物上、下大梁上伸出的接合部，并通过对核心钢板进行补强措施来防止其发生屈曲，通过使核心钢板吸收地震能量，达到消能减震及提高结构安全性的目的。

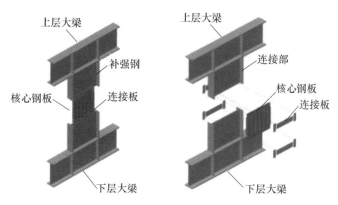

图 3.19 墙板式减震阻尼器构造

2）钢框架-组合钢板剪力墙结构体系

钢框架-组合钢板剪力墙是一种由两侧外包钢板、内填素混凝土、钢板与内填混凝土连接件组成的组合墙板。该墙板将钢与混凝土材料的优势充分发挥出来，提高了结构的承载能力。两侧钢板在提高承载力的同时，能够起到模板的作用，解决了钢框架-剪力墙结构和钢框架-核心筒结构支模工作量大、钢筋绑扎工作量大、施工速度慢等问题。其优势主要体现在以下几方面：

（1）组合钢板剪力墙具有承载力高、延性好、耗能能力强等优点。抗震性能良好，在未采取特殊抗震加强措施的情况下，按照《高层民用建筑钢结构技术规程》（JGJ 99—2015）的要求，结构达到抗震性能目标 C（表 3.6）。

表 3.6 ALC 墙板基本性能表

性能目标 性能水准 地震水准	A	B	C	D
多遇地震	1	1	1	1
设防烈度地震	1	2	3	4
预估的罕遇地震	2	3	4	5

（2）钢板组合剪力墙结构体系钢材用量较少，经济性良好。

（3）钢板组合剪力墙具有钢筋混凝土剪力布置灵活的优点，且钢构件尺寸相对较小，可提高住宅使用空间。

（4）可实现"高轴压、高延性、薄墙体"的优化目标。

该体系组成为：钢管混凝土柱＋H 型钢梁＋组合钢板剪力墙。框架柱采用钢管混凝土柱，梁采用热轧 H 型钢梁，在保证受力和经济要求的前提下，钢梁、钢柱截面尺寸尽量标准化。在结构中部楼梯间、电梯间等位置布置组合钢板剪力墙，钢板剪力墙内浇筑自密实混凝土；栓钉的尺寸、性能和强度符合《电弧螺柱焊用圆柱头焊钉》（GB/T 10433—2002）规范要求，栓钉沿钢板竖向布置间距为 200mm；钢板剪力墙上开设单独洞口的边长或直径不大于 300mm 时不做补强，当洞口边长或直径大于 300mm 且不大于 700mm 时，应采取补强措施；钢板剪力墙上应根据施工方案设置浇筑孔和排气孔；钢板剪力墙拼接位置设置在高出楼层结构标高 1000mm 位置。图 3.20 为组合钢板剪力墙三维模型，图 3.21 为组合钢板剪力墙平面图。

3）钢框架-防屈曲钢板剪力墙结构体系

钢框架-防屈曲钢板剪力墙是一种在内嵌钢板外面设置刚性约束构件以抑制平面外屈曲，使内嵌钢板达到充分耗能的延性墙板，是优秀的抗震耗能构件（图 3.22）。钢框架-防屈曲钢板剪力墙体系是一种融合钢框架以及防屈曲钢板剪力墙两种结构优点的新型结构体系，防屈曲钢板与框架构成了双重抗侧力体系。该新型结构具有更优的耗能能力、更高的初始抗侧刚度，同时也兼具平面布置灵活、施工方便等优点，解决了传统钢框架-混凝土剪力墙结构现场湿作业多、施工速度慢、工业化程度低等问题。其优势具体体现在以下几方面：

图 3.20 组合钢板剪力墙三维模型

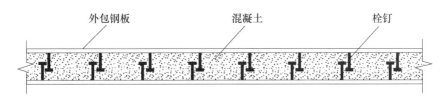

图 3.21 组合钢板剪力墙平面图

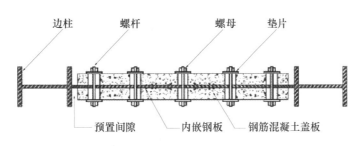

图 3.22 防屈曲钢板剪力墙详图

（1）该结构体系刚度大、延性好、承载力高，并被证明是优秀的抗震结构，特别适用于高烈度地区。

（2）构件尺寸较小，结构布置灵活，可避开建筑门窗，在柱间的任意位置自由布置，减小了对建筑使用功能的影响。

（3）防屈曲钢板剪力墙构造简单、安装方便，可完全实现工厂加工、现场拼装，工业化程度高。

防屈曲钢板剪力墙主要由内填钢板和外侧混凝土板组成，外侧盖板用于约束内嵌钢板的面外变形，可采用预制钢筋混凝土板，在两侧盖板和内嵌钢板的相同位置开孔以便螺栓穿过。防屈曲钢板剪力墙与框架的连接由鱼尾板过渡，将防屈曲钢板与上、下各两块鱼尾板在工厂采用全熔透等强焊接后，整体运输至施工现场，并将防屈曲钢板与两块预制盖板通过螺栓进行拼装；再将防屈曲钢板剪力墙上部与钢梁进行拼装焊接，将钢梁与防屈曲钢板剪力墙整体吊装至楼层部位，完成吊装及安装；防屈曲钢板剪力墙下部与钢梁暂不焊接，待主体结构封顶后，按楼层从上到下对防屈曲钢板剪力墙下部施焊，完成安装（图 3.23）。

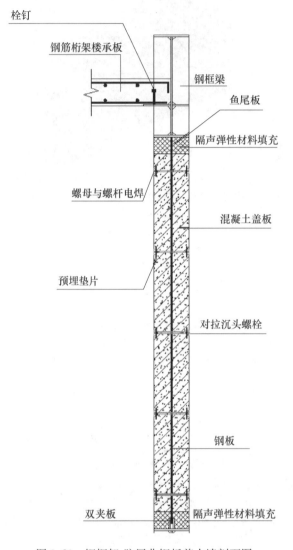

栓钉

钢筋桁架楼承板

钢框梁

鱼尾板

隔声弹性材料填充

螺母与螺杆电焊

混凝土盖板

预埋垫片

对拉沉头螺栓

钢板

双夹板

隔声弹性材料填充

图 3.23 钢框架-防屈曲钢板剪力墙剖面图

4）矩形钢管混凝土组合异形柱结构体系

矩形钢管混凝土组合异形柱是由天津大学在 2002 年首次提出的，是一种由多根矩形钢管混凝土柱通过不同的连接构件连接所形成的异形柱，具有 L 形、T 形和十字形 3 种截面形式（图 3.24）。方钢管混凝土组合异形柱集合了钢管混凝土与异形柱的优势，且各单肢通过缀板连接形成的格构式空间结构形式，进一步提高了异形柱的抗侧力能力，体现出较好的承载能力，同时解决了传统结构形式中钢柱外露影响建筑使用的问题。其优势主要体现在以下几方面：

（1）相比纯钢结构，极大地降低了钢材用量。钢管内填充的混凝土可对钢管提供支撑作用，延缓钢管的屈曲，同样设计条件下，与纯钢结构柱相比，可降低钢材用量

30%～50%。

（2）截面形状布置灵活，可采用不等边的异形柱，能够解决住宅内部柱子见角的问题，一方面达到了建筑美观的效果，另一方面增大了室内居住面积。

（3）施工工艺传统，在现有设备条件下易于掌握。矩形钢管混凝土组合异形柱结构的构成不需要钢结构加工单位另外购置新型设备，所需材料市场供应充足，加工工艺简单并易于掌握。

矩形钢管混凝土组合异形柱结构体系是由方钢管混凝土组合异形柱、H 型钢梁和外肋环板节点构成的框架结构体系，当抗侧力不足时，可增加钢支撑或剪力墙。该体系单肢柱尺寸不宜大于 150mm，宜采用冷弯薄壁钢管，内部混凝土应采用细石混凝土，强度不宜低于 C25。当采用单板连接形式时，单连接钢板的厚度不应小于 3mm，且应间隔设置加劲肋，加劲肋间距不宜大于 300mm。方钢管混凝土组合异形柱与 H 型钢梁的连接可采用外肋环板节点，可隐藏于墙内部（图 3.25）。

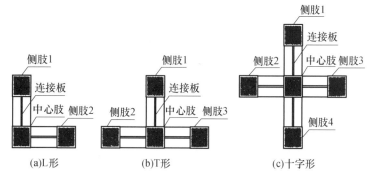

图 3.24　矩形钢管混凝土组合异形柱

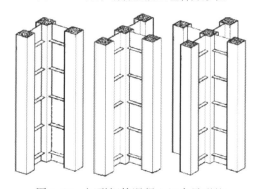

图 3.25　矩形钢管混凝土组合异形柱

3.2.3　节点设计

1. 传统节点

与现场施工浇筑的混凝土结构不同，钢结构住宅装配化的生产建造方式，导致大量建筑物连接节点的产生。钢结构住宅的节点设计是一个关键问题，其处理直接影响到房屋的声、光、热等各项物理性能、空间的使用、施工速度的快慢、结构承载力的保证等，因此必须给予重视。设计时应确保节点的安全可靠，并尽量采用简捷、稳定、可靠的施工工艺，减少或避免现场焊缝连接。目前国内常用的节点形式有栓焊组合式节点、全焊接式节点、加强环板式节点、内隔板式节点、穿心钢梁式节点等。

梁柱节点采用高强螺栓与焊接相结合的方式，是工程中较为常用的连接方式，此种连接方式相对减少了高空焊接作业，施工较为方便、快捷，质量更容易保证，实践经验也比较丰富。该节点中，钢梁翼缘与钢柱通过对接熔透焊缝连接，钢梁腹板与钢柱通过摩擦型高强螺栓连接。当钢柱为焊接箱形截面时，采用内隔板式梁柱节点；当钢柱为冷弯矩形截面时，采用横隔板贯通式梁柱节点（图 3.26）。隔板中心开灌浆孔，四角开排气孔。因建筑功能需要，住宅室内不宜有外露构件，故不设置隔撑，通过在梁端设置加劲肋防止受压翼缘失稳。

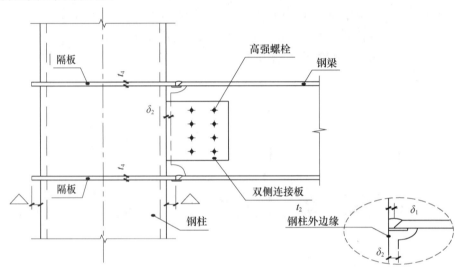

图 3.26　横隔板贯通式栓焊组合节点

对于高层钢结构住宅，可采用此种节点。该节点目前应用比较广泛，北京市成寿寺 B5 地块定向安置房项目、包头万郡大都城钢结构住宅项目、安阳市钢结构住宅 2.0 示范项目、杭州市转塘公共租赁住房项目等均采用了此种节点。

2. 新型节点

针对目前钢结构住宅常用梁柱节点焊接工作量较大的问题，多种新型节点形式被提出，下面介绍两种新型装配式节点：

1）蝶形节点

由北京德力公司和清华大学合作研发的蝶形节点（图 3.27）是一种装配式承剪型环形节点，该技术主要应用于钢结构建筑中管型混凝土柱与 H 型钢梁的快速装配连接，具有承力原理新颖、抗震性能好、安装方便快捷、工业化程度高、节点标准化程度高等优点，和型钢配合可以做到全部现场装配，克服了现有结构体系节点焊接工作量大、装配化程度低的缺点和不足。

该节点是由两套环形节点、8 套或 16 套楔块组、内六角高强螺栓、蝶形弹簧等与方钢管（或圆钢管）柱构壁上的抗剪键一起构成的装配式节点部件。其设计主要是利用了机械中过盈连接的工作原理，通过预紧螺栓将环状节点和钢柱紧密连接。当通过预紧

螺栓施加外荷载 F 时，环状节点与钢柱之间产生相互作用的压力，进而产生摩擦力，这一摩擦力就是用以抵抗梁上竖向荷载的主要力量。

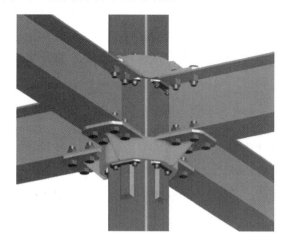

图 3.27 蝶形节点构造

该节点可应用于多层钢结构住宅中，经清华大学土木系专家从理论和试验两个角度进行研究，总结了预紧螺栓预拉力取值的设计原则，并给出了简单的手算公式，能够有效确保节点的抗滑移能力，满足使用要求（图 3.28）。

2）带 Z 形悬臂梁段梁柱节点（T 形节点）

由北京工业大学提出的一种适用于装配式钢结构的带 Z 形悬臂梁段拼接的梁柱节点（图 3.29）。该节点通过 Z 形悬臂段，将钢梁和焊有外套管的钢柱拴接在一起，采用全螺栓式连接，施工速度快，可广泛应用于多、高层钢结构工程中。与传统带悬臂梁段的拼接节点相比，本节点大大简化了施工现场的施工工序，Z 形悬臂段可以起到定位和固定钢梁的作用，安装快速方便，工业化程度高。

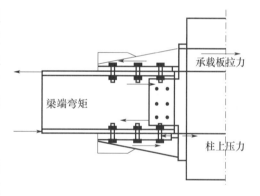

图 3.28 蝶形节点传力原理

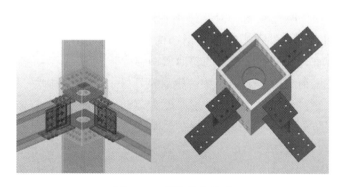

图 3.29 梁柱节点构造

该梁柱节点由带外伸式下翼缘 Z 形悬臂梁的方钢管柱、带外伸式上翼缘的翼缘削弱型工字形钢梁、贴板以及配套的螺栓等组成（图 3.30）。该节点的外套管由 4 块钢板围焊而成，与柱壁采用塞焊连接，以保证外套钢板与钢管壁的协同工作，带外伸式下翼缘 Z 形悬臂梁段在工厂或现场与外套管进行焊接连接。在安装现场，钢梁吊装到相应位置后，Z 形悬臂梁段可以起到定位和初步固定作用，安装快捷方便，可在多、高层钢结构住宅中应用。

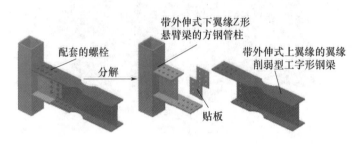

图 3.30　梁柱节点构造

3.2.4　防火防腐设计

1. 防火

未覆盖耐火保护层的钢构件的耐火极限与防火规范的要求相差很大，因此必须对钢结构进行防火处理，目的就是将钢结构的耐火极限提高到设计规范规定的极限范围，使其在火灾中能保持稳定性，防止迅速升温发生形变塌落。对钢结构采取的防火保护措施是多种多样的，目前主要采用的通用做法有三种：喷涂法、包封法、综合法。

1）喷涂法

喷涂法是用喷涂机具将防火涂料直接喷在构件表面，形成保护层的方法。喷涂法适用范围最为广泛，可用于任何一种钢构件的耐火保护。

钢结构防火涂料是喷涂在钢结构构件表面，能够形成耐火隔热的保护层，提高钢结构构件的耐火极限的化学材料。按所使用的胶黏剂的不同可分为有机防火涂料和无机防火涂料两类；按涂层厚度分为厚涂型、薄涂型和超薄型三类。根据钢结构防火涂料的施工技术规范要求，对于隐蔽的钢结构及耐火极限高于 1.5h 的裸露钢结构，宜选用无机类的厚涂型钢结构防火隔热涂料，涂层厚度一般在 7mm 以上（图 3.31）。对于耐火极限低于 1.5h、对外观装饰性要求较高的钢结构，一般选用薄涂型的膨胀钢结构防火涂料加以保护，尤其宜选用可刷涂施工的超薄型钢结构防火漆。

鞍山城投大公堡钢结构住宅项目中，钢管混凝土柱耐火极限为 3h，防火材料采用厚涂非膨胀型防火涂料，防火涂料保护层厚度为 20mm；钢梁耐火极限为 2h，防火材料采用厚涂型非膨胀防火涂料，防火涂料保护层厚度为 30mm。

杭州市转塘公共租赁住房项目的耐火等级为一级：柱、支撑、桁架、钢拉杆的耐火极限为 3h，梁的耐火极限为 2h，楼板、钢楼梯的耐火极限为 1.5h。对各钢构件采用厚涂型防火涂料，防火涂料的厚度须达到构件的耐火极限。

2）包封法

包封法就是在钢结构表面做耐火保护层，将构件包封起来。其常用做法有：用现浇混凝土作为耐火保护层；用砂浆或灰胶泥作为耐火保护层；用矿物纤维（其材料有石棉、岩棉及矿渣棉等）作为耐火保护层；用轻质防火板作为耐火保护层。其中，考虑到施工便捷程度及对住宅使用功能的影响，采用轻质防火板作为耐火保护层的方法应用最为广泛。

常用的防火板有轻质混凝土板、石膏板、泡沫混凝土板、硅酸钙成型板、矿物纤维板及石棉成型板等，防火板厚度为 6～80mm，有效防火时间为 1～4h。其做法是以上述预制防火板包覆构件（图 3.32），板间连接可采用钉合及黏合。这种方法具有干法施工、不受气候条件影响、防火保护和装修一体、表面光滑美观、经济实用等优点，施工简便且工期较短，并有利于实现工业化。同时，承重（钢结构）与防火（预制板）的功能划分明确，火灾后修复简便且不影响主体结构的功能，具有良好的复原性。

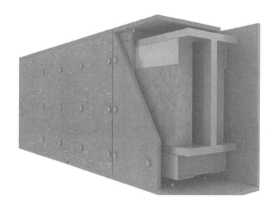

图 3.31　厚涂型防火涂料　　　　　　　图 3.32　防火板包覆

济宁市嘉祥县嘉宁小区公共租赁住房项目，采用 AAC 防火板包覆的方法对梁柱进行防火处理。梁柱外包裹 50mm 厚 AAC 防火板，通过 L 形角钢托和 M10 螺栓与梁柱连接；AAC 板与其他材料间的缝隙采用填塞 PE 棒并打发泡剂。

安阳市钢结构住宅 2.0 示范项目，本工程的耐火等级为一级，柱的耐火极限不小于 3h，梁的耐火极限不小于 2.5h，钢管混凝土柱、钢梁采用蒸压轻质加气混凝土防火板（NALC）包裹。

3）综合法

综合法即以上两种方法的组合，先采用防火涂料进行喷涂，再采用防火板材进行包覆。该方法集合了喷涂法、包封法的优点，更好地提高了钢构件的耐火极限。

中建钢构天津有限公司公寓楼项目，钢构件选用薄涂型防火防腐涂料，外包 A 级防火石膏板，具有良好的防火和防腐性能。

2. 防腐

钢材的耐腐蚀性极差，裸露在外的钢材在大气的作用下会产生锈蚀，达到一定程度后，会使钢结构产生无变形征兆的崩溃式断裂，严重影响建筑物的安全，因此，必须对钢结构进行防腐处理。为隔绝钢材表面与大气的接触，从而达到防腐的目的，一般做法有 4 种：涂层法、金属镀层法、包覆法、采用耐候钢法。目前，在钢结构住宅中通用的方法是涂层法。

涂层法即在钢构件表面涂刷防锈漆，使钢材与大气隔离，此种方法因其施工简易，且适合自动化施工，造价相对便宜，故在实际应用中最为广泛。涂层法的防腐涂料应满足良好的附着力、与防火涂料相容、对焊接影响小等要求。该方法有较为完备的技术资料，一般需根据大气环境选择不同的涂层厚度和不同的涂层材料。其具体做法如下：

（1）表面处理。除去钢结构表面的铁锈、轧屑、油污等污染物，底层涂料才能牢固地附着在钢结构表面，并有效地防腐。

（2）底漆涂层。钢结构在表面处理后应立即涂上底漆涂层，以避免氧化。

（3）罩面层。对于暴露在空气中的钢结构，涂上罩面油漆进行防腐。

（4）防腐层的维护。定期对钢结构的防腐层进行检查，发现损伤马上涂刷新的油漆。

杭州市转塘公共租赁住房项目防腐涂料底漆采用环氧富锌防锈漆（锌粉含量＞80%）2 遍，最小干膜厚度为 $80\mu m$；中间漆采用环氧云铁漆 2 遍，最小干膜厚度为 $45\mu m$；面漆采用丙烯酸聚氨酯漆。

沧州市福康家园公共租赁住房住宅项目结构防腐涂层有 3 层：底漆采用环氧富锌防锈漆 2 遍，含锌量 70%，每遍厚度为 $35\mu m$；中间漆采用环氧云铁漆 1 道，厚度为 $60\mu m$；面漆采用丙烯酸漆 2 遍，每遍厚度为 $35\mu m$。漆膜总厚度大于等于 $200\mu m$，依据使用年限定期进行维护。

安阳市钢结构住宅 2.0 示范项目使用下述做法：防腐涂料总膜厚≥$280\mu m$，底漆采用环氧富锌底漆 2 遍，厚度为 $70\mu m$，中间漆采用厚浆型环氧云铁漆 2 遍，厚度为 $110\mu m$，面漆采用丙烯酸聚氨酯面漆 1 道 3 遍，厚度为 $100\mu m$。

3.2.5　BIM 技术应用

结构设计工作不仅是具体结构构件的选择与组合，更为强调建筑整体成型后的应力是否在一定的水平向、竖向以及振动载荷下维持较高的稳定水平。因此，在结构设计中应用 BIM 技术，应能够对结构设计方案进行全面的模拟分析，建立与建筑实体相对应的一体化数字模型，通过相应软件的内置计算分析功能，实现建筑结构性能的全面分析，通过相关数据的导入将建筑结构设计结果置于贴近实际情况的环境之中，快速、准确地完成整个分析结构过程，发现设计缺陷，及时进行修正与优化，提高建筑结构设计质量。

1）要点

（1）不同编号的梁、柱、墙等构件要在命名时区分明确，更好地为后期其他深化工作打好基础。

（2）地下部分剪力墙暗梁在建模时要体现出来（如果有机电管线从这里穿越，可提前发现）。

（3）剪力墙暗柱在建模时要体现出来。

（4）混凝土强度等级在命名时可进行注释，或者在材质选择时添加。

（5）结构板不建议一层一块，建议按照实际施工中结构支模时结构板的实际大小进行建模（注：为了后期能够对结构支模竹胶板优化排布提供可靠的数据）。

（6）由于钢筋模型极大地消耗了计算机的资源，所以一般不建议在结构模型中体现钢筋模型。如果需要，可另存一个专门的钢筋文件进行建模（注：复杂施工节点可建模进行施工指导）。

2）软件

Revit TEKLA。

3）交付标准

参照《建筑信息模型设计交付标准》（GB/T 51301—2018）表 C.0.4。

3.2.6 结构设计案例

1）优化的传统结构体系

沧州市天成装配式住宅项目采用了此种结构体系。该项目建筑功能为政府安置类住房，地下 3 层、地上 27 层，抗震设防烈度为 7 度（0.15g），建筑场地类别为 Ⅲ 类场地（图 3.33）。结构体系采用矩形钢管混凝土柱框架-中心支撑体系，钢支撑布置在楼梯间、分户墙等位置，减小了对建筑使用功能的影响。钢柱采用矩形钢管混凝土柱，并且偏心布置，解决了纵、横向刚度不协调、露梁露柱等问题（图 3.34）。

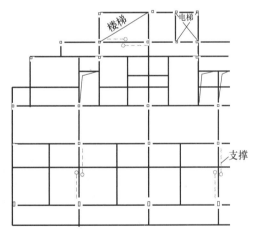

图 3.33 沧州天成项目标准层结构布置　　图 3.34 沧州天成项目支撑布置示意

2）钢框架-墙板式阻尼器结构体系

该体系适用于 11 层以下的钢结构住宅，在北京市丰台区成寿寺 B5 地块定向安置房项目中，2 栋 9 层的住宅（1 号、4 号）采用了这种结构体系（图 3.35）。这两栋住宅采用标准 6.6m×6.6m 柱网，钢柱采用方形 450mm、400mm 方管柱，内灌 C50 自密实混凝土，钢梁采用 H 型钢 350mm×150mm 钢梁，抗侧力构件采用墙板式阻尼器。梁偏心布置保证室内无梁无柱。

图 3.35 成寿寺 B5 项目墙板阻尼器

3）钢框架-组合钢板剪力墙结构体系

该体系适用于高层的钢结构住宅，特别适用于高烈度区，在北京市丰台区成寿寺 B5 地块定向安置房项目中，2 栋高层的住宅（2 号、3 号）采用了这种结构体系（图 3.36）。这两栋住宅采用标准 6.6m×6.6m 柱网；钢柱采用方形 450mm、400mm 方管柱，内灌 C50 自密实混凝土，钢梁采用 H 型钢 350mm×150mm；抗侧力构件组合钢板剪力墙布置在电梯间位置，减小了对建筑使用功能的影响（图 3.37）。

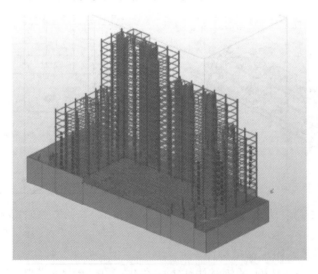

图 3.36 成寿寺 B5 项目结构模型

4）钢框架-防屈曲钢板剪力墙结构体系

该结构体系适用于高层钢结构住宅，特别适用于高烈度区，北京市首钢二通厂南区棚改定向安置房项目中，3-1 号、3-3 号、3-4 号楼采用了这种体系。钢柱采用标准化钢

图 3.37　成寿寺 B5 项目组合钢板剪力墙

管混凝土柱，钢梁采用标准化 H 型钢，在外墙门窗间等位置布置防屈曲钢板剪力墙，减小了对建筑使用功能的影响（图 3.38～图 3.40）。

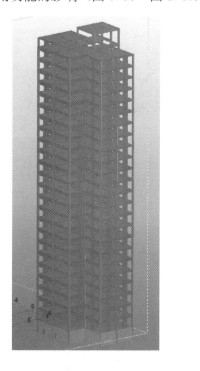

图 3.38　首钢二通厂项目结构模型

5）矩形钢管混凝土组合异形柱结构体系

矩形钢管混凝土组合异形柱可用于多、高层建筑的框架体系、框架-支撑体系、框架-剪力墙体系等。沧州市福康家园住宅项目就采用了此种结构体系（图 3.41）。该项目

图 3.39 首钢二通厂项目墙板拼装

图 3.40 首钢二通厂项目墙板吊装

是全国第一个采用矩形钢管混凝土组合异形柱技术的高层钢结构住宅小区，其中 1 号、2 号、4 号楼采用矩形钢管混凝土组合异形柱框架-剪力墙体系，3 号、5 号、6 号、7 号、8 号楼采用矩形钢管混凝土组合异形柱框架-支撑体系。

图 3.41 沧州福康家园

3.3 围护体系设计

3.3.1 围护系统定义与构成

装配式围护是工厂化生产的构件式围护部品部件或单元式围护组合件，在现场采用装配式接口相互连接，与主体结构共同作用分隔建筑室内外、户内外、户之间，发挥防水、防火、保温隔热、隔声等作用的装配式建筑组成部分。

装配式围护由外墙板、外门窗、外装饰、外遮阳、阳台及空调机位、屋面、分户墙等子系统构成，如图3.42所示。

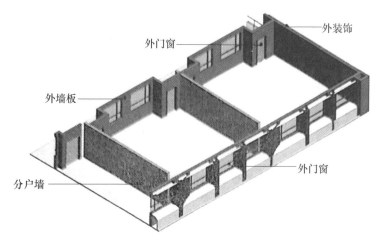

图3.42 建筑外围护系统的构成

3.3.2 设计性能要求

围护系统的材料种类多种多样，施工工艺和节点构造也不尽相同，在设计时，外围护系统应根据不同材料特性、施工工艺和节点构造特点明确具体的性能要求。性能要求主要包括安全性能、功能性能和耐久性能等，同时屋面系统还应增加结构性能要求。

1. 安全性能要求

安全性能要求是指关系到人身安全的关键性能指标，对于装配式建筑外围护系统而言，应符合基本的承载力要求以及防火要求，具体可以分为抗风性能、抗震性能、耐撞击性能和防火性能4个方面。

抗风性能中风荷载标准值应符合国家标准《建筑结构荷载规范》（GB 50009—2012）中有关外围护系统风荷载的规定，并可参照现行国家标准《建筑幕墙》（GB/T 21086—2007）的相关规定，同时应考虑偶遇阵风情况下的荷载效应。

抗震性能应满足行业标准《非结构构件抗震设计规范》（JGJ 339—2015）中的相关规定。

耐撞击性能应根据外围护系统的构成确定。对于幕墙体系，应参照国家标准《建筑幕墙》(GB/T 21086—2007)的相关规定。除幕墙体系外的外围护系统，应提高耐撞击性能要求。外围护系统的室内外两侧装饰面，尤其是类似薄抹灰做法的外墙保温饰面层，还应明确抗冲击性能要求。

防火性能应符合国家标准《建筑设计防火规范》(GB 50016—2014)中的相关规定，试验检测应符合国家标准《建筑构件耐火试验方法　第1部分：通用要求》(GB/T 9978.1—2008)、《建筑构件耐火试验方法　第8部分：非承重垂直分隔构件的特殊要求》(GB/T 9978.8—2008)的相关规定。

2. 功能性能要求

功能性能要求是指作为围护系统应该满足居住使用功能的基本要求，具体包括水密性能、气密性能、隔声性能、热工性能4个方面。

水密性能包括外围护系统中基层板的不透水性能以及基层板、外墙板或屋面板接缝处的止水、排水性能。对于建筑幕墙系统，应参照国家标准《建筑幕墙》(GB/T 21086—2007)的相关规定。屋面围护系统的防水等级应根据建筑物的建筑造型、重要程度、使用功能、所处环境条件确定。屋面围护系统设计应包含材料部品的选用要求、构造设计、排水设计、防雷设计等内容。

隔声性能应符合国家标准《民用建筑隔声设计规范》(GB 50118—2010)的相关规定。

热工性能应符合国家及行业标准《公共建筑节能设计标准》(GB 50189—2015)、《严寒和寒冷地区居住建筑节能设计标准》(JGJ 26—2018)、《夏热冬冷地区居住建筑节能设计标准》(JGJ 134—2010)、《夏热冬暖地区居住建筑节能设计标准》(JGJ 75—2012)的相关规定。屋面围护系统热工设计应符合国家标准《民用建筑热工设计规范》(GB 50176—2016)的规定，屋面围护系统平均传热系数和热惰性指标应满足所在气候分区建筑节能指标要求。

3. 耐久性能要求

耐久性要求直接影响围护系统的使用寿命的维护保养时限。不同的材料，对耐久性的性能指标要求也不尽相同。经耐久性试验后，还需对相关力学性能进行复测，以保证使用的稳定性。对于水泥基类板材作为基层板的外墙板，应符合行业标准《外墙用非承重纤维增强水泥板》(JG/T 396—2012)的相关规定，满足抗冻性、耐热雨性、耐热水性能以及耐干湿性能的要求。

4. 结构性能要求

结构性能应包括可能承受的风荷载、积水荷载、雪荷载、冰荷载、遮阳装置及照明装置荷载、活荷载及其他荷载，并按国家标准《建筑结构荷载规范》(GB 50009—2012)和《建筑抗震设计规范》(GB 50011—2010)的规定对承受的各种荷载和作用以垂直于屋面的方向进行组合，并取最不利工况下的组合荷载标准值作为结构性能指标。

3.3.3　主要类型

1. 屋盖系统

屋盖系统作为房屋的水平构件，起着支撑竖向荷载和传递水平荷载的作用，除了承受竖向荷载并将它传给框架外，还将水平力传到各个柱上，因此，屋盖结构必须具有足够的强度、足够的平面整体刚度，并能保证梁的整体稳定性。作为建筑要求，住宅楼板还应能隔声、防水和防火，同时应尽量采用技术和构造措施减轻楼板自重，便于管线的敷设，提高施工速度，减少现场湿作业量。根据目前的经验，我国各地钢结构住宅的楼板基本采用以下几种做法。

1）现浇钢筋混凝土楼板

现浇钢筋混凝土楼板以钢框架为支撑，在钢梁上按一定间距焊接栓钉，然后支模、绑钢筋，现浇混凝土，达到设计强度后拆除模板。

这种楼板的缺点是需要大量模板和支撑；现场浇筑混凝土，需要混凝土硬化时间，会影响钢结构施工速度；由于混凝土收缩、地基沉降、温度作用等原因，楼板易开裂，存在安全性缺陷；不符合建筑工业化要求。

2）预制混凝土空心楼板

预制混凝土空心板板端与钢梁焊接，板缝设锚固筋，并浇混凝土叠合层，以提高平面刚度、满足抗震要求。常用的有 SP 板，清华大学石桥学生公寓 A07 栋就用到了 SP 板。这种板仅适用于多层住宅。

3）双向轻钢密肋组合楼盖

双向轻钢密肋组合楼盖的密肋采用钢筋或小型钢焊接而成，肋高根据板的跨度决定，在密肋组成的网格内嵌入塑料或玻璃钢制成的定型模壳。这种楼板的优点是平面外刚度较大，施工时所需支撑较少，混凝土的浇筑不需支设模板。但是该楼板总厚度较大（300mm 左右）、需要架设吊顶，导致住宅房屋净空较低。另外，现场焊接过多，施工速度慢，焊接质量难以保证。

4）压型钢板组合楼板

压型钢板组合楼板的型钢板相当于现浇混凝土楼板的底部受拉钢筋，在其上浇筑混凝土，形成整体连续板。同时型钢板又起到了模板的作用，省去了大量支模工作。这种楼板最适用于钢结构，施工速度快，工业化程度高；另外，楼板自重较轻，减轻了主体结构竖向荷载和地震反应。现浇混凝土层整体性好，方便水、电等设备管线的敷设。

这种楼板的缺点是压型钢板外露防火性能较差，因而楼板下部需要做防火处理并加设吊顶，既增加造价，又降低室内空间净高。

5）PK 预应力混凝土叠合楼板

预应力混凝土叠合楼板是预制和现浇混凝土相结合的一种较好的结构形式。预制预应力薄板（厚 50~100mm）与上部现浇混凝土层（厚 50~80mm）结合成为一个整体，共同工作。薄板的预应力主筋即是叠合楼板的主筋，同时预应力薄板用作现浇混凝土层的底模，不必为现浇层支撑模板。薄板底面光滑平整，板缝经处理后，顶棚可以不再抹灰。

这种叠合楼板具有整体性好、刚度大、抗裂性好、不增加钢筋消耗、不需架设吊顶等优点，并且由于现浇楼板不需支模，加快了施工速度，缩短整个工程的工期。但是现场仍有大量钢筋绑扎工作，增加了施工难度。

6）钢筋桁架混凝土叠合楼板

钢筋桁架混凝土叠合楼板是将楼板中的受力钢筋在工厂加工成钢筋桁架，在钢筋桁架下弦处浇筑一定厚度的混凝土，形成一种带有钢筋桁架的混凝土叠合板。预制层用作现浇混凝土层的底模，不必为现浇层支撑模板。

与普通叠合板相比，由于桁架腹杆钢筋的存在，该楼板有更好的整体工作性能，并且其下表面平整，无须吊顶，便于做饰面处理。但是该楼板仍有大量现场钢筋绑扎工作，钢筋的锚固和绑扎工序多，节点复杂安装，过程中可能会存在较多的接缝，增大了施工难度和安全隐患。

7）钢筋桁架楼承板

钢筋桁架楼承板是将楼板中的上、下铁钢筋在工厂制作为钢筋桁架，并将钢筋桁架与镀锌板底模焊接为一体的楼承板，钢筋桁架直接作为板底与板面受力钢筋（图3.43）。钢筋桁架楼承板计算时与普通现浇混凝土设计理论等同，而其钢筋桁架三角受力模式能提供更大的刚度，且双向刚度一致，具有更好的抗震性能。在建设现场，可将钢筋桁架楼承板直接铺设在钢梁上，然后进行简单的钢筋工程便可浇筑混凝土，镀锌板底模起到模板作用，提高了楼板施工效率。该楼板又分为可拆底模和不可拆底模。可拆底模楼板可实现底模回收再利用，但还需对板底裸露的钢筋桁架腹筋做防锈处理；不可拆底模楼板，需对楼板底面进行防火处理及特殊抹灰处理。可根据工程具体情况进行选择。

图3.43 钢筋桁架楼承板

钢筋桁架楼承板不需要支模板，施工速度快、产业化程度高，并且将钢筋绑扎作业由高空转移到工厂，既提高效率又控制了质量，解决了钢筋桁架叠合楼板和预应力混凝土叠合楼板现场钢筋绑扎工作量大的问题。

2. 外围护系统

外墙系统在满足住宅使用功能中起到重要作用，主要包括结构功能、热工功能、密闭功能、隔声功能、防火功能及装饰功能，因此必须予以重视。

对钢结构住宅而言，外墙材料不仅应满足隔热、节能、保温、隔声、防腐和防火等各项要求，同时还要尽量保证墙体质量轻且便于装配、与工业化相适应，施工效率高，故推广应用优质低价的墙体材料对钢结构住宅有非常重要的意义。总的来说，墙体材料一般可分为两大类：砌块类和轻质板材类。

1）砌块类

砌块类墙体材料有空心砌块、实心砌块。此类材料比较适合人们的砌筑习惯、就地取材、造价低廉，应用起来比较方便。可供选择的砌块种类有混凝土小型空心砌块、粉煤灰砌块、加气混凝土砌块等。

混凝土小型空心砌块是以水泥为胶凝材料，添加石子、砂子等为骨料，经计量配料、加水搅拌、振动加压成型，并经养护制成的一种空心率为 25％～50％ 的新型墙体材料。它具有自重轻、热工性能好、抗震性能好、砌筑方便、墙面平整度好、施工效率高等优点。

粉煤灰砌块是以粉煤灰、石灰为主要原料，掺加适量石膏、外加剂和集料，经坯料配制、轮碾碾炼、机械成型、水化和水热合成反应而制成的密实砌体。它具有相对密度小（能浮于水面），保温、隔热、节能、隔声效果优良，可加工性好等优点，其中隔热保温是它最大的优势，保温效果是实心黏土砖的 4 倍。

加气混凝土砌块是以水泥、生石灰、矿渣、砂、粉煤灰、铝粉等为原料，经磨细、计量配料、搅拌浇注、发气膨胀、静停切割、蒸压养护、成品加工、包装等工序制作而成的多孔混凝土。它具有轻质多孔、保温隔热、防火性能好、可钉可锯可加工等优点。

但是这种外墙存在的一些问题：

加气混凝土砌块吸水率大，但其吸水特性与传统的实心黏土砖以及混凝土等材料不同，它的气孔呈现"墨水瓶"结构，毛细作用差，早期吸水快，后期吸水慢，但吸水时间长，如果砂浆保水性能以及和易性不好，则水分很容易被砌块吸收造成砂浆失水，从而无法充分水化造成强度降低、灰缝不饱满，导致局部砌块受力不均衡引起应力集中，造成砌块开裂或者沿灰缝开裂。对于抹面砂浆，则容易引起墙体与抹面层的脱离，出现空鼓现象。由于砌筑砂浆失水后造成强度偏低，导致砌体抗压强度降低，因此常常会产生斜裂缝，严重的会带来安全隐患。

从外界环境影响看：普通砂浆的导热系数约为 $0.9W/(m \cdot K)$，线膨胀系数约为 $4 \times 10^{-4} mm/(m \cdot \text{℃})$，与加气混凝土砌块相差达到 10 倍左右，一旦环境温度变化，则在砌筑砂浆、抹灰砂浆以及砌块之间产生温度应力，当环境温度变化幅度较大，产生的温度应力太大时，则造成砌块与灰缝、砌块与抹灰之间的开裂。通常建筑物顶层由于受到阳光直射，在昼夜温差大的季节，如夏、秋季，容易造成墙体顶层梁底部的水平裂缝及斜裂缝。温度应力也是加气混凝土砌块墙体产生裂缝的主要原因之一。同时，加气混凝土砌块是将加气混凝土坯体切割而成的，加工过程中易在表面形成一层松散层以及粉尘，如砌筑墙体前未进行清理或清理未彻底，就会在砂浆和砌块之间形成隔离层，影响砂浆与砌块之间的黏结力，对于抹面砂浆，则易造成粉刷层空鼓、开裂。

从设计环节看：构造柱和水平墙梁设置间距过大，框架柱和墙体的拉结筋设置间距过大，墙体与主体框架连接处构造措施不合理，建筑物层高较高时未合理设置圈梁，外墙大面积饰面层未设置分割缝，不上人屋面未设置保温隔热层等，都容易造成填充墙开裂。

从施工环节看：砌筑砂浆强度偏低、和易性不好、保水性差，使填充墙的灰缝砂浆易于被加气混凝土砌块吸水导致砂浆不饱满、强度低，难以承受温差、干缩等原因造成的变形而开裂。施工时，未事先将砌块浇水，或浇水不足，导致砌筑后砌块大量吸收砌筑砂浆、抹灰砂浆中的水分，引起灰缝砂浆开裂、抹灰层空鼓裂缝等。

2）轻质板材类

轻质板材类围护材料有大规格轻质混凝土板，也有用保温材料做成的夹芯板。有做成各种条板的，也有做成整块板的。有国内企业开发生产的板材，也有国外引进生产线生产的板材。轻质板材类墙体材料生产方式工厂化、施工方式装配化，更加符合钢结构住宅产业化发展的要求。目前适用于钢框架结构，并且能够达到住宅建筑围护结构保温隔热、防渗、隔声要求的板材类墙体材料主要有以下几种。

（1）蒸压加气混凝土板（ALC 板）。

ALC 板是以粉煤灰（或硅砂）、水泥、石灰等为主要原材料，配有防锈处理的钢筋，经过高温高压蒸汽养护而成的多气孔混凝土成型板材。由于高温高压蒸养，板材内部形成很多封闭的小孔，使板材具有良好的保温、隔声性能。另外，此种板材自重较轻，能适应较大的层间角位移，因而具有良好的抗震性能。ALC 板的主要性能如下：

①保温隔热［导热系数为 0.13（B04）］：其保温、隔热性能是玻璃的 6 倍、黏土砖的 3 倍、普通混凝土的 10 倍。

②轻质高强［干密度为 425kg/m³（A2.5）］：为普通混凝土的 1/4、黏土砖的 1/3，比水还轻，和木材相当；立方体抗压强度≥4MPa。在钢结构工程中采用蒸压加气混凝土板作为围护结构更能发挥其自重轻、强度高、延性好、抗震能力强的优越性。

③耐火、阻燃［耐火极限＞4h（150mm 厚板墙）］：加气混凝土为无机物，不会燃烧，而且在高温下不会产生有害气体；同时，加气混凝土导热系数很小，这使得热迁移慢，能有效抵制火灾，并保护其结构不受火灾影响。

④可加工：可锯、可钻、可磨、可钉，更容易体现设计意图。

⑤吸声、隔声：以其厚度不同可降低 30～50dB 噪声。

⑥承载能力强：风荷载、雪荷载及动荷载。

⑦耐久性好：加气混凝土板是一种硅酸盐板，不易老化、风化，是一种耐久的建筑材料，其正常使用寿命可以和各类永久性建筑物的寿命相匹配。

⑧绿色环保：加气混凝土板没有放射性，也没有有害物质溢出。

基于以上多种优点，ALC 板已在国内外建筑工程中广泛用作内外墙板、屋面板等，拥有比较丰富的工程实践经验。

表 3.6 为 ALC 墙板基本性能表；表 3.7 为 ALC 条板耐火时限指标。

表 3.6 ALC 墙板基本性能表

强度级别		A2.5	A3.5	A5.0	A7.5
干密度级别		B04	B05	B06	B07
干密度（kg/m³）		≤425	≤525	≤625	≤725
抗压强度（MPa）	平均值	≥2.5	≥3.5	≥5.0	≥7.5
	单组最小值	≥2.0	≥2.8	≥4.0	≥6.0
干燥收缩值（mm/m）	标准法	≤0.50			
	快速法	≤0.80			
抗冻性	质量损失（%）	≤0.50			
	冻后强度（MPa）	≥2.0	≥2.8	≥4.0	≥6.0
导热系数（干态）[W（m·K）]		≤0.12	≤0.14	≤0.16	≤0.18

表 3.7　ALC 条板耐火时限

墙体厚度（mm）	50	75	100	120	150
耐火时间（h）	>1.57	>2	>3.82	>4	>4

（2）玻璃纤维增强水泥板（GRC 板）。

GRC 板是以耐碱玻璃纤维为增强材料，以低碱度的硫铝酸盐水泥轻质砂浆为基材，运用一定的工艺技术制成的中间具有若干孔洞的条形板材。GRC 板的造价较低，其墙体质量仅为 120mm 黏土砖墙的 20% 左右，隔声量约为 32dB，耐火极限为 1h，具有可锯、可割、可钻、可钉等优点，可增加建筑使用面积 5% 以上，是一种性能优越的新型板材。GRC 板的缺点是应用于钢结构住宅中时，墙体抹灰后容易出现裂缝，主要是由于板安装方法和抹灰方法不当造成的。另外，GRC 板的墙体还容易形成返卤泛霜现象。

（3）钢丝网架水泥夹芯板。

钢丝网架水泥夹芯板是用高强度冷拔钢丝焊成三维空间网架，中间填以阻燃型聚苯乙烯泡沫塑料或岩棉等绝热材料，现场安装后，两侧喷抹水泥砂浆而形成的复合墙板。

此种板材具有较好的保温、隔热、隔声性能，提高住宅的舒适性，再加上自重较轻，提高了整个建筑结构体系的经济性。大部分构件和加工过程都在工厂内由生产线完成，可以缩短施工工期，而且其成本较低，因此，是一种值得推广应用的新型墙体材料。其缺点是：在墙板接缝处容易形成热桥，降低钢结构住宅的保温隔热效果。

（4）钢筋混凝土保温复合墙板。

钢筋混凝土保温复合墙板的一般构造为：两侧用薄壁钢筋混凝土板形成面层，中间夹以岩棉或聚苯板制成的复合墙板。墙板单面混凝土层厚度不小于 30mm，保温层厚度根据节能设计要求有 50、80、100 等几种规格。

这种复合墙板在工厂生产制作、现场装配式施工，大大减少了现场施工量，并且有利于抗震处理。其缺点是：由于保温层是整体预制在复合板内部的，在板缝处必然会形成一定的冷、热桥，对建筑的保温隔热性能产生不利影响。

（5）金属复合板。

金属复合板是两侧为金属面材料、中间为保温材料的夹芯式结构，金属面材料通常采用彩色涂层钢板、镀锌钢板、不锈钢板、铝板等，保温材料为聚苯板或岩棉。

金属复合板具有强度高、施工方便快捷、可多次拆装等优点。但是考虑到金属不耐腐蚀的特点，在钢结构住宅中使用金属复合板时需要通过一些措施提高其耐久年限。另外，金属复合板外表面一般不平整，所以为了达到室内的美观需要对内饰面进行合理处理。

（6）现场组装复合型墙板。

现场组装复合型墙板通常采用轻钢龙骨为墙体支撑骨架，内外挂石膏板或水泥刨花板，中间填充岩棉板。每一种材料分别在工厂定型化生产，在施工现场进行组装。

现场复合墙板具有良好的保温隔热性能和防渗漏功能，各项材料的现场安装保证了保温层的连续性，有效避免冷、热桥的产生。但是现场组装比较复杂，不符合钢结构住宅产业化的特点。

3.3.4 与结构主体连接方式

外墙板可采用内嵌式、外挂式、嵌挂结合式等与主体结构连接类型，并宜分层悬挂或承托。保温构造形式可采用外墙单一材料自保温系统、外墙外保温系统、外墙夹芯保温系统和外墙内保温系统。外墙板与主体结构的连接应符合以下规定：

（1）连接节点在保证主体结构整体受力的前提下，应牢固可靠、受力明确、传力简捷、构造合理、具有足够的承载力。在承载能力极限状态下，连接节点不应发生破坏；当单个连接节点失效时，外墙板不应掉落。

（2）连接部位应采用柔性连接方式，连接节点应具有适应主体结构变形的能力。节点设计应便于工厂加工、现场安装就位和调整。连接件的耐久性应满足设计使用年限的要求。

3.3.5 围护体系设计案例

图 3.44～图 3.48 所示为一个围护体系设计案例。

图 3.44 钢筋桁架楼承板施工现场

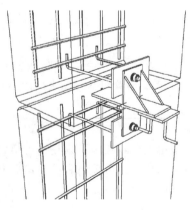

图 3.45 连接节点　　　　　图 3.46 连接节点施工现场

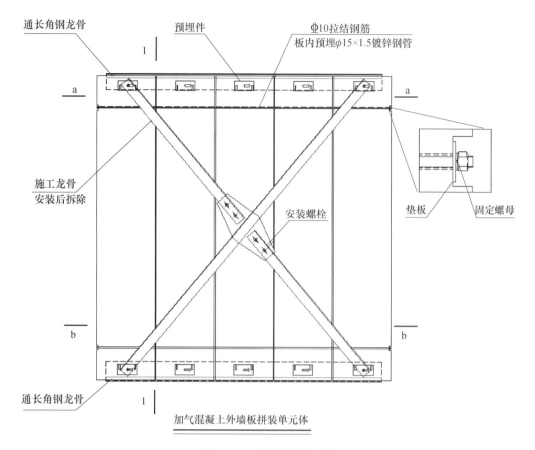

图 3.47 墙板拼装单元体

图 3.48 墙板拼装单元体施工现场

3.4 机电设计

3.4.1 机电系统构成

1. 给水排水系统

给水排水系统包括生活给水系统、生活排水系统、消防给水系统、雨水排水系统等。设计过程中管线应结合建筑特点、结构形式、装修类型等优化布置，优先利用管道井和 GRC、吊顶等建筑装饰与结构本体实现管线分离。

2. 暖通空调系统

暖通空调系统包含空调风系统、空调水系统、供暖系统、通风系统、防排烟系统等。管线种类繁多，主干管安装占用空间大、支管多。设计中结合建筑平面布局和立面设计简化管路系统，优先通过管井设置竖向系统，水平方向管线成排、紧凑布置，便于实现管线综合和管道综合支吊架安装。

3. 电气系统

电气系统包含强电系统、弱电系统、防雷接地系统等。在设计中，强弱电系统的管线敷设、设备安装应结合结构体系选用适当的方式；防雷接地装置应优先利用结构的金属构件，当不能满足防雷等级时再增加辅助的连接措施。

4. 燃气系统

燃气系统包括室外燃气及室内燃气系统。燃气系统从燃气接入点引至各用户。采用楼前埋地、户外立管、户内挂表的安装方式。

3.4.2 特点和适用范围

装配式机电设计最主要的特点是将施工阶段的工作提前到设计阶段解决，将设计模式由"设计→现场施工→提出更改→设计变更→现场施工"转变为"设计→工厂加工→现场安装"的新模式。这种新模式对机电设计提出了更高的要求，要有全局观，把问题想在前面。实现设计精度满足工厂加工，结合装配式建筑的特点。在机电设计时需要考虑管材如何预埋、管线以何种结构形式敷设、管件本身如何与精装修结合，以及机电系统的使用年限和管材寿命等。随着绿色建造方式的倡导以及节材节能方面的环保要求，相对于主体结构的长寿命，机电系统应考虑使用年限、管材寿命及管线如何更换等问题。

装配式机电系统适用于装配式建筑中，可应用于住宅建筑、公共建筑、工业建筑等。根据不同的结构体系，可以采用机电管线预留预埋、管线分离、模块化设计等方式实现机电系统的标准化、模数化、一体化设计。

3.4.3 设计原则与基本要求

1. 设计原则

建筑方案设计阶段，机电专业应根据建筑高度、建筑户型布局测算确定机电管井面积，并应与建筑专业配合确定机电管井的位置及尺寸；机电管井宜采用方形或矩形截面。

装配式建筑机电系统应主要解决好管线与主体结构的关系、管线与构件的关系、管线与装修的关系以及管线与管线的关系。机电系统设计围绕着这几种关系表现出一系列与传统现浇建筑不同的设计特点。具体设计原则如下。

1）基本要求

装配式建筑机电系统设计除应符合国家和地方现行相关规范、标准和规程的要求外，还应满足现行装配式建筑的设计标准和规程及施工验收规范的要求。

2）管线与主体结构的关系

（1）原则上所有机电管线应与结构体分离，公共管线系统宜设在公共空间。

（2）优先利用公共管井、吊顶、架空地面等做法实现管线与结构的分离。

3）管线与构件的关系

（1）管线尽量避免直接埋设于预制构件或预制楼板的现浇层内。

（2）若有预埋，需在预制构件上对孔洞、沟槽等进行精确定位，避免后期对预制构件凿剔沟槽、孔洞。

（3）预埋预留套管或孔洞应符合结构设计模数网格，确保与预制墙、板连接得牢固可靠。

4）管线与装修的关系

（1）设计阶段将机电管线设计与装修设计相结合，实现机电、装修一体化。

（2）尽可能利用装修及建筑外立面效果实现机电管线的隐蔽。

5）管线与管线的关系

（1）设计过程中利用 BIM 进行管线综合设计，平面管线减少交叉，竖向管线宜集中布置，如图 3.49 所示。

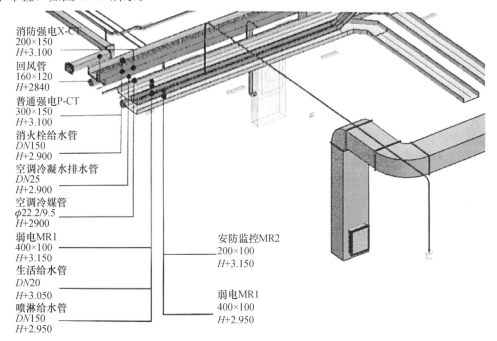

图 3.49　机电系统集成及管线综合的点位布置及布线规则

（2）垂直布置原则：优先布置重力流管道，其次布置管径较大和不易翻弯的管道，对于标高紧张区域空间大者优先考虑，其他管线通过水平调整实现避让。

（3）平面定位原则：管线平面定位要综合考虑管线尺寸、保温厚度、支架尺寸、管线间距、施工操作空间、预留管线位置及检修通道等诸多因素。

6）其他

尽可能减少湿作业，降低现场粉尘，可采用多种安装方式，推荐采用干法施工。

专用部品的维修更换不得影响公共部品及其他用户。

要求装配式建筑的机电系统以管线与结构分离为基本原则，在条件许可的情况下，原则上宜将公共管线设置在公共空间的吊顶部位，结构不做机电管线的预留预埋。

2. 设计要求

装配式钢结构建筑的给水排水管线、供暖通风空调管线、电气管线设计，应采用与结构主体相分离的设计方式，以满足结构主体耐久性和安全性要求。

设备及管线设计应满足施工和维护的方便性，且在维修更换时不影响结构主体的寿命和功能。给水排水、供暖通风空调和电气等系统及管线应进行综合设计，管线平面布置应避免交叉，竖向管线应相对集中布置。预制结构构件中应尽量减少穿洞，如必须预留，则预留的孔洞位置应遵守结构设计模数规定。设备管线及各种接口应采用标准化产品。

1）给水排水

①装配式钢结构住宅套内给水排水管道宜敷设在地面架空层、墙体的架空层或夹壁墙中，并采取隔声减噪和防结露措施。

②装配式钢结构住宅建筑宜采用同层排水设计，并结合房间净高、楼板跨度、设备管线等因素确定设计方案。

③太阳能热水系统集热器、储水罐等的安装应考虑与建筑一体化设计，做好预留或预埋。

④集成式或整体厨房、整体卫浴应预留相应的给水、热水、排水管道接口，给水系统配水管道接口的形式和位置应便于检修。

2）供暖、通风和空调

①装配式钢结构住宅套内供暖、通风、空调和新风等管线宜敷设在吊顶或地面架空层内。供暖系统共用管道与控制阀门部件应设置在住宅套外共用空间内。

②装配式钢结构住宅供暖系统优先选用干式低温热水地板辐射供暖系统，套内宜设置水平换气的新风系统。

3）电气

装配式钢结构住宅套内电气管线宜敷设在地面架空层、墙体的架空层或夹壁墙中，管线不应与热水、可燃气体管道交叉。装配式钢结构住宅应合理配置智能化系统，选用的系统和设备应符合标准化、通用性的要求。电气和智能化系统的主干线应在公共区域设置；每套住宅应设置户配电箱和智能化家居配线箱。

3.4.4 机电系统的模块化设计

1. 模块化设计概念

机电模块化理念是将建筑项目中整个机电系统拆分,由构配件组合形成最小的、独立的、系统的设计单元,这些单元就是模块。通过对模块按照设计、安装等要求进行优化,实现设计、安装、厂商数据信息的集成,以保证模块可以进行快速的设计选用、提取资料、精确预制安装达到标准化复用的目的。

2. 模块化设计拆分依据

机电专业有明确的系统体系,在一个项目中有不同的机电系统,彼此设计相互独立,功能又相互关联,为部品部件及模块化拆分提供了一个最关键的分类维度。

机电专业中每个设计子系统在不同项目中基本的设计内容一致,为机电模块化设计提供了数据快速复用的前提条件。

机电专业中每个设计子系统中大部分部品部件都是标准化生产的产品和设备,为机电模块化设计提供了数据复用的载体。

以机电专业材料设备图集规范作为基础,结合厂家制作满足钢结构装配式住宅项目的企业级机电设计模块图集。

3. 模块化设计应用价值

随着机电产品和设备技术的发展,在工程项目招标采购过程中需要厂商做二次深化设计、配合施工安装、调试产品设备等工作。利用机电模块作为信息数据的载体,为每个模块中的构件类别建立一套标准的设计、施工、成本、招标采购信息条目模板,将构件编码、几何尺寸、设计参数、施工工艺、厂商信息等相关数据前置,同时模块在项目使用过程中不断录入信息,形成模块化数据库,实现设计、施工、厂商数据信息的集成,为项目招采提供高效、高质、高信息化的虚拟机电产品。

3.4.5 BIM 技术应用

机电部件大致分为下面几大类:直管段、管件、附件、设备。在部件命名时部分情况下需要将相同的管线按照服务区域分开,如高区给水、中区给水、车库排风、卫生间排风等。

目前各企业间机电建模有两种情况:

(1)深化设计与 BIM 模型同步完成(推荐)。针对机电专业内部之间的管线综合排布。在机电深化设计过程中,建议由专业设计师利用三维建模软件,综合完成特定区域的所有管线综合深化任务,统一考虑各专业系统(建筑、结构、风、水、电气、消防等专业)的合理排布及优化,同时遵循设计、施工规范及施工要求。

(2)深化设计与 BIM 模型分开完成(不建议此工作方式)。先对二维图纸进行单专业深化设计,分专业建模、合并模型,根据碰撞检查修改各专业管线和模型。该做法存在以下几个问题:

①一般的施工项目时间较紧,且过程重复频繁,深化设计工作完成后再进行 BIM

建模，效率低，无法满足施工进度要求。

②因分专业分别单独建模，缺乏统一布置和综合思考，往往造成大面积管线碰撞，使修改和协调工作量增大，甚至需全部重做。

管线综合前，应明确管线综合的一般规范和原则。对机电施工蓝图（由设计院提供）依据 BIM 建模软件进行各专业管线综合设计。对综合完成的 BIM 模型进行碰撞检查以及查漏补缺工作，调整完成后进行报审，并对业主、顾问、设计院等提出的反馈意见进行及时修改，直至报审通过。管线综合设计工作可分两步实施：

第一步，以配合满足项目土建预留预埋工作为主，进行机电主管线与一次结构相关内容的深化设计工作。

第二步，对应精装修的要求，进行机电末端的深化设计工作以及二次结构预留预埋相关内容的深化设计工作。

管线综合过程中避免不了穿越结构构件的，在穿越结构构件时，管道预留套管一般比管道外径大两个规格，如果是预留孔洞，一般孔洞大于外径 50～100mm。

软件：

机电专业常用 BIM 软件为 Revit、Magi CAD 等。

交付标准：

参照《建筑信息模型设计交付标准》（GB/T 51301—2018）表 C.0.7。

3.4.6 机电系统设计案例

1. 生活水泵机房

根据住宅基本概况确定机房基本设计参数，确定生活给水系统的基本形式及机房模块组成。水泵房模块包含三部分：①水泵模块；②水箱模块；③紫外线消毒器模块（图 3.50）。

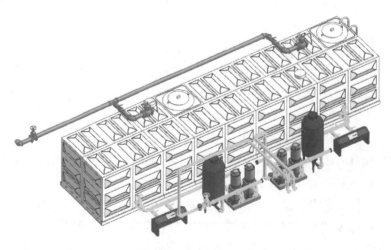

图 3.50　生活水泵机房

模块可以根据具体设计值进行替换。模块化可提高设计效率和复用性及标准化程度，同时为不同的项目情况提供了自由布置条件，在后期安装过程中，利用交叉作业的理念进行模块化拼装，实现快速安装，缩短工期，提高安装质量。

2. 管井

根据住宅基本概况确定管井基本设计参数，确定水井的基本形式。管井模块可以实现快速提取资料、快速设计、模块装配式安装等一系列设计整合和延展的工作，使设计价值最大化，同时实现在装配式项目中的应用，更符合装配式建筑理念（图 3.51～图 3.53）。

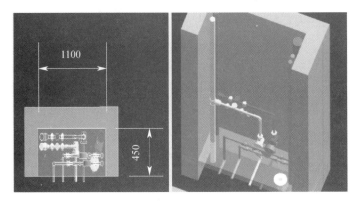

图 3.51　一户一表

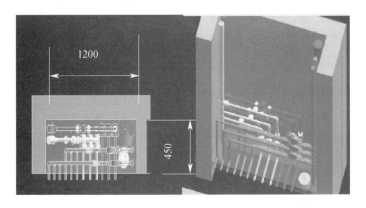

图 3.52　一井两表

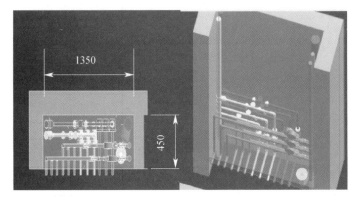

图 3.53　一井三表

3.5 内装设计

3.5.1 装配式内装系统定义

装配式内装是装配式建筑遵循以人为本和模数协调的原则，以标准化设计、工厂化生产和装配化施工为主要特征，实现工程品质提升和效率提升的新型装修模式下的装配式建筑组成部分。

装配式内装应与建筑设计同步设计，宜与主体结构同步施工。应实现设计的标准化、一体化、精细化。宜在建筑设计阶段进行部品部件选型，并应优先选择通用成套部品部件。宜采用建筑信息模型（BIM）技术，实现全过程的信息化管理和协同。宜提供装配式内装使用说明书。

3.5.2 装配式内装系统构成

装配式内装包括隔墙系统、吊顶系统、地面系统、内装设备与管线系统。

根据建筑类型不同、建筑部位不同，内装各子系统可选择不同做法。隔墙系统可选择条板隔墙、轻钢龙骨隔墙、轻钢龙骨饰面墙、涂料墙等做法；吊顶系统可选择免吊杆吊顶、有吊杆吊顶、免吊顶等做法；地面系统可选择架空地面、实铺地面做法；内装设备与管线系统的设备部分和管线部分均有各种做法的选择。装配式内装系统构成如图 3.54 所示。

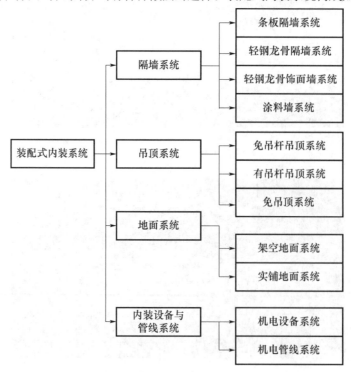

图 3.54 装配式内装系统构成

1. 隔墙系统

装配式隔墙宜优先选用轻钢龙骨隔墙、空心条板隔墙等有空腔的墙体，以便于在墙体内敷设管线；宜优先选用带集成饰面层的轻质墙板，减少或杜绝现场抹灰、涂刷等湿作业过多的工法；分隔功能空间的墙体需按规范要求选择各种做法以满足墙体强度、隔声、防火、防水等要求；开关、插座、管线穿过装配式隔墙时应采取防火封堵、密封隔声和必要的加固措施；振动管道穿墙应采取减隔振措施。

2. 吊顶系统

装配式吊顶系统（图 3.55）选择有吊杆吊顶时可以采用轻钢龙骨石膏板吊顶、矿棉板高顶、金属板吊顶等。免吊杆吊顶可以采用无吊杆集成吊顶、软膜天花、成品石膏线等，装配式吊顶宜集成灯具、排风扇等设备设施，当吊顶内有需要检修的管线时，吊顶应设有检修口。吊顶与墙或梁交接时，应根据房间尺度大小与墙体间留有伸缩缝隙，并应对缝隙采取美化措施。用水房间吊顶应采用防潮、防腐、防蛀材料。

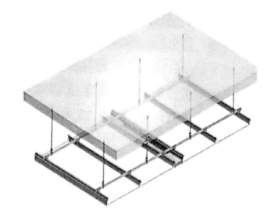

图 3.55　装配式吊顶系统示意图

3. 地面系统

地面面层可选择地砖、木地板、地毯、地胶等类别。根据不同功能空间的防火、隔声、清洁度等方面的要求，合理选择相应的楼地面技术和面层。采用架空层的装配式楼地面的架空高度应计算确定，满足管线排布的需要，并考虑架空层内管线检修的需要，应在管线集中连接处设置检修口或将楼地面设计为便于拆装的构造方式。

当房间内存放或使用液体时，房间内的架空地板系统应设置防止液体进入架空层的措施，用水房间应有防止水进入架空层的措施。用水房间架空地板系统应设计便于观察架空层情况的措施，以防漏水、凝水或潮气聚集。

4. 设备与管线系统

设备和管线集成设计应包括给水排水、暖通、电气、智能化、燃气等各专业，包括给水排水、热水、消防、供暖、空调、通风、电气及智能化设计，设备和管线系统应与结构分离，集成设计需要综合考虑各专业的技术特点、材料特性、安装检修、维护管理等多方面的因素，是一个统筹策划、系统设计的过程，根据工程建设的特点，需要进一步深化完成（图 3.56）。

图 3.56　教室 BIM 机电管线设计

设备与管线系统不宜敷设在混凝土结构或现浇的混凝垫层内。宜优先敷设在吊顶、架空层、夹层墙体、固定家具与墙体背后、踢脚、收边线脚等处。冷热给水、排水管、电源线、设备插座接口点位及开孔尺寸应准确，避免现场打孔开凿。设备和管线的深化加工设计应满足工厂预制加工、现场装配安装的工艺要求，现场不宜进行湿热操作。设备和管线集成设计宜采用 BIM 技术，并且内装管线的使用寿命不应低于装修工程的设计寿命，至少满足 15 年的使用寿命要求。

3.5.3　特点和适用范围

装配式内装采用标准化设计、工厂化部品部件、装配式干法施工，具有高效率、高质量、成本可控的特点，可广泛应用于会展、酒店、学校、办公、住宅、公寓等各种类型建筑的内装，并在有以下要求或特征时具有明显优势：

①要求工期短、速度快。

②具备标准化程度高的特征。

③对质量均好性要求较高。

④对成本可控性要求较高。

⑤不可预见的功能调整要求（对空间灵活性要求较高）。

⑥对易维护性要求较高（后期维护成本降低 80％）。

⑦有与主体结构同步施工的要求。

⑧有支撑体、填充体分离的要求。

⑨有干法施工要求。

3.5.4　设计原则与方法

在与各专业模数协调的基础上进行部品集成设计，将大量的装修工作集中到工厂完成。在建筑设计阶段就应对装配式隔墙、吊顶和楼地面等集成化部品、整体厨房、整体卫浴和整体收纳等模块化部品进行设计选型。

要做到部品设计前置，在方案设计阶段就考虑到集成化部品的预制和应用。比如，采用墙地顶六面架空、整体厨卫、集成机电、模块收纳等全装配式做法，现场拼装干式作业。在设计选型的过程中，可以参照成品墙板和成品吊顶的厂家标准尺寸进行内装设计，参照标准化的整体卫浴模块尺寸进行隔墙的定位，按照整体厨房的管井设计匹配机电管线、墙体预留洞口等。内装部品设计与选型应符合国家现行有关抗震、防火、防水、防潮、隔声和保温等标准的规定，并满足生产、运输和安装等要求。

内装设计应与建筑、结构、外围护和机电系统协同设计。内装与建筑的协同，主要体现在功能空间的尺寸和隔墙的定位；内装与结构的协同，主要体现在装配式隔墙与上下楼板或梁柱的拉结固定与变形空间、对钢构件的隔声措施；内装与外围护的协同，主要体现在门窗洞口的收口、墙体缝隙处的防火隔声处理；内装与机电之间的协同，主要体现在连接接口的通用性、管线敷设和维修改造的灵活性（比如检修口的设置）。

1. 内墙系统

装配式隔墙包括分户墙和户内分室隔墙。分户墙采用蒸压砂加气混凝土条板，防火、隔声性能均高于普通内墙做法；户内分室隔墙采用轻钢龙骨石膏板隔墙，结构为双面双层石膏板（外层为覆膜石膏板）＋C50 轻钢龙骨＋40 厚 80kg/m³ 岩棉板，耐火极限＞1h，隔声量 49dB。如图 3.57、图 3.58 所示。

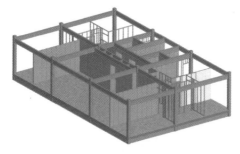

图 3.57　蒸压砂加气与轻钢龙骨石膏板两类隔墙

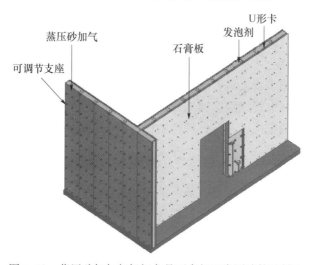

图 3.58　蒸压砂加气与轻钢龙骨石膏板两类隔墙构造做法

轻钢龙骨石膏板内隔墙是以轻钢为骨架、石膏板为罩面的非承重墙体。轻钢龙骨石膏板隔墙受到市场的认可主要是因为它具有以下优势：①轻钢龙骨的质量非常轻，给安装带来了方便，操作简单，不需要消耗太多的力气；②强度好，防水，防潮，防火，吸声，减震、抗冲击，功能齐全；③施工简单、快捷，而且在使用过程中不会出现变形现象。然而，轻钢龙骨石膏板内隔墙也有一定的弊端：①轻钢龙骨石膏板隔断墙墙面容易开裂；②板与板之间的砂浆密度不高，容易使日常清洁的水或雨水渗入垫层，出现反碱泛黄；③砂浆和地砖的黏合性一般（施工时要注意）。

内墙还可采用轻质混凝土圆孔墙板体系，具有以下优点：

①经济实惠，节约资源。

②施工方便快捷，空间划分灵活，节省人工，加快施工进度。

③自重轻，利于建筑减重。

采用浮石混凝土墙板体系，具有以下优点：

①无污染、绿色环保，对人体无伤害。

②抗撞击，缓冲余量大，地震水平位移不会导致墙板脱落，安全性高。

③安装高度可达 16m，墙体表面无裂缝，挂重可达 80kg。

④隔声、隔热、无助燃。

⑤防水抗渗性能好，隔声效果好。

2. 架空地面系统

架空地面系统由支撑脚、隔声垫、基层板、装饰面层（瓷砖、地板或地毯等）构成；架空空间可用于管线敷设，维修方便；支撑脚高度可调，地面无须找平；具有优越的隔声性能和振动吸收性能；全过程干式作业，无污染、飞尘。

3. 综合吊顶系统

1）起居室、卧室适合采用石膏板吊顶：由龙骨系统与标准化、多样化的预制石膏造型线组成。其中，跌级吊顶系统应用产品主要包括阴角龙骨、阳角龙骨和卡式龙骨。灯槽吊顶系统应用产品主要包括 F 形灯槽龙骨。

2）厨房、卫生间建议采用快装集成吊顶：由专用龙骨和成品涂装板组成。现场免吊筋、免打孔；顶板可集成多种饰面。适用条件：吊顶宽度在 1800mm 以内免吊挂。

4. 集成机电系统

电气、暖通、给排水的设备管线应实现集成设计、预制综合支吊架和现场快捷装配；照明、动力、强弱电管线综合排布，于装修架空层内敷设安装。厨卫空间的管道、管线应集中设置、合理定位，并在合理位置设置检修口，以便于后期维护和改造。

5. 整体厨卫系统

1）整体厨房

整体厨房全面采用集成式部品。部品的选配应注意标准化和系列化；应预留厨房电器设施设备的位置和接口；给水排水、燃气管线等应集中设置、合理定位，并应设置检修口；应设置热水器的安装位置及预留孔，燃气热水器应预留排烟口。

2）整体卫浴

整体卫浴空间由防水底盘、集成墙板和集成天花板围合而成，空间内可按照用户不同的需求，布置洗面台、坐便器、淋浴间等，实现工业化与个性化的完美统一。

防水底盘一般采用 SMC 材料，一体模压成型，自带防水翻边、导流槽和地漏孔，无任何拼接，有良好的防渗漏功能和耐久性，因此浴室地面无须做防水处理。

集成墙板一般采用 SMC 板或彩钢板模压而成，标准墙板规格分别为：500mm×2200mm、700mm×2200mm、800mm×2200mm、900mm×2200mm。墙板通过拼装，组成浴室墙面。

集成天花板一般采用 SMC 材料模压而成,通过拼装组成浴室天花板。天花板自带 500mm×500mm 检修口,主要用于检修上部的电气、给水接口等。

整体卫浴排水方式为同层排水,所有排水横管均敷设在架空层内,不穿越结构楼板,以便于检修和改造,也符合百年住宅的理念。图 3.59 为整体卫浴同层排水构造做法示意图。

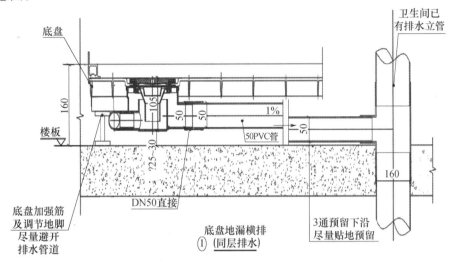

图 3.59 整体卫浴同层排水构造做法

洗面盆、洗衣机排水方式采用穿背板接排水立管;淋浴排水方式与底盘排水共用,管道之间的连接采有 PVC 专用胶黏结,排水坡度为 2‰,保证排水顺畅和防渗漏;待所有排水管道安装完成后,做闭水试验,检查各管道的排水情况,进一步确保管道不渗漏。

整体浴室给水方式:将冷热水及中水留在天花板上部,前端加截止阀,其余给水支管全部由工厂加工制作,给水管全部采用热熔连接;在墙板背面用管夹固定好给水管,并与卫生间已预留好的给水热熔连接。

6. 模块收纳系统

收纳空间的设计应选用标准化、系列化的整体收纳部品。设计的出发点是居住者全方位、全时段的使用需求,实现的方式是模数化、模块化、标准化和多样化,最终实现立体集成的收纳空间。

整体收纳设计应与部品厂家配合,与建筑、结构和外围护专业协调土建预留净尺寸,与机电专业协调设备管线的安装位置和要求、协调预留标准化接口,同时考虑模块化部品后期维护和改造的问题。

模块化的收纳系统,生产和组装可全部实现装配化,有利于工业化建造施工与管理,是实现建筑产业工业化的重要一环。

3.5.5 内装系统设计案例

1. 装配式隔墙

图 3.60 为丰台区成寿寺 B5 定向安置房项目工法展示样板间的实景图。左图展示了

蒸压砂加气条板＋可调节支座＋双层石膏板（最外侧为成品覆膜石膏板）的做法；右图
展示了轻钢龙骨与机电管线的协同设计。

图 3.60　蒸压砂加气（左）与轻钢龙骨石膏板（右）两类隔墙构造做法

　　户内分室隔墙还有一种新型的快装做法，即轻钢龙骨＋成品墙板，比如硅酸钙涂装
板（图 3.61 右）或硅酸钙壁纸包覆板（图 3.61 左），表达效果丰富。

图 3.61　轻钢龙骨＋硅酸钙涂装板隔墙构造

2. 地面架空系统

图 3.62 为首钢二通厂南区棚改定向安置房项目样板间的实景图。

图 3.62　地面架空系统

3. 综合吊顶系统

图 3.63 为丰台区成寿寺 B5 定向安置房项目工法展示样板间的实景图。

图 3.63 跌级吊顶系统（左）与灯槽吊顶系统（右）

4. 集成机电系统

厨卫空间的管道、管线应集中设置、合理定位，并在合理位置设置检修口，便于后期维护和改造。图 3.64 为首钢二通厂南区棚改定向安置房项目样板间整体卫浴的检修口。

图 3.64 整体卫浴检修口

5. 整体厨卫系统

图 3.65 为丰台区成寿寺 B5 定向安置房项目样板间。整体厨房全面采用集成式部品，施工做法为：装配式成品墙板＋架空地面＋快装集成吊顶＋整体橱柜＋五金电器。

图 3.65 整体厨房装配过程与完成实景图

图 3.66 中，左图为丰台区成寿寺 B5 定向安置房项目样板间整体卫浴；右图为首钢二通厂南区棚改定向安置房项目样板间整体卫浴。

图 3.66　整体卫浴实景图

6. 模块收纳系统

图 3.67 为丰台区成寿寺 B5 定向安置房项目样板间效果图，其中的家具收纳系统实现了人性化、功能性、模块化和多样化。

图 3.67　立体集成的收纳空间设计

3.6　基于 BIM 技术的全专业设计流程

BIM 技术可以协助工程师解决协同工作中出现的冲突问题，可以从设计初期就将不同专业的信息模型整合到一起，改变了传统的设计流程。通过 BIM 模型这个载体，能实现从方案设计阶段到深化设计阶段模型信息共用，实现了设计过程中信息的实时共享，使模型和图纸信息一致。在 BIM 模型中，建筑工程的数据是不断进行交流和共享的，这主要包括两个方面：一是通过借助中间数据文件，完成异地不同设计软件进行模型设计时需要的相应数据和信息；二是通过设置中性数据库，实现不同专业之间的数据传递和共享，将与建筑工程相关的水暖、土建、装饰等各种专业的内容有机地结合起来，利用统一的处理平台对信息进行规范处理，实现系统内部信息流的畅通。这种将BIM 技术贯穿于装配式建筑设计全过程中的做法，大大提高了设计阶段的工作效益，加强了不同设计小组之间的交流和合作。以下为传统模式下的设计（图 3.68）与使用 BIM 技术后的设计（图 3.69）的不同。

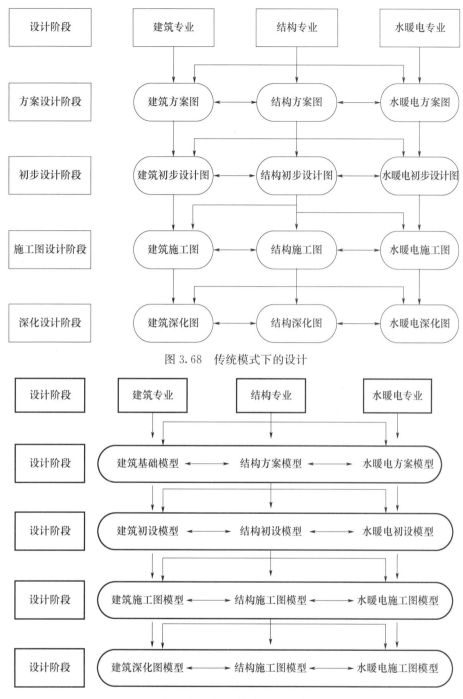

图 3.68 传统模式下的设计

图 3.69 BIM 模式下的设计

BIM 技术在装配式钢结构建筑设计阶段的应用主要包括方案设计、初步设计、施工图设计、深化设计等阶段。无论在哪个阶段，建筑信息模型（即 BIM）都担任了重要的角色。每个阶段特点不同、信息量巨大，BIM 技术在各阶段的应用内容和应用深度亦不同，本节主要针对 BIM 技术在装配式钢结构建筑设计过程各个阶段的应用做分析说明。

3.6.1 方案设计阶段

方案设计是设计中的重要阶段，它是一个极富创造性的阶段，同时也是一个十分复杂的问题。方案设计是对方案可行性的理论验证过程，可行还是不可行，首先考虑的是能不能满足用户的需求，以及方案的合理性及可靠性。在方案设计阶段，信息量不足成为管理者能否做出正确决策的最大障碍。

传统方案设计在构思概念方案时，是建筑师对设计条件的理解和分析阶段，一般使用二维草图辅助记录思维过程，是以二维的平、立、剖面图来表达建筑师的方案。而到方案体形推敲时，一般是制作简单的实体模型或者运用 SU 等建模软件建简单的体量模型进行建筑规模、体形、比例等的推敲。随着方案的进展会反复修改方案图及方案实体模型，给方案阶段设计带来很大的修改工作量。特别是在一些复杂的项目中，传统的 2D 图纸表达困难。方案变更后的工作量更大，专业间管线综合设计更加困难。

BIM 技术的引入使上述方案阶段所遇到的问题得到了有效的解决。将 BIM 运用到方案设计阶段，利用 BIM 思维进行设计，不仅可以提高设计效率，还会让建筑师在方案初期更注重建筑性能，更注重建筑的人性化，为方案的可靠性和可行性提供准确的数据支撑。方案阶段通过 BIM 建立模型能够更好地对项目做出总体规划。BIM 在方案初始设计工作中有相当大的优势，主要表现在以下几方面。

1）可视化

可视化特点就是将传统的二维建筑模型转化为三维模型，使建筑关系更清楚地表达出来，在方案比选阶段，便于空间推敲，提高决策效率。

2）数据的联动性

利用 BIM 数据修改驱动模型，改变模型的参数即可实现模型的重建，其异形构件、曲面体块等都可在模型中得到表达。

3）数据的可提取性和传递性

利用 BIM 模型参数化设计中所有数据的可提取性，大大加强了模型的信息，而利用 BIM 模型数据的传递性，通过 BIM 参数化软件控制复杂体形的节点，可有效帮助方案初期将众多复杂数据传递到 BIM 模型中，为后续的设计及建筑性能分析等工作提供基础性参数模型，特别是在一些复杂造型建筑项目中，更加体现了 BIM 设计的价值。

4）设计优化

BIM 对建筑的性能分析、能耗分析、采光分析、日照分析、疏散分析等功能都将对建筑设计起到重要的设计优化作用。

BIM 可以为管理者提供方案阶段的概要模型，以方便建设项目方案的分析、模拟，从而降低整个项目的建设成本、缩短工期并提高质量。例如，对周边环境进行建模（包括周边道路、已建和规划的建筑物、园林景观等）之后，将项目的概要模型放入环境模型中，以便于对项目进行场地分析和性能优化分析等工作。

5）集成一体化设计

在方案设计阶段引入 BIM 技术，配合结构体系、三板体系、设备与管线、卫生间与阳台等选型工作，为实现装配式钢结构建筑的集成一体化设计提供信息化支撑。借助 BIM 技术，整合钢结构体系与建筑功能之间的关系，优化结构体系与结构布置，提高设计质量。

3.6.2 初步设计阶段

初步设计，是在方案设计的基础上进行的进一步设计，根据方案，绘出方案的脉络图。对于传统结构设计而言，其采用的绘图工具与建筑设计一样，主要依靠 Auto CAD 软件进行图纸绘制。首先，由建筑师确定建筑的总体设计方案及布局，结构工程师再根据建筑设计方案进行结构设计，建筑和结构双方的设计师要在整个设计过程中反复相互提取资料，不断修改。在设计院里，建筑师拿着图纸找结构设计人员改图的场景屡见不鲜。传统设计无法提前考虑能耗等性能分析，只能在设计完成之后利用独立的能耗分析工具介入，大大降低了修改设计以满足低能耗需求的可能性。

在初步设计阶段就可以利用与 BIM 模型具有互用性的能耗分析软件为设计注入低能耗与可持续发展的绿色建筑的理念，这是传统的 2D 工具所无法实现的。除此之外，各类与 BIM 模型具有互用性的其他设计软件都在提高建设项目整体质量上发挥了重要作用。

BIM 模型作为一个信息数据平台，可以把上述设计过程中的各种数据统筹管理，BIM 模型中的结构构件同时具有真实构件的属性及特性，记录了项目实施过程的所有数据信息，可以被实时调用、统计分析、管理与共享。

在初步设计阶段，BIM 的成果是多维的、动态的，可以较好地、充分地就设计方案与各参与方进行沟通，项目的建筑效果、结构设计、机电设备系统设计以及各类经济指标的对比等都能更直观地进行展示与交流。

3.6.3 施工图设计阶段

在完成方案设计和初步设计工作之后，可以进入项目设计的施工图绘制阶段。

传统施工图设计属于二维设计，使得管线综合问题在设计阶段很难解决，只能在各专业设计完成后反复协调，将各方图纸进行比对，发现碰撞后提出解决方案，修改后再确定出图。图纸需经过反复人工修改，修改过程中由于人为因素不可避免地会产生各种图纸错漏问题，给后期的图纸深化及制作安装工作带来极大的困难。特别是装配式钢结构建筑中预制构件的种类和样式繁多，出图量大，人工出图带来的问题更多。

利用 BIM 技术所构建的设计平台，其在施工图设计阶段具有以下强大的优势。

（1）信息传递。

基于 BIM 平台搭建的模型所包含的信息可以从方案阶段传递到施工图阶段，并一直传递下去，直到项目全寿命周期结束。

（2）协同设计。

装配式钢结构建筑设计中，由于主体构件之间、三板之间，以及主体构件与三板之间的连接都具有其特殊性，需要各专业的设计人员密切配合。由于需要对管线进行预留设计，因此更加需要各专业的设计人员密切配合。借助 BIM 技术与"云端"技术，各专业设计人员可以将包含有各自专业的设计信息的 BIM 模型统一上传至 BIM 设计平台供其他专业设计人员调用，进行数据传递与无缝的对接、全视角可视化的设计协同。基于 BIM 技术的协同设计流程如图 3.70 所示。

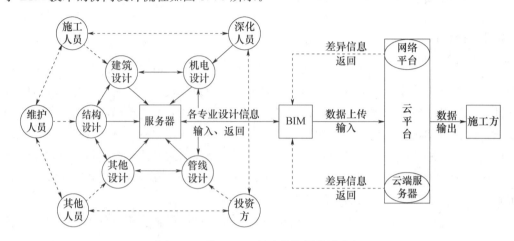

图 3.70　基于 BIM 技术的协同设计流程

（3）图纸输出功能。

各 BIM 设计软件都具备图纸输出功能，有效避免人为转化设计意图时出错，能够更好地解决复杂形体设计、复杂部位出图难的问题，极大地提高了出图效率和正确率。

（4）参数化。

BIM 的建立使得设计单位从根本上改变了二维设计的信息割裂问题。

传统二维设计模式下，建筑平面图、立面图以及剖面图都是分别绘制的，如果在平面图上修改了某个窗户，那么就要分别在立面图、剖面图上进行与之相应的修改。这在目前普遍设计周期较短的情况下难免出现疏漏，造成部分图修改而部分图没有随之修改的低级错误。而 BIM 的数据是采用唯一、整体的数据存储方式，无论平面、立面还是剖面图，其针对某一部位采用的都是同一数据信息。利用 BIM 技术对设计方案进行"同步"修改，某一专业设计参数更改能够同步更新到 BIM 平台，并且同步更新设计图纸，使得修改变得简便而准确，不易出错，同时也极大地提高了工作效率。

BIM 技术的这一功能使得设计人员可灵活应对设计变更，大大减少了各专业设计人员由于设计变更调整所耗的时间和精力。

（5）自动碰撞检查与纠错。

通过碰撞检查与自动纠错功能，自动筛选各专业之间的设计冲突，帮助各专业设计人员及时找出专业设计中存在的问题；通过授予装配式钢结构建筑专业设计人员、构件拆分设计阶段，以及相关的技术和管理人员不同的管理和修改权限，可以使更多的技术和管理专业人士参与到装配式钢结构建筑的设计过程中，根据自己的专业提出意见和建议，减少预制构件生产和施工中的设计变更，提高业主对装配式钢结构建筑设计的满意度。

3.6.4　深化设计阶段

深化设计阶段是装配式钢结构建筑实现过程中的重要一环，起到承上启下的作用，通过深化阶段的实施，将建筑的各个要素进一步细化成单个构件，包含钢结构构件、预制楼板、预制墙板，预制楼梯、预埋线盒、线管和设备等全部设计信息的构件。

传统钢结构深化设计是靠人工进行 CAD 二维图纸设计，是按照施工图纸把各构件尺寸信息在二维图纸上详细地表达出来，由于存在设计变更及深化人员的人为因素，深化人员把设计意图表达在深化图纸上时往往存在错漏等问题，且二维图纸模式不易检查碰撞问题，往往导致构件现场安装碰撞需要回厂返工，在时间和费用上带来浪费。

BIM 技术应用于深化设计，完美地解决了以上问题。BIM 技术应用于深化设计的优势主要有以下几个方面。

（1）可视性。

借助 BIM 技术，可以对预制构件的几何尺寸等重要参数进行精准设计、定位。在 BIM 三维视图中，设计人员可以直观地观察到待拼装预制构件之间的契合度。

（2）碰撞检查。

利用 BIM 技术的碰撞检测功能，可以细致分析预制构件结构连接节点的可靠性，排除预制构件之间的装配冲突，从而避免由于设计粗糙而影响预制构件的安装定位，减少由于设计误差带来的工期延误和材料资源的浪费。

（3）图纸联动性。

BIM 模型信息修改后能自动更新图纸，保证信息传递的正确性和唯一性，有效避免由人工调图所带来的错误。

（4）图纸输出功能。

BIM 钢结构深化软件具有强大的图纸输出功能，能基于零件模型输出三维效果图、各轴线布置图、平面布置图、立面布置图、构件的施工图、零件大样图以及材料清单等。在利用软件绘制构件施工图时，软件会自动调出该构件的基本信息（数量、型号、尺寸、材质等）；用户也可以按自身要求定制模板，增加构件安装位置、方向以及工艺等信息。

BIM 技术在钢结构构件深化设计阶段有多款软件支持，其中比较优秀的是 Tekla Structures（别名 Xsteel）。

基于 BIM 完成的设计成果含有大量的信息，这些信息储存在同一个模型中，可供不同的分析软件进行分析模拟，从而实现真正意义上的三维集成协同设计。同时，信息模型所具有的唯一性，也保证了各类分析结果的一致性。利用 BIM 方式解决了设计阶段的错、漏、碰、缺等问题，提高了装配式建筑的设计效率和设计成品质量，减少或避免了由于设计原因造成的项目成本增加和资源浪费。在互联网信息技术飞速发展的时代背景下，云计算、大数据技术的出现为 BIM 技术提供了更加广阔的发展空间，依托模型数据的资源共享能够全面提升建筑结构设计领域协同工作水平。

3.7 综合设计案例——首钢二通厂南区棚改定向安置房项目

3.7.1 项目基本信息

项目名称：首钢二通厂南区棚改定向安置房项目。
设计时间：2017.8.22。

竣工时间：在施项目。

项目地点：北京市丰台区吴家村路原首钢二通厂区内。

开发单位：北京首钢二通建设投资有限公司。

设计单位：北京首钢国际工程技术有限公司。

施工单位：北京建谊建筑工程有限公司。

监理单位：北京诚信工程监理有限公司。

勘查单位：北京爱地地质勘察基础工程公司。

预制构件生产单位：北京君诚轻钢彩板有限公司、北京宝丰钢结构工程有限公司、北京多维联合集团香河建材有限公司、北京金隅加气混凝土有限公司、北京住总万科建筑工业化科技股份有限公司。

项目概况：项目位于梅市口路与张仪村东五路交会处东北侧，规划用地面积 3.0 万 m^2，建筑面积 83091.33m^2。结构形式采用钢管混凝土框架＋防屈曲钢板剪力墙体系，装配率 95％，其中 3-1 号楼地下 2 层、地上 24 层，3-2 号楼地下 4 层、地上 24 层，3-3 号楼地下 2 层、地上 21 层，3-4 号楼地下 2 层、地上 22 层，车库地下 3 层（含人防），配套幼儿园、小学、养老所等（图 3.71）。

图 3.71　首钢二通厂南区棚改定向安置房项目效果图

3.7.2　建筑设计要点

该项目设计为建筑、结构、外围护、机电设备及室内装修一体化设计，户型及方案设计时充分考虑钢结构特点，采用模块化、标准化、多样化的设计手法，通过不同模块的组合，形成多样的建筑户型。

通过各专业协同设计，调整结构布置，外柱外偏，增强建筑外立面造型效果，中柱偏向次要空间，室内不露梁、柱，增加室内空间利用率，得房率提升 10％～12％。柱网横平竖直，简洁合理，减少构件数量种类，预制构件规格统一，提高标准化水平，降低用钢量，同时减少加工成本和安装成本。模型重复使用，装配率达到 90％以上，打造安全、环保、舒适、经济适用的装配式钢结构建筑产品（图 3.72）。

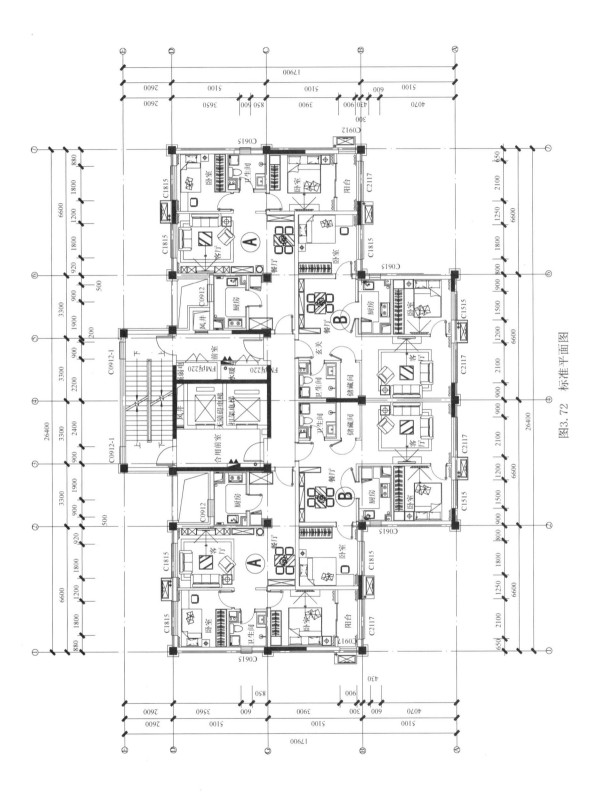

图3.72 标准平面图

3.7.3 结构设计要点

1. 设计基本参数

本工程结构设计使用年限为 50 年；结构安全等级二级；抗震设防类别标准设防类丙类；抗震设防烈度 8 度；设计地震基本加速度值 0.2g，地震分组为第二组；场地类别Ⅱ类；地面粗糙度类别 C 类；基本风压 $0.45kN/m^2$；基本雪压 $0.40kN/m^2$；基础设计等级乙级；地下一层抗震等级为一级，地下二层抗震等级为二级。地下室防水等级为一级，基础抗浮稳定性验算时设计水位为 47m；基础持力层为 3 层卵石层，地基承载力标准值为 400kPa。

2. 主体结构

该项主体结构如图 3.73 所示。

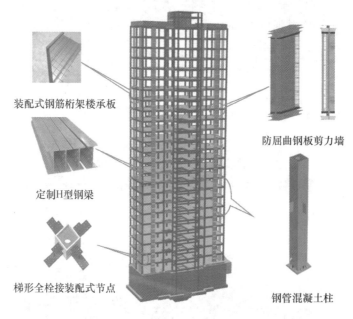

装配式钢筋桁架楼承板

定制H型钢梁

梯形全栓接装配式节点

防屈曲钢板剪力墙

钢管混凝土柱

图 3.73　主体结构

本工程为地下 2 层、地上 22 层的钢结构住宅楼。除地下室外墙为现浇混凝土墙体外，其余主体结构均为矩形钢管混凝土柱-防屈曲钢板剪力墙结构体系，钢管混凝土柱、H 型钢梁有利于推广标准化设计、工厂化生产、装配化施工。

3. 基础形式

该项目基础形式为筏板基础（图 3.74）。

4. 楼梯

该项目楼梯采用预制混凝土楼梯，现场免去湿作业，增加整体装配率，安装便捷，减少施工工期（图 3.75）。

5. 抗侧力构件

该项目抗侧力构件为防屈曲钢板剪力墙，其两侧为混凝土预制盖板，中间为钢板，用对拉螺栓将三块板材拼接固定，钢板剪力墙上下采用双夹板与钢梁焊接固定，防屈曲钢板剪力墙增强结构抗震性能，布置灵活，现场安装便捷、高效（图 3.76、图 3.77）。

图 3.74　基础施工

图 3.75　预制混凝土楼梯

图 3.76　防屈曲钢板剪力墙现场安装

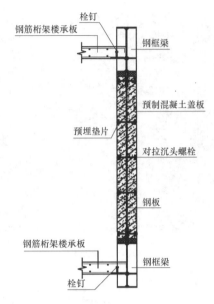

图 3.77　防屈曲钢板剪力墙节点

6. 楼板

该项目楼板均采用钢筋桁架楼承板（图 3.78），无底膜、免支撑，比传统脚手架支模现浇楼板节省 40％以上的工期，大大提高了楼屋面板的施工效率。

图 3.78　钢筋桁架楼承板

7. 梁柱连接节点

该项目框架梁柱连接节点采用高强螺栓和焊接结合的复合形式，即照顾了装配化施工的要求，相比全螺栓连接也降低了造价（图 3.79、图 3.80）。

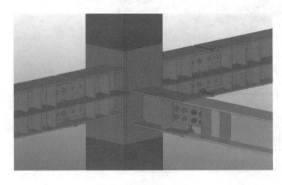

图 3.79　梁柱节点　　　　　　　　　　图 3.80　"王"字梁

3.7.4　围护系统设计要点

1. 外墙

该项目外墙板和内墙的分户墙、电梯井周围墙体、楼梯隔墙均为蒸压砂加气混凝土条板（简称 ALC 板），其密度为 B05，较一般水泥材质轻，具有良好的耐火、防火、隔声、隔热、保温等性能。ALC 条板作为墙体，满足非砌筑条件，外墙保温可做保温装饰一体板，也可做传统抹灰（图 3.81）。

图 3.81　蒸压砂加气混凝土条板外墙

2. 内墙

该项目卧室隔墙和厨房内墙采用厚度为 100mm 轻集料混凝土板，俗称圆孔板。分户墙、电梯井周围墙体、楼梯隔墙采用蒸压砂加气混凝土条板，在安装进户箱或管线穿插等位置采用厚度大于 200mm 陶粒复合板（浮石板），解决了进户电箱安装管线穿插、墙面抗裂等一系列问题（图 3.82）。

图 3.82　陶粒复合板（浮石板）内墙

3.7.5 机电系统设计要点

该项目设备管线体系采用预制机电系统，运用 BIM 技术进行虚拟建造管线综合技术，综合考虑土建、机电、装修各个专业情况，进行综合碰撞检测与管线优化调整，优化机电管线排布方案，对建筑物最终的竖向设计空间进行检测分析，并给出最优的净空高度，按照模型数据在工厂进行标准化预制件生产，然后运到施工现场直接组装，通过综合支吊架技术进行整体安装，施工精准度高，效果整洁美观（图 3.83）。

图 3.83 管线综合模型与现场实际照片

3.7.6 内装系统技术要点

1. 工业化装配式 SI 内装设计理念

1）空间可变

采用轻质隔墙板作为户内隔墙，便于安装及拆改，在不破坏原有住宅承重结构的基础上，使空间设计更具灵活性和活力，可满足广大家庭不同阶段不同的功能需要而改变空间形式的需求。

2）干式技术

采用装配式的安装工艺，通过架空地面、吊顶、墙体，将建筑骨架与内部使用空间分离，即住宅的结构体（Skeleton）和居住体（Infill）完全分离，使装修作业不破坏建筑结构，便于水、暖、电安装敷设，增加建筑寿命，缩短工期，提高工程质量。

3）部品部件

运用标准化的 BIM 技术将装修墙面、地面、顶面甚至是整体卫生间、整体厨房等装修构配件、部件进行拆分，以独立构件作为最小部品单元，实现工厂化预制生产，使之能进行搭积木式的简捷装配安装。

2. 地面

地面采用架空地板或架空地砖（可调支座＋5mm 隔声垫＋20mm 硅酸钙板＋复合

木地板/地砖；踢脚线为仿石材 PVC 踢脚）（图 3.84）。架空空间可用于管线敷设，维修方便；支撑脚高度可调，地面无须找平；具有优越的隔声性能和振动吸收性能；全过程干式作业，无污染，无飞尘。

图 3.84　架空地板

3. 墙面

墙面主要采用蒸压加气混凝土条板及轻钢龙骨硅酸钙板饰面板相结合（图 3.85）。厨房位置采用装饰硅酸钙板墙面、整体橱柜。

图 3.85　客厅墙面

4. 集成吊顶

吊顶主要采用石膏板吊顶：由龙骨系统和预制石膏造型线组成。通过定制龙骨使用的专有金属卡扣件可以达到吊顶空间 3cm，节省至少 10cm 空间，同时节省材料。厨房卫生间主要采用快装集成吊顶：施工中完全免去吊杆吊件，无粉尘、无噪声，快速安装、快速装配，易于打理拆装及翻新。顶板（自饰面硅酸钙板）材质具有密度高、自重轻、防水、防火、耐久等特点（图 3.86）。

5. 整体卫浴

整体卫生间＝标准套型＋防水底盘＋集成墙板＋集成吊顶＋集成卫浴部品（图 3.87）。底盘采用 SMC 材料一体模压而成，自带防水反边、导流槽和地漏孔，有良好的防渗漏功能，无须再做防水处理；天花板也是采用 SMC 材料模压而成，通过拼装

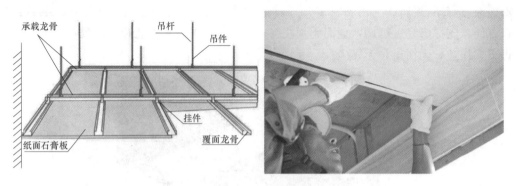

图 3.86　吊顶安装

组成浴室天花。天花板自带 500mm×500mm 检修口，主要用于检修天花板以内的电气、给水接口等。

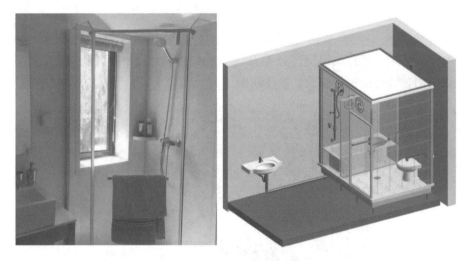

图 3.87　整体卫浴

　　整体卫浴排水及排污方式为同层排水（图 3.88）。下水支管不穿越结构楼板，便于改动；提高排水安全性，不贯穿楼板，方便检修，降低渗漏到楼下的概率。

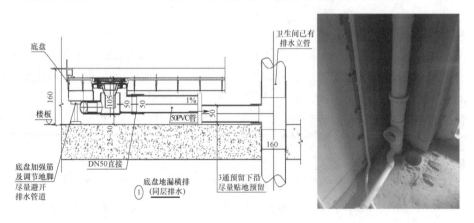

图 3.88　同层排水

6. 整体厨房

整体厨房＝装配式墙面＋装配式地面＋集成吊顶＋整体橱柜＋五金电器（图 3.89）。

图 3.89 厨房系统实景照片

3.7.7 BIM 技术应用

在首钢二通厂南区棚改定向安置房项目钢结构装配住宅实践过程中，采用信息化平台进行全专业、全过程协同管理，具体进行了以下应用。

该项目是首钢国际与北京建谊建筑工程有限公司联合体实施的装配式钢结构住宅项目，采用全信息模型虚拟建造指导施工，除了基本的管线综合、碰撞检测外，全信息 BIM 涵盖了施工工序、成本管理等数据，将严格践行建筑信息化、装配式建筑产业化目标战略，双方通过信息化平台建立有效沟通。依托 BIM 技术，利用 BIMcloud 云平台，打通设计标准化、生产工业化、安装机械化的数据链（图 3.90）。

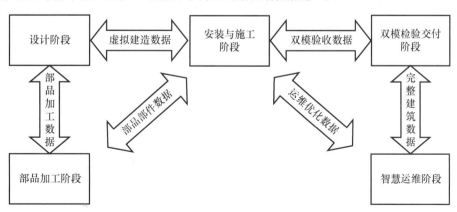

图 3.90 建筑全生命周期信息化数据管理平台

1. 设计阶段

各专业基于同一个 BIM 模型实时在线协同工作。（各专业使用的软件即对接流程，建筑专业采用 ARCHICAD，结构专业采用盈建科，深化设计采用 Tekla，暖通专业采用 Revit，通过 BIMcloud 完成协同设计，将设计方案输入 EBIM 应用平台）特别注意的是，通过前期对部品部件的研究，将建筑产业化工作前置到设计端，直接输出工厂部品部件模型，对接生产。施工时，各方根据平台上模型进行工序安排、生产规划、工序安排等工作，做到先虚拟后施工。建筑师、结构工程师、生产厂、安装工程师从方案阶段直到实施的全过程密切配合和共同创作，实现设计、生产、施工的一体化（图 3.91～图 3.96）。

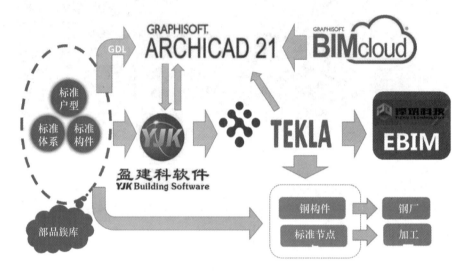

图 3.91 各专业软件基于 BIMcloud 的协同设计关系

图 3.92 ArchiCAD 整楼模型

图 3.93　建筑设计 Revit 模型

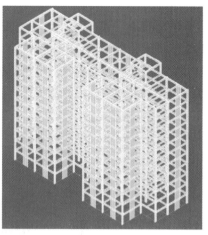

图 3.94　整体结构计算模型

图 3.95　整体结构深化设计 Tekla 模型

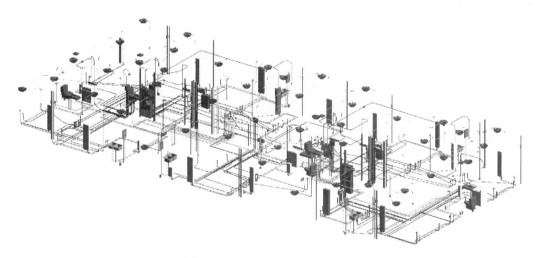

图 3.96　机电系统标准层 Revit 模型

2. 生产阶段

依托 BIM 信息化技术，利用 BIMcloud 云平台、可视化的管理技术，协同构件厂共同制定生产工艺流程、品质管控流程，实现设计生产的无缝对接。在项目中广泛应用二维码，基于二维码可以跟踪机电材料进场、安装等状态，发起问题、挂接资料等，基于二维码进行一系列的项目管理工作（图 3.97、图 3.98）。

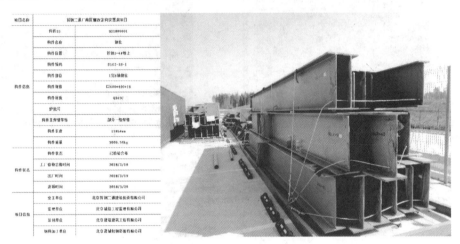

图 3.97　钢构件信息二维码

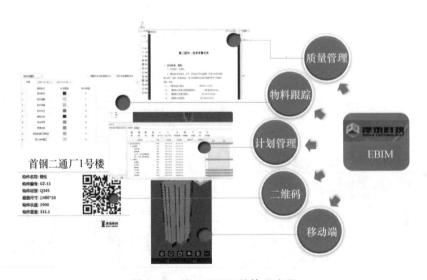

图 3.98　基于 EBIM 的管理流程

3. 施工阶段

通过虚拟施工，完成施工模型搭建、安装工艺流程、品质管控流程、施工组织设计、技术交底、质量验收等，由产业化工人完成现场装配作业。项目现场通过移动设备即时获取 BIM 模型信息，构件信息与现场实际施工进行比对，解决图纸疑难问题，降低各参建方的沟通成本（图 3.99）。

图 3.99　模型指导现场施工

3.7.8　族模组与部品部件

1. 结构

描述：钢框柱（图 3.100）主要承受框架结构中梁和板传来的荷载，并将荷载传给基础，是主要的竖向受力构件。钢框柱部品信息见表 3.8。

图 3.100　钢框柱部品

表 3.8　钢框柱部品信息

	部品名称	钢框柱
	部品编号	14-20.30.03
序号		基本属性
1	是否参数化	是☑　否☐
2	材质	Q390
3	几何参数	HW400mm×400mm×13mm×21mm
序号		附加属性
1	设计类	

2	造价类	按吨计量，包括原材料费用、涂装费用、运输费用
3	产品信息	（产品化学成分表）
4	其他信息	施工工艺：1. 钢柱吊装；2. 钢柱矫正；3. 钢柱焊接；4. 钢柱焊缝探伤；5. 焊接部位涂装

描述：主梁（图 3.101）是承担整个建筑物的结构安全的主要骨架，是满足强度和稳定性要求的必须构件。钢框梁部品信息见表 3.9。

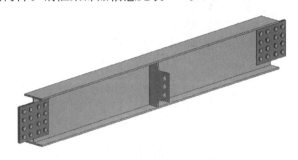

图 3.101　钢框梁部品

表 3.9　钢框梁部品信息

	部品名称	钢框梁
	部品编号	14-20.30.06
序号		基本属性
1	是否参数化	是☑　否□
2	材质	Q345
3	几何参数	HN400mm×200mm×8mm×13mm
序号		附加属性
1	设计类	（梁截面示意图）
2	造价类	按吨计量，包括原材料费用、涂装费用、运输费用
3	产品信息	（产品化学成分表）
4	其他信息	施工工艺：1. 钢梁吊装；2. 钢梁矫正；3. 螺栓初拧；4. 螺栓终拧；5. 钢梁焊接；6. 钢梁焊缝探伤；7. 钢梁涂装

描述：一般情况下，次梁（图 3.102）是指两端搭在框架梁上的梁，这类梁没有抗震要求。次梁部品信息见表 3.10。

图 3.102　次梁部品

表 3.10　次梁部品信息

部品名称	次梁															
部品编号	14-20.30.07															
序号	基本属性															
1	是否参数化	是☑　否☐														
2	材质	Q345														
3	几何参数	H400mm×100mm×8mm×14mm														
序号	附加属性															
1	设计类															
2	造价类	按吨计量，包括原材料费用、涂装费用、运输费用														
3	产品信息	（化学成分表）														
4	其他信息	施工工艺：1. 钢梁吊装；2. 钢梁矫正；3. 螺栓初拧；4. 螺栓终拧；5. 钢梁涂装														

　　描述：钢框架-防屈曲钢板剪力墙体系是一种融合钢框架和防屈曲钢板剪力墙两种结构优点的新型结构体系，该新型结构具有更优的耗能能力、更高的初始抗侧刚度，同时兼具平面布置灵活、施工方便等优点。防屈曲钢板剪力墙及部品见图 3.103、表 3.11。

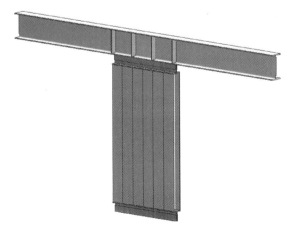

图 3.103　防屈曲钢板剪力墙部品

表 3.11 防屈曲钢板剪力墙部品信息

部品名称	防屈曲钢板剪力墙							
部品编号	14-20.30.25							
序号	基本属性							
1	是否参数化	是☑ 否□						
2	材质	Q235						
3	几何参数	2500mm×1300mm×100mm						
序号	附加属性							
1	设计类	▇▇▇▇▇▇▇						
2	造价类	按吨计量,包括原材料费用、涂装费用、运输费用						
3	产品信息	牌号	统一数字代号	等级	厚度(或直径)/mm	脱氧方法	化学成分(质量分数)/%,不大于	
		Q235	U12352	A	—	F,Z	C 0.22 / Si 0.35 / Mn 1.40 / P 0.045 / S 0.050	
			U12355	B		Z	0.20* / / / 0.045 / 0.045	
			U12358	C		Z	0.17 / / / 0.040 / 0.040	
			U12359	D		TZ	/ / / 0.035 / 0.035	
4	其他信息	施工工艺:1.钢梁带墙吊装;2.钢梁矫正;3.螺栓初拧;4.螺栓终拧;5.钢梁焊接;6.钢梁焊缝探伤;7.钢梁涂装;8.钢板墙焊接						

描述:钢筋桁架楼承板(图 3.104)是将楼板中的钢筋在工厂加工成钢筋桁架,并将钢筋桁架与镀锌压型钢板底模焊接成一体的组合模板。在施工阶段,钢筋桁架楼承板可承受施工荷载,直接铺设到梁上,进行简单的钢筋工程便可浇筑混凝土,减少了模板架设和拆卸工程,大大提高了楼板施工效率。钢筋桁架楼承板部品信息见表 3.12。

图 3.104 钢筋桁架楼承板部品

表 3.12 钢筋桁架楼承板部品信息

部品名称	钢筋桁架楼承板
部品编号	
序号	基本属性
1	是否参数化
2	材质
3	几何参数

序号		
	是☑ 否□	
	混凝土 C30、钢筋 HRB400	
	120mm 厚	

序号		附加属性
1	设计类	
2	造价类	按平方米计量，包括原材料费用、运输费用
3	产品信息	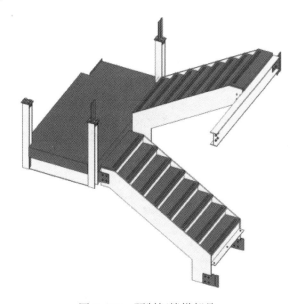
4	其他信息	施工工艺：1.楼承板吊装；2.楼承板固定；3.栓钉焊接；4.钢筋绑扎；5.混凝土浇筑

　　描述：钢楼梯的结构支承体系以楼梯钢斜梁为主要结构构件，楼梯梯段以踏步板为主，其栏杆形式一般采用与楼梯斜梁相平行的斜线形式。预制钢楼梯部品及部品信息见图 3.105、表 3.13。

图 3.105　预制钢楼梯部品

表 3.13　预制钢楼梯部品信息

	部品名称	预制钢楼梯
	部品编号	15-05.40.10
序号		基本属性
1	是否参数化	是□　否☑
2	材质	Q345
3	几何参数	

续表

序号		附加属性
1	设计类	
2	造价类	按吨计量，包括原材料费用、涂装费用、运输费用
3	产品信息	（产品信息表格）
4	其他信息	施工工艺：1. 钢结构立柱安装；2. 钢结构横梁安装；3. 钢结构纵梁安装；4. 钢结构平台安装；5. 钢结构楼梯、护栏安装

描述：预制空调板（图3.106）是结构形式最为简单的一种装配式混凝土预制构件，主要应用于多层及高层民用建筑中，具有产品造价低、生产工艺简单和安装简便等优点。预制空调板部品信息见表3.14。

图 3.106　预制空调板部品

表 3.14　预制空调板部品信息

	部品名称	预制空调板
	部品编号	
序号		基本属性
1	是否参数化	是☑　否☐
2	材质	C30
3	几何参数	1200mm×600mm×100mm

序号		附加属性
1	设计类	
2	造价类	按立方米计量，包括原材料费用、运输费用
3	产品信息	混凝土强度等级为C30，P·C 32.5水泥，中砂，5～20mm碎石，自来水，坍落度为120～150mm。 1. 每 m³ 混凝土配合比 　水　水泥　砂　石子 185kg、429kg、536kg、1250kg 2. 每立方米混凝土材料体积用量： 水泥：8.6袋（50kg/袋） 砂：0.33m³（堆积密度1630kg/m³） 石子：0.744m³（堆积密度1680kg/m³）
4	其他信息	施工工艺：1. 抹找平层或硬架支模；2. 依排板图画板位置线；3. 楼板吊装； 4. 调整板位置；5. 整理绑扎或焊接锚固筋

2. 外围护

描述：蒸压加气混凝土板（图 3.107）是一种集保温、隔热、隔声、防火、结构于一体的绿色建材，可根据保温和受力设计要求确定板材的厚度。适用于钢结构以及混凝土结构建筑内墙。其中，用于高层建筑时，强度等级不应低于 A3.5，用于多层建筑时，强度等级不宜低于 A3.0。与主体结构的连接方法主要有摇摆型工法、钩头螺栓法、内置锚法、滑动螺栓法等。蒸压加气混凝土板外墙应做饰面防护层，可采用金属或石材外饰面，也可采用涂料饰面。对于节能保温设计要求高的地区，可与其他轻型保温装饰板组合应用，满足安全性、防水、防火以及耐久性等要求。蒸压加气混凝土板部品信息见表 3.15。

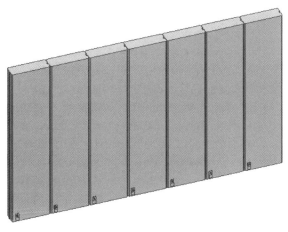

图 3.107 蒸压加气混凝土板部品

表 3.15　蒸压加气混凝土板部品信息

部品名称		蒸压加气混凝土板
部品编号		30-01.10.40.20
序号		基本属性
1	是否参数化	√
2	材质	水泥、石灰、硅砂、钢筋
3	几何参数	标准宽度：600mm；长度：≤6000mm；常规厚度：50、75、100、150、200mm
序号		附加属性
1	设计类	加气混凝土
2	造价类	通常按平方米或立方米计算价格（包含材料费、运输费）
3	产品信息	1. 轻质性：干密度只有 525～625kg/m³，仅为混凝土的 1/4、黏土砖的 1/3，被誉为漂在水面上的混凝土，设计取值为 650kg/m³； 2. 防火性：耐火极限 100mm 厚板材可达 3.23h，125mm 厚可达 4h 以上，是一级防火材料； 3. 隔热性：导热系数为 0.11～0.13W/（m・K），其 125mm 厚度材料的保温效果相当于普通 370mm 厚砖墙，是一种单一材料就能达到建筑节能 75% 以上的创新建材； 4. 隔声性：100mm 厚板材（双面腻子）的隔声指标达到 42dB（透过损失）；150mm 厚板材（双面腻子）达到 46dB； 5. 抗震性：能适应较大的层间角变位，允许层间变位角 1/150，采用特殊接点时达到 1/120，且在所有接点情况下在层间变位角 1/50 时均不会产生板材脱落的情况； 6. 环保性：无放射，其照射量为 12γμ/h，相当于室外草地上的水平；在使用过程中还可以节约能耗，属于享受免税政策的新型环保建材； 7. 承载性：其板材内部均配有双层、双向钢筋网片，分外墙板、隔墙板、屋面板、楼板、防火板等； 8. 多样性：另有 50mm 薄板（可作外墙保温板、防火板使用）； 9. 抗裂性：ALC 板由经过防锈处理的钢筋增强，经过高温、高压、蒸汽养护而成，在无机材料中收缩比值最小，用专用聚合物黏结剂嵌缝，有效防止开裂； 10. 便捷性：ALC 板由现场实际测量后定尺加工，为工厂预制产品，精度高，可刨、可锯、可钻。采用干作业，安装简便，工艺简单，取消了传统墙体的构造柱、腰梁、抹灰，直接批刮腻子，大大缩短工期，提高效率及施工质量； 11. 经济性：采用 ALC 作为墙体材料，可有效提高建筑物的使用面积，降低使用能耗，达到国家建筑节能标准，在相同隔声、防火要求下，NALC 板厚度最小，且不用构造柱、腰梁等辅助构件，可以降低墙体荷载，进而减少建筑造价； 12. 广泛性：可用于混凝土结构、钢结构住宅、办公楼、医院、学校、厂房的内隔墙、仓库、外墙体、楼板、屋面板，防火墙，防爆墙，钢结构梁、柱防火维护，隔声墙，旧建筑物加层改造等；

3	产品信息	13. 快捷性：消除了传统砌筑工艺中的搅拌、砌筑、抹灰、钢筋、模板、混凝土等工种，仅由板材安装工即可做完全部工作，避免了工种冲突及相互制约； 14. 唯一性：ALC 板材宽度为 600mm，长度最大可做到 6m（150mm 厚），其他板材长度均无法达到 6m； 15. 创意性：ALC 板可以制作成艺术花纹板材，安装后直接达到砖纹、格纹、横纹、仿砖、仿石等效果
4	其他信息	《蒸压加气混凝土板》（GB/T 15762—2020）； 《蒸压加气混凝土砌块、板材构造》（13J104）； 工艺工法：砂加气外墙施工工艺规程； 密封胶施工工艺规程

描述：预制混凝土挂板（图 3.108）是以混凝土为原料，采用工厂预制的方式生产，安装在主体结构上，起围护、装饰作用的非承重预制混凝土外墙板，简称外挂墙板。

图 3.108 预制混凝土挂板部品

该产品通过预置于板材中的连接件与钢结构横梁连接，外挂于结构外侧，保温体系内外保温都可以考虑；该产品适用于抗震设防烈度不大于 8 度地区的混凝土结构或钢结构，构造设计详见国家建筑标准设计图集《预制混凝土外挂墙板（一）》（16J110-2 16G333）（表 3.16）。

表 3.16　预制混凝土挂板部品信息

部品名称	预制混凝土挂板
部品编号	30-01.10.40

序号	基本属性	
1	是否参数化	√
2	材质	水泥、石子、沙子、钢筋
3	几何参数	无固定尺寸，常根据建筑信息计算后完善分格尺寸

序号	附加属性	
1	设计类	 混凝土
2	造价类	通常按立方米计算价格（包含材料费、运输费）
3	产品信息	1. 可实现现浇清水混凝土的建筑效果或其他预喷涂效果； 2. 创新性实现外保温与清水混凝土的完美结合； 3. 通过工厂化表面预处理工艺及系统装配实现挂板系统的长期使用性能和耐久性； 4. 良好的机械性能和加工性能； 5. 优异的防火性； 6. 卓越的环保性
4	其他信息	《预制混凝土挂板（一）》（16J110-2 16G333）； 《预制混凝土外挂墙板应用技术标准》（JGJ/T 458—2018）； 工艺工法：预制混凝土外墙板安装工艺； 涂料工程施工工艺规程

　　描述：窗（图 3.109）是指安装在建筑结构洞口之内的建筑构配件，具有通风、采光、遮阳、观望、隔声、隔热、保温等作用，同时具备一定的装饰作用。

图 3.109　外窗部品

窗本身的发展根据窗框材料经历了木、钢、铝合金、塑料、复合材料（塑钢、铝包木等）的发展阶段。外窗部品信息见表 3.17。

表 3.17　外窗部品信息

部品名称	外窗		
部品编号	30-13.10.00		
序号	基本属性		
1	是否参数化	√	
2	材质	木头、铝合金、钢材、复合材料等	
3	几何参数	常规尺寸：1000mm×1000mm，1500mm×1500mm 等；根据建筑要求设置	
序号	附加属性		
1	设计类	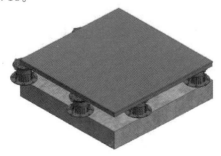	
2	造价类	通常按平方米计算价格（包含材料费、运输费）	
3	产品信息	1.（1）依据门窗材质，大致可以分为：木窗、钢窗、塑钢窗、铝合金窗、玻璃钢窗、不锈钢窗、隔热断桥铝窗、木铝复合窗、铝木复合窗等。 （2）按开启方式分为：固定窗、上悬窗、中悬窗、下悬窗、立转窗、平开窗、滑轮窗、平开下悬窗、推拉窗、推拉平开窗等。 （3）按性能分为：隔声型窗、保温型窗、防火窗、气密窗。 2. 窗的物理性能有需要试验验证的水密性、气密性、抗风压性能、保温性、隔声性以及规范要求的遮阳性能和窗五金件的反复启闭性能等	
4	其他信息	《住宅设计规范》（GB 50096—2011）； 《建筑外窗采光性能分级及检测方法》（GB/T 11976—2015）； 《铝合金门窗》（GB/T 8478—2020）； 《建筑门窗及幕墙用玻璃术语》（JG/T 354—2012）； 工艺工法：铝合金窗安装工艺流程； 断热铝合金窗安装工程施工方案	

3. 装修

架空地板（图 3.110）特点：灵活性强、可调节支撑基座、环保健康、安装简便。架空地板部品信息见表 3.18。

图 3.110　架空地板部品

表 3.18　架空地板部品信息

部品名称	架空地板	
部品编号	15-09.25.25	
序号	基本属性	
1	是否参数化	是☑　否☐
2	材质	架空地面（面层实木复合木地板）
3	几何参数	500mm×500mm×26mm
序号	附加属性	
1	设计类	
2	造价类	计量单位：个（包含金属支架＋架空面板＋防潮垫＋地板＋运费＋税费）
3	产品信息	地面模块体系一次铺装完成，内部可设置地暖盘管，并且不增加构造高度，构造高度调节范围广，从 60mm 至 120mm。120mm 高度可实现全管线分离；传热效率高，得热率可达 83%
4	其他信息	放线定位—金属支架放置、调平—架空面板安装—防潮垫铺设—地板安装完成（管线分离，现场干法施工，结构稳固）

乳胶漆墙面（图 3.111）特性：良好的附着力、适用性好。乳胶漆墙面部品信息见表 3.19。

图 3.111　乳胶漆墙面部品

表 3.19　乳胶漆墙面部品信息

部品名称	乳胶漆墙面
部品编号	15-09.35.20
序号	基本属性
1	是否参数化
2	材质
3	几何参数

序号		
1	是否参数化	是☑　否☐
2	材质	乳胶漆墙面（原始墙面）
3	几何参数	BH3310mm×1920mm

序号		附加属性
1	设计类	Q
2	造价类	计量单位：个（包含乳胶漆＋踢脚＋石膏装饰条＋运费＋税费）
3	产品信息	木质踢脚线的视觉比较柔和，看起来非常舒服，安装起来也容易操作；乳胶漆又称为合成树脂乳液涂料，是一种有机涂料；石膏装饰条主要安装在天花板以及天花板与墙壁的夹角处，其内可经过水管电线等，实用美观，价格低廉
4	其他信息	墙面基层粉刷石膏找平—耐水腻子 2 遍—乳胶漆饰面 2 遍—固定木踢脚—固定石膏装饰条

装饰面包梁（图 3.112）特点：高质量覆遮性和遮蔽性。装饰面包梁部品信息见表 3.20。

图 3.112　装饰面包梁部品

表 3.20　装饰面包梁部品信息

部品名称		装饰面包梁
部品编号		15-09.35.20（涂料与墙面重复）
序号		基本属性
1	是否参数化	是☑　否□
2	材质	装饰面包梁（钢梁）
3	几何参数	BH3310mm×1920mm
序号		附加属性
1	设计类	L
2	造价类	计量单位：个（包含加气砖＋腻子乳胶漆＋运费＋税费）
3	产品信息	实用美观，价格低廉
4	其他信息	50mm 厚加气砖—砂浆找平层—玻纤网格布—耐水腻子 2 遍—乳胶漆饰面 2 遍—固定石膏装饰条

装配式墙面（图 3.113）特点：质量轻，装饰效果好，外形多样。装配式墙面部品信息见表 3.21。

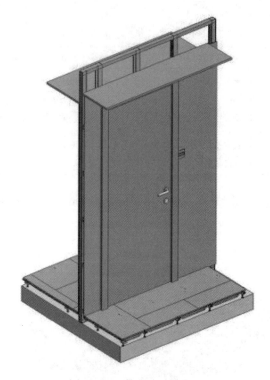

图 3.113　装配式墙面部品

表 3.21　装配式墙面部品信息

	部品名称	装配式墙面
	部品编号	15-10.00.00（特殊制品）
序号		基本属性
1	是否参数化	是☑　否□
2	材质	装配式墙面（轻钢龙骨隔墙体系）
3	几何参数	90mm×1674mm
序号		附加属性
1	设计类	⊐Z
2	造价类	计量单位：个（包含天地轻钢龙骨、竖向轻钢龙骨及配件＋38 龙骨及配件＋装配式墙板＋运费＋税费）
3	产品信息	集成墙板龙骨调平，免铺贴；快速安装拆卸；施工效率高
4	其他信息	弹线—固定天地龙骨—固定边框龙骨—安装竖向龙骨及一侧 38 龙骨—门、窗口加固—水电管路敷设—填充岩棉—安装横向龙骨—安装加固板—安装墙板—接缝及阳角处理—打胶收口—成品保护（分户墙等既有墙面部位完成面距结构 30～50mm）

快装吊顶（图 3.114）特点：空间划分灵活，节省人工，加快施工进度。快装吊顶部品信息见表 3.22。

图 3.114 快装吊顶部品

表 3.22 快装吊顶部品信息

部品名称	快装吊顶		
部品编号	15-09.20.35		
序号	基本属性		
1	是否参数化	是☑ 否□	
2	材质	快装吊顶（轻钢龙骨体系）	
3	几何参数	1223mm×1580mm	
序号	附加属性		
1	设计类	⊢─────┤T	
2	造价类	计量单位：个（包含吊顶龙骨及配件＋石膏板＋含耐水腻子及白乳胶＋运费＋加工费＋税费）	
3	产品信息	经济实惠，施工方便快捷，装饰效果好，防虫，阻燃性能好	
4	其他信息	弹线—固定吊杆—安装主龙骨—安装次龙骨—安装横撑龙骨—安装石膏板—刮腻子找平—乳胶漆涂料饰面（表层可与各种表面装饰材料兼容，可满足大多数建筑物的装饰要求）	

4. 给排水

卧式消防水泵（图 3.115）适用于建筑消防系统加压供水。卧式消防水泵部品信息见表 3.23。

图 3.115　卧式消防水泵部品

表 3.23　卧式消防水泵部品信息

部品名称		卧式消防水泵
部品编号		11-10.30.27.03 ＊ （GB/T 51269—2017）
序号	基本属性	
1	是否参数化	是☑　否□
2	材质	外壳：球墨铸铁；叶轮、轴：不锈钢
3	几何参数	L：1060mm，B：450mm，H：683mm
序号	附加属性	
1	设计类	二维表达图例：⊠
2	造价类	计量单位：台（含运费、含税）
3	产品信息	流量：30L/s；扬程：60m；功率：30kW；电压：380V；质量：150kg
4	其他信息	1.《消防给水及消火栓系统技术规范》（GB 50974—2014）； 2. 根据项目性质及国家规范选用相应参数的水泵； 3. 介质温度≤80℃； 4. 水中的 pH 为 6.5～8.5； 5. 水中固体杂质的体积不超过 0.1%，粒度不大于 0.2mm； 6. 旋转方向：由电机向水泵看，顺时针旋转

给水变频泵组（图 3.116）适用于建筑给水系统加压供水。给水变频泵组部品信息见表 3.24。

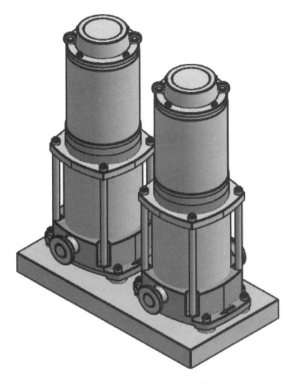

图 3.116 给水变频泵组部品

表 3.24 给水变频泵组部品信息

	部品名称	给水变频泵组		
	部品编号	14-40.10.12.06 ＊（GB/T 51269—2017）		
序号		基本属性		
1	是否参数化	是☑ 否□		
2	材质	外壳：球墨铸铁；叶轮、轴：不锈钢		
3	几何参数	L：1510mm，B：500mm，H：620mm		
序号		附加属性		
1	设计类	二维表达图例：		
2	造价类	计量单位：套（含控制柜、稳压罐、运费、税）		
3	产品信息	流量：18m³/h；扬程：75m；功率：5.5kW，电压：380V；质量：110kg。一用一备		
4	其他信息	1.《城镇给水排水技术规范》（GB 50788—2012）； 2. 泵组需配合饮用水水箱、紫外线消毒器使用； 3. 根据项目性质及国家规范选用相应参数的泵组； 4. 管道和触水部位均为不锈钢材质，不会造成水污染； 5. 最高介质温度：+60℃； 6. 最高环境温度：+40℃		

不锈钢装配式给水水箱（图 3.117）适用于建筑给水系统水源储存。不锈钢装配式给水水箱部品信息见表 3.25。

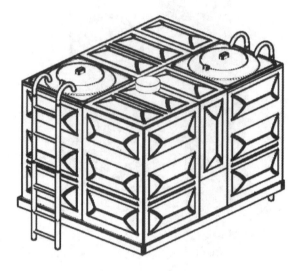

图 3.117　不锈钢装配式给水水箱部品

表 3.25　不锈钢装配式给水水箱部品信息

部品名称		不锈钢装配式给水水箱
部品编号		14-40.10.12.03 ＊（GB/T 51269—2017）
序号		基本属性
1	是否参数化	是☑　否□
2	材质	外壳：镀锌钢板保护层；水箱材质：304 不锈钢
3	几何参数	L：2500mm，B：2000mm，H：1500mm
序号		附加属性
1	设计类	二维表达图例：
2	造价类	计量单位：个（含运费、税、组装费）
3	产品信息	有效容积：10m³；钢板材质：304 不锈钢；壁厚：2.5mm；质量：580kg
4	其他信息	1.《建筑给水排水设计标准》（GB 50015—2019）； 2. 根据项目用水量选用相应容积的水箱； 3. 触水部位均为 304 不锈钢材质，不会造成水污染； 4. 最高介质温度：＋80℃

5. 暖通

换气扇（图 3.118）：由电动机带动风叶旋转驱动气流，使室内外空气交换的一类空气调节电器，又称通风扇。换气的目的就是要除去室内的污浊空气，调节温度、湿度和感觉效果。换气扇广泛应用于家庭及公共场所。换气扇部品信息见表 3.26。

图 3.118　换气扇部品

表 3.26　换气扇部品信息

	部品名称	换气扇
	部品编号	14-30.40.12.09 *（GB/T 51269—2017）
序号		基本属性
1	是否参数化	是☑　否□
2	材质	全塑面板＋全塑箱体
3	几何参数	方形（300mm×300mm×105mm 箱体）
序号		附加属性
1	设计类	二维表达图例：
2	造价类	计量单位：个（含运费、税费）
3	产品信息	功率 35W；换气量 3m³/min；噪声≤55dB（A）
4	其他信息	1. 根据功能房间面积、环境需求选择适配的换气扇功率、排气量、样式； 2. 设计、质量、施工相关要求：《民用建筑供暖通风与空气调节设计规范》（GB 50736—2012）；《民用建筑隔声设计规范》（GB 50118—2010）；《通风与空调工程施工质量验收规范》（GB 50243—2016）

散热器：散热器是热水（或蒸汽）（图 3.119）采暖系统中重要的、基本的组成部件。热水在散热器内降温（或蒸汽在散热器内凝结）向室内供热，达到采暖的目的。散热器的金属耗量和造价在采暖系统中占有相当大的比例，因此，散热器的正确选用涉及系统的经济指标和运行效果（表 3.27）。

图 3.119 散热器部品

表 3.27 散热器部品信息

部品名称		散热器
部品编号		14-30.30.09 ＊（GB/T 51269—2017）
序号		基本属性
1	是否参数化	是☑ 否□
2	材质	常用的有铸铁、钢制、铝制、压铸铝合金、铜铝复合、钢铝复合等
3	几何参数	单片宽 850mm，B；满高 650mm，H；单片厚度 75mm
序号		附加属性
1	设计类	二维表达图例：
2	造价类	计量单位：柱（含运费、税费）
3	产品信息	单片散热量：162W；供热面积：1.5m²
4	其他信息	1. 根据功能房间面积、环境需求选择适配的散热器样式。 2. 设计、质量、施工相关要求：《民用建筑供暖通风与空气调节设计规范》（GB 50736—2012）；《住宅设计规范》（GB 50096—2011）；《通风与空调工程施工质量验收规范》（GB 50243—2016）；《供热计量技术规程》（JGJ 173—2009）

　　轴流消防排烟风机（图 3.120）：建筑暖通设备之一，具体型号、功能参看生产厂家说明。轴流消防排烟风机部品信息见表 3.28。

图 3.120　轴流消防排烟风机部品

表 3.28　轴流消防排烟风机部品信息

部品名称		轴流消防排烟风机
部品编号		14-30.50.00 ＊（GB/T 51269—2017）
序号		基本属性
1	是否参数化	是☑　否□
2	材质	Q235 热轧钢板
3	几何参数	圆柱形（外径 D650mm）
序号		附加属性
1	设计类	二维表达图例：
2	造价类	计量单位：个（含运费、税费）
3	产品信息	流线型叶片，阻力小，扭曲度大，有效提高风机效率 风量：6122m³/h；风压：205Pa；功率：1.1kW；噪声：76dB（A）；质量：65kg
4	其他信息	1. 根据建筑相关要求，设置低噪声适配风机的型号、风量、高度、样式； 2. 设计、质量、施工相关要求：《建筑设计防火规范》（2018 版）（GB 50016—2014）；《民用建筑供暖通风与空气调节设计规范》（GB 50736—2012）；《建筑防烟排烟系统技术标准》（GB 51251—2017）；《民用建筑隔声设计规范》（GB 50118—2010）

6. 电气

LED 节能吸顶灯（图 3.121）：室内照明灯具，成品。LED 节能吸顶灯部品信息见表 3.29。

图 3.121　LED 节能吸顶灯部品

表 3.29　LED 节能吸顶灯部品信息

部品名称	LED 节能吸顶灯		
部品编号	14-50.10.12.03 *（GB/T 51269—2017）		
序号	基本属性		
1	是否参数化	是☑　否☐	
2	材质	亚克力罩	
3	几何参数	ϕ260mm×85mm（直径×厚）	
序号	附加属性		
1	设计类	二维表达图例：⊗	
2	造价类	计量单位：个（含运费、税费）	
3	产品信息	LED 节能吸顶灯，220V，14W，3300K，2600lm	
4	其他信息	1. 根据房间功能、环境需求计算照度，选择适配功率、色温、光通量的灯具；根据装修效果选择灯具样式、安装位置。 2. 设计、质量、施工相关要求： 《建筑照明设计标准》（GB 50034—2013）； 《灯和灯系统的光生物安全性》（GB/T 20145—2006）； 《民用建筑电气设计标准》（GB 51348—2019）； 《建筑电气工程施工安装》（18D802）； 《建筑电气工程施工质量验收规范》（GB 50303—2015）	

单相二极、三极插座（图 3.122）：室内插座面板，成品。单相二极、三极插座部品信息见表 3.30。

图 3.122　单相二极、三极插座部品

表 3.30　单相二极、三极插座部品信息

部品名称		单相二极、三极插座（带保护门安全型）
部品编号		14-50.10.18.03 ＊（GB/T 51269—2017）
序号		基本属性
1	是否参数化	是□　否☑
2	材质	PC
3	几何参数	86mm×86mm×8.5mm（墙面外）（长×宽×厚）
序号		附加属性
1	设计类	二维表达图例：
2	造价类	计量单位：个（含运费、税费）
3	产品信息	单相二极、三极插座（带保护门安全型）10A，250V
4	其他信息	1. 根据电气设备电流、环境需求，选择适配电器设备的五孔、三孔、带开关、整定电流、防水等级等规格的插座，满足电气设备使用；根据装修效果、电气位置选择插座面板的样式、安装位置。 2. 设计、质量、施工相关要求： 《低压配电设计规范》（GB 50054—2011）； 《民用建筑电气设计标准》（GB 51348—2019）； 《建筑电气工程施工安装》（18D802）； 《建筑电气工程施工质量验收规范》（GB 50303—2015）

　　双联单控开关（图 3.123）：室内照明开关面板，成品。双联单控开关部品信息见表 3.31。

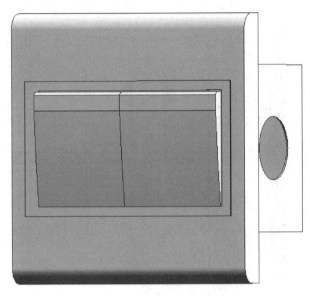

图 3.123　双联单控开关部品

表 3.31　双联单控开关部品信息

部品名称		双联单控开关
部品编号		14-50.10.18.06 *（GB/T 51269—2017）
序号		基本属性
1	是否参数化	是□　否☑
2	材质	PC
3	几何参数	86mm×86mm×8.5mm（墙面外）（长×宽×厚）
序号		附加属性
1	设计类	二维表达图例：
2	造价类	计量单位：个（含运费、税费）
3	产品信息	双联单控开关面板 10A
4	其他信息	1. 根据灯具控制需求，选择适配的单联、双联、三联、单控、双控开关面板；根据装修效果选择开关面板的样式、安装位置。 2. 设计、质量、施工相关要求： 《低压配电设计规范》（GB 50054—2011）； 《民用建筑电气设计标准》（GB 51348—2019）； 《建筑电气工程施工安装》（18D802）； 《建筑电气工程施工质量验收规范》（GB 50303—2015）

思考题

1. 装配式钢结构建筑设计的基本原则是什么？有哪些主要的设计要求？

2. 装配式钢结构建筑结构设计的基本原则是什么？有哪些常用的和新型的装配式结构体系？

3. 装配式钢结构建筑围护体系主要包括哪些内容？

4. 装配式钢结构建筑机电设计的基本原则是什么？

5. 装配式钢结构建筑内装设计主要包括哪些内容？基本的设计原则与方法是什么？

6. BIM 技术在装配式钢结构建筑设计阶段的应用，主要包含哪几个阶段？

7. BIM 在方案初始设计工作中有相当大的优势，主要表现在哪几个方面？

8. 在施工图设计的过程中，利用了 BIM 的哪些优势？

参考文献

[1] 马张永，王泽强. 装配式钢结构建筑与 BIM 技术应用 [M]. 北京：中国建筑工业出版社，2019.

[2] 叶浩文，樊则森. 装配式建筑设计指南 [M]. 北京：中国建筑工业出版社，2021.

[3] 中华人民共和国住房和城乡建设部. 建筑信息模型设计交付标准：GB/T 51301—2018 [S]. 北京：中国建筑工业出版社，2018.

4 装配式钢结构建筑构件的柔性制造

教学目标

1. 了解装配式钢结构柔性制造生产流程及工艺；
2. 理解 BIM 技术在装配式钢结构生产中发挥的作用；
3. 掌握基于 BIM 技术进行装配式钢结构构件生产的流程。

4.1 钢结构构件生产

作为建筑行业中一个重要的分支专业，钢结构构件生产介于建筑设计、结构设计和施工安装之间，起着承上启下的作用。从理论上看，钢结构构件生产又分为钢结构 BIM 设计和车间实体加工两个部分。

钢结构 BIM 设计自 20 世纪 90 年代末被引入替代 2D-CAD 设计至今已经 10 多年；过去，通常被称为钢结构三维实体建模，其作用也通常停留在建模和出图，设计人员常常关注的是建模和出图过程的效率。但随着建筑业 BIM 概念越来越多地被推广、研究和应用，钢结构 BIM 软件商也越来越注重输出信息接口的标准化，一方面足以支撑对建筑 BIM 的协同，另一方面 BIM 本身包含的信息在后续钢结构制作厂家的管理和制作流程中的完整应用也正被充分重视、研究、应用和拓展中。

4.1.1 深化设计

1. 概述

我国从 20 世纪 50 年代开始，对于钢结构施工图纸的编制沿用苏联的编制方法，分为两个阶段：钢结构设计图和钢结构施工详图。国际上钢结构工程的设计也普遍采用设计图与施工详图两个阶段出图的做法。并且长期的建设经验表明，两个阶段出图的做法分工合理，有利于保证工程质量并方便施工。

钢结构设计图由具有相应设计资质的设计单位编制。对设计依据，荷载资料、建筑抗震设防类别和设防标准，工程概况，材料选用和材料质量要求，结构布置，支撑设置，构件选型，构件截面和内力，以及结构的主要节点构造和控制尺寸等均需标示清楚。钢结构施工详图一般由施工单位或由具有相应设计资质级别的钢结构加工制造企业或委托设计单位完成编制，是以设计图为依据，结合工程情况、钢结构加工、运输及安装等施工工艺和其他专业的配合要求进行的二次深化设计。

深化设计是指钢结构施工详图编制这一阶段，也就是以钢结构设计图为依据进行深化设计，作为指导钢结构构件的工厂加工制作和现场拼装、安装的依据，使工程可以顺利实施。

深化设计是钢结构设计与施工中不可缺少的一个重要环节。深化设计的设计质量，直接影响着钢结构的制作和安装的质量。深化设计要详细地设计钢结构的每一个构件，为钢结构的制作和安装提供技术性文件。钢结构构件的制作及安装必须有安装布置图及构件详图，其目的是为钢结构制作单位和安装单位提供必要的、更为详尽的、便于进行施工操作的技术文件。通过图纸的二次设计，使复杂分散的节点细化成为有规律的、一目了然的施工详图。

2. 内容及深度

一般情况下，钢结构制作企业在接到订单后的第一要务就是通过 3D 实体建模进行深化设计。

钢结构 BIM 三维实体建模出图进行深化设计的过程，其本质就是进行计算机预拼装、实现"所见即所得"的过程。首先，所有的杆件、节点连接、螺栓焊缝、混凝土梁柱等信息都通过三维实体建模进入整体模型，该三维实体模型与以后实际建造的建筑完全一致（图 4.1～图 4.3）；其次，所有加工详图（包括布置图、构件图、零件图等）均是利用三视图原理投影生成，图纸中所有尺寸，包括杆件长度、断面尺寸、杆件相交角度等均是从三维实体模型上直接投影产生的。

图 4.1　三维实体模型界面

钢结构深化设计图是构件下料、加工和安装的依据。深化设计的内容至少应包含：图纸目录、钢结构深化设计说明、构件布置图、构件加工详图、安装节点详图。

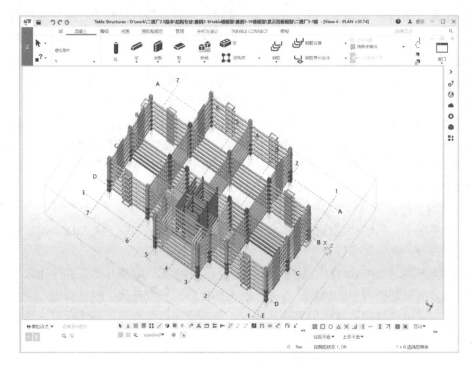

图 4.2　三维实体模型局部界面

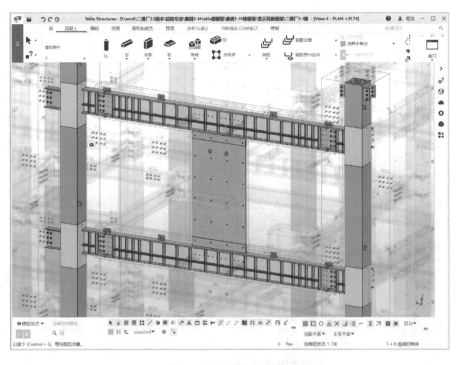

图 4.3　三维实体模型节点界面

（1）钢结构深化设计说明：一般作为工厂加工和现场安装指导用。说明中一般包含：设计依据、工程概况、材料说明（钢材、焊接材料、螺栓等）、下料加工要求、构件拼装要求、焊缝连接方式、板件坡口形式、制孔要求、焊接质量要求、抛丸除锈要求、涂装要求、构件编号说明、尺寸标注说明、安装顺序及安装要求、构件加工安装过程中应注意的事项等。通过钢结构深化设计说明归纳汇总，将项目的基本要求展现给加工、安装人员。

（2）构件布置图：主要作为现场安装用。设计人员根据结构图中构件截面大小、构件长度、不同用途的构件进行归并、分类，将构件编号反映到建筑结构的实际位置中去，采用平面布置图、剖面图、索引图等不同方式进行表达。构件的定位应根据其轴线定位、标高、细部尺寸、文字说明加以表达，以满足现场安装要求。对结构构件进行人工归并分类时，要特别注意构件的关联性，否则很容易误编而导致构件拼装错误。构件的外形可采用粗单线或简单的外形来表示，在同一张图或同一套图中不应采用相同编号的构件，细节或孔位不同的梁应该单独编号，对安装关系相反的构件，编号后可采用加后缀的方式来区别。

（3）构件加工详图：主要作为生产车间加工组装用。根据钢结构设计图和构件布置图采用较大比例来绘制，对组成构件的各类大、小零件均应有详细的编号、尺寸、孔定位、坡口做法、板件拼装详图、焊缝详图，并应在构件详图中提供零件材料表和本图的构件加工说明要求。材料表中应至少包含零件编号、厚度、规格、数量、质量、材质等，在表达方式上可采用正视图、侧视图、轴侧图、断面图、索引详图、零件详图等。每一构件编号均应与构件布置图中相对应，零件应尽可能按主次部件顺序编号。构件详图中应有定位尺寸、标高控制和零件定位、构件重心位置等。构件绘制时应尽量按实际尺寸绘制，对细长构件，在长宽方向可采用不同的比例绘制，对于斜尺寸应注明斜度，当构件为多弧段时，应注明其曲率半径和弧高。总之，构件详图设计图纸表达深度应该以满足构件加工制作为最低要求，在图纸表达上应尽量做到详细。

（4）安装节点详图：原设计施工图中已有的节点详图，在深化设计时，可以不考虑这些节点的设计、绘制。但当原设计图中节点不详或属于深化设计阶段增加的节点图，则在安装节点详图中还应该表达出来，以满足现场安装需要。节点详图应能明确表达构件的连接方式、螺栓数量、焊缝做法、连接板编号、索引图号等。节点中的孔位、螺栓规格、孔径应与构件详图中统一。

（5）材料清单：提供材料采购和预算以及加工进度控制和管理的依据。这类资料是加工管理不可或缺的依据，加工单位可依据它进行加工组织计划、成本控制、进度管理等一系列的管理工作。

（6）图纸编号与构件编号：

①框架柱以施工图中的柱子编号为基础。按照合理的运输、安装单元按长度把柱子分段，分段顺序是从下到上，分号在柱子编号前面加以表示。钢柱的平面定位以施工图平面布置图中的钢柱所在轴线交点处纵横轴线号表示。因为钢柱的安装方位是唯一的，因此图纸上标明钢柱安装的方位。

②钢梁是以施工图中的钢梁编号为基础，按照该钢梁所在的层面，从下到上在钢梁编号前面加以表示，在施工图中同一层相同钢梁编号的钢梁因长度、加劲肋和次梁连接板的不同，在钢梁编号后面加区分号（数字）加以分类。

3. 流程

深化设计流程如图 4.4 所示。深化设计图纸的设计思路：建立结构整体模型→现场拼装分段（运输分段）→加工制作分段→分解为构件与节点→结合工艺、材料、焊缝、结构设计说明等→深化设计详图。三维实体建模出图进行深化设计的过程，基本可分为四个阶段，每一个深化设计阶段都将有校对人员参与，实施过程控制，由校对人员审核通过后才能出图，并进行下一阶段的工作。

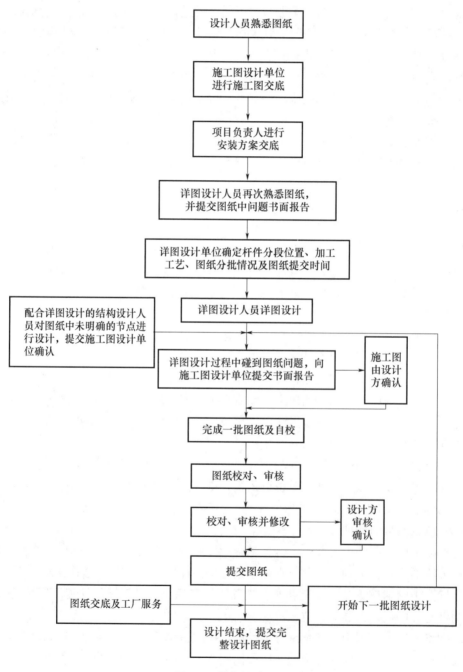

图 4.4 深化设计流程

1）第一阶段，根据结构施工图建立轴线布直和搭建杆件实体模型。

（1）导入 AutoCAD 中的单线布置，并进行相应的校合和检查，保证两套软件设计出来的构件数据理论上完全吻合，从而确保构件定位和拼装的精度（图 4.5）。

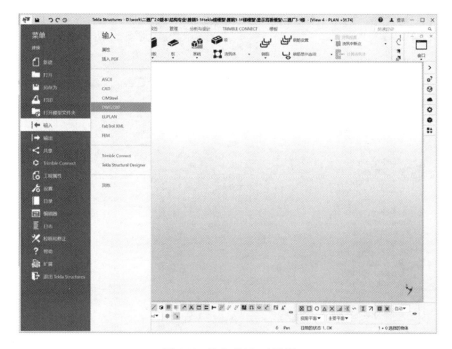

图 4.5 导入 CAD 对话框

（2）创建轴线系统及创建、选定工程中所要用到的截面类型、几何参数（图 4.6、图 4.7）。

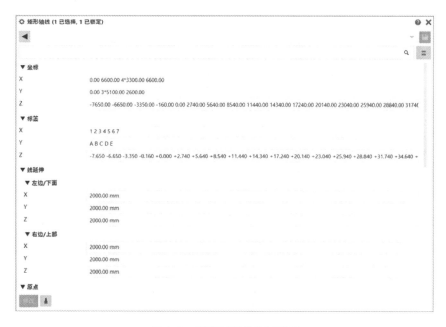

图 4.6 创建工程的轴网界面

图 4.7　修改截面对话框

（3）整体三维实体模型的建立与编辑（图 4.8～图 4.10）。

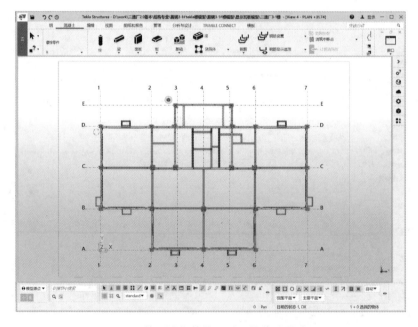

图 4.8　整体三维实体模型平面构件的搭建界面

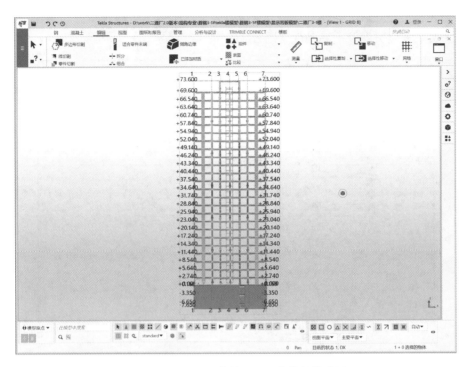

图 4.9　整体三维实体模型立面构件的搭建界面

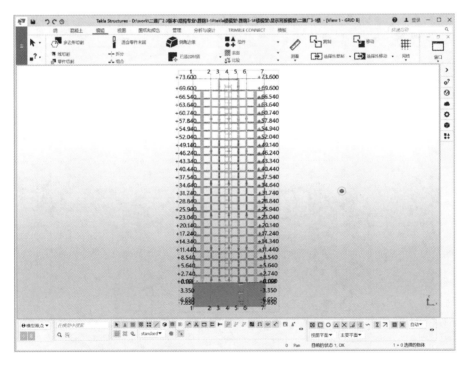

图 4.10　整体三维实体模型的搭建界面

2）第二阶段，根据设计院图纸对模型中的杆件连接节点、构造、加工和安装工艺细节进行安装和处理。

在整体模型建立后，需要对每个节点进行装配，结合工厂制作条件、运输条件，考虑现场拼装、安装方案及土建条件（图 4.11～图 4.14）。

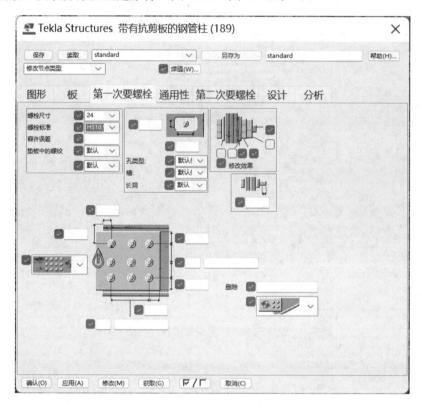

图 4.11　节点参数对话框

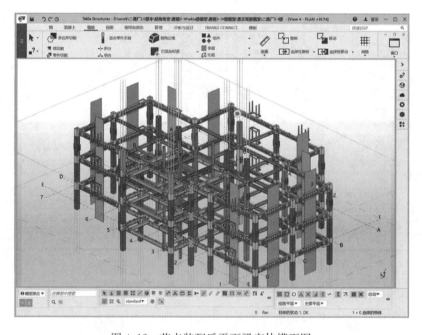

图 4.12　节点装配后平面梁实体模型图

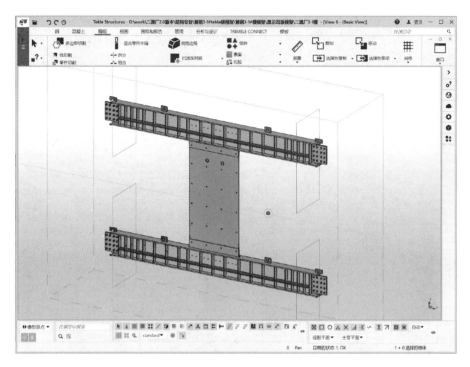

图 4.13　节点装配后的防屈曲钢板剪力墙实体模型界面

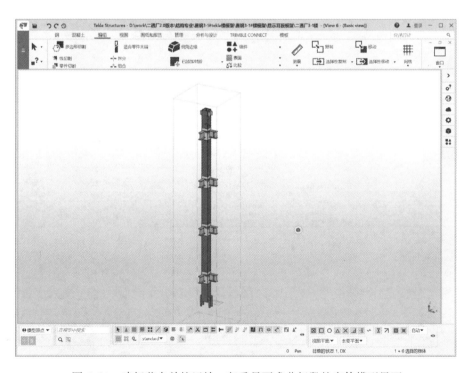

图 4.14　建好节点并按运输、起重量要求分好段的实体模型界面

　　3）第三阶段，对搭建的模型进行"碰撞校核"，并由审核人员进行整体校核、审查。

　　所有连接节点装配完成后，运用"碰撞校核"功能进行所有细微的碰撞校核，以检查出设计人员在建模过程中的误差，这一功能执行后能自动列出所有结构上存在碰撞的情况，以便设计人员去核实更正，通过多次执行，最终消除一切详图设计误差（图 4.15、图 4.16）。

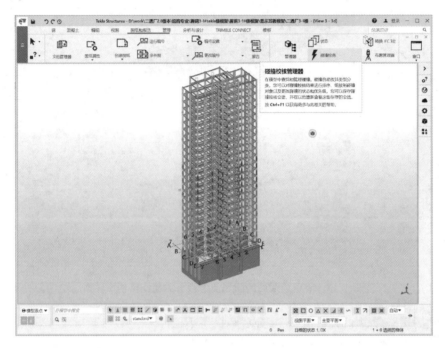

图 4.15　碰撞校核对话框

图 4.16　显示存在碰撞问题部件清单界面

4）第四阶段，基于3D实体模型的设计出图。

运用建模软件的图纸功能自动产生图纸，并对图纸进行必要的调整，同时产生供加工和安装的辅助数据（如材料清单、构件清单、油漆面积等），具体要求见表4.1。

表 4.1　详图要求

序号	详图类型	图纸要求
1	构件及零件详图	构件细部、质量表、材质、构件编号、焊接要求及标记、连接细部、坡口形式和索引详图等
		螺栓统计表，螺栓标记、螺栓直径
		轴线号及相对应的轴线位置
		加工、安装所必须具有的尺寸
		方向、构件的对称和相同标记
2	安装布置图	必须包括平面布置图、立面布置图、现场拼接/焊接位置、地脚螺栓定位图等
		构件编号、安装方向、标高、安装说明等一系列安装所必须具有的信息

（1）节点装配完成后，根据设计准则中编号原则对构件及节点进行编号（图4.17）。

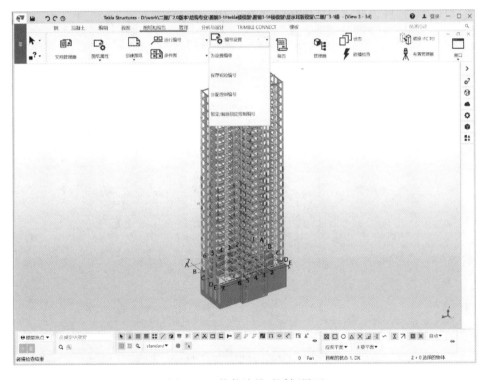

图 4.17　构件编号对话框界面

（2）编号后就可以产生布置图、构件图、零件图等，并根据设计准则修改图纸类别、图幅大小、出图比例等（图4.18）。

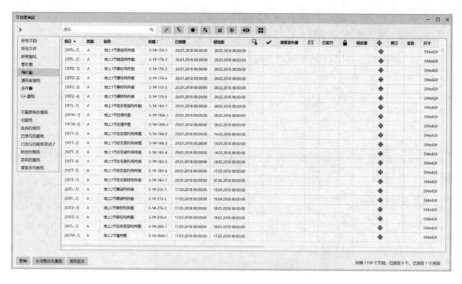

图 4.18　图纸清单对话框界面

（3）所有加工详图（包括布置图、构件图、零件图等）均是利用三视图原理投影、剖面生成深化图纸，图纸上的所有尺寸，包括杆件长度、截面尺寸、杆件相交角度均是在杆件模型上直接投影产生的。因此，由此完成的钢结构深化图在理论上是没有误差的，可以保证钢构件精度达到理想状态（图 4.19、图 4.20）。

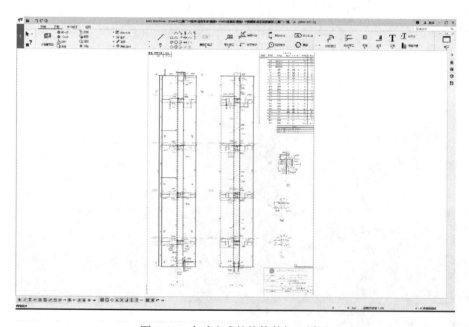

图 4.19　自动生成的柱构件加工详图

（4）用钢量等资料统计。统计选定构件的用钢量，并按照构件类别、材质、构件长度进行归并和排序，同时还输出构件数量、单重、总重及表面积等统计信息（图 4.21、图 4.22）。

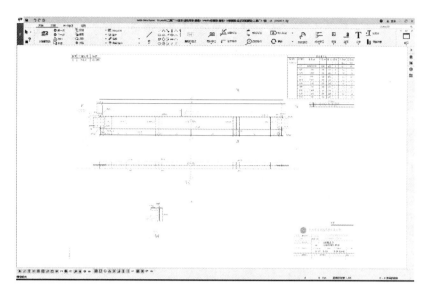

图 4.20　自动生成的梁构件加工详图

图 4.21　用钢量及其他统计报表对话框

清单 — □ ×

报告

东南网架股份有限公司构件清单　工程号：1　　　页：1
工程名:TEKLA OY　　　状态：　　　日期：06.11.2021

构件编号	数量	截面规格	长度(mm)	表面积(m2)	单重(kg)	总重(kg)
0(?)	619	PL12*130	0	0.0	0.0	0.0
1DTL-1	24	P200*5	2200	1.8	70.4	1690.3
1DTL-2	6	P200*5	1900	1.6	61.2	367.5
1DTZ-1	2	P200*5	2530	2.1	80.5	161.1
1DTZ-2	4	P200*5	2636	2.2	83.8	335.1
1DTZ-3	6	P200*5	2500	2.1	79.6	477.7
1DTZ-4	12	P200*5	2606	2.2	82.9	994.3
1KTL-1	16	C10	1028	1.1	30.3	485.5
1KTM-1	32	PL10*100	168	0.0	1.3	41.8
1KTM-2	32	PL10*100	100	0.0	1.3	41.8
1KTT-1	4	L100*10	1200	1.3	49.4	197.8
1KTT-2	4	L100*10	1200	1.3	49.4	197.8
1KTT-3	8	L100*10	794	1.1	41.9	334.8
1KTT-4	8	L100*10	794	1.1	41.9	334.8
1KTT-5	8	L160*100*10	794	1.3	49.4	395.2
1KTZ-1	64	C10	1250	0.5	13.4	856.1
1L-0.25G1	1	HM294*200*8*12	2591	3.6	151.5	151.5
1L-0.25G2	1	HM294*200*8*12	2591	3.6	151.7	151.7
1L-0.34B1	2	HW200*200*8*12	2360	2.9	118.7	237.5
1L-0.34B2	1	HM294*200*8*12	5060	7.8	310.5	310.5
1L-0.34B3	1	HM294*200*8*12	5060	7.9	313.7	313.7
1L-0.34B4	1	HM294*200*8*12	5060	7.2	297.6	297.6
1L-0.34B5	1	HW200*200*8*12	960	1.2	48.1	48.1
1L-0.34B6	1	HW200*200*8*12	2910	3.5	146.5	146.5
1L-0.34B7	1	HW200*200*8*12	2910	3.6	148.6	148.6
1L-0.34B8	1	HW200*200*8*12	1060	1.3	53.1	53.1
1L-0.34B9	1	HW200*200*8*12	2910	3.6	148.6	148.6
1L-0.34G1	1	HN400*200*8*13	3990	7.4	292.1	292.1
1L-0.34G2	2	HN400*200*8*13	5540	9.8	394.5	789.0
1L-0.34G3	2	HN400*200*8*13	4040	7.5	295.5	590.9
1L-0.34G4	1	HN400*200*8*13	4450	7.7	310.8	310.8
1L-0.34G5	1	HN400*200*8*13	1840	3.4	127.7	255.5
1L-0.34G6	1	BH400*200*10*16	6040	11.8	538.3	538.3
1L-0.34G7	2	HN400*200*8*13	5640	10.0	401.1	802.2
1L-0.34G8	1	HN400*200*8*13	4040	7.6	299.9	299.9
1L-0.34G9	1	HN400*200*8*13	4040	7.6	299.9	299.9
1L-0.34G10	1	HN400*200*8*13	4040	7.1	282.0	282.0
1L-0.34G11	1	HN400*200*8*13	4040	7.6	298.8	298.8
1L-0.34G12	1	HN400*200*8*13	6340	11.5	459.6	459.6
1L-0.79DTL1	1	□200*5	1900	1.6	60.7	60.7
1L-0.85G1	1	HN400*200*8*13	1540	2.9	107.9	107.9
1L-0.85G2	1	HN400*200*8*13	1540	2.9	107.9	107.9
1L-0.85G3	1	HN400*200*8*13	670	1.4	50.7	50.7
1L-0.85G4	1	HN400*200*8*13	670	1.4	50.7	50.7
1L-1.2DTL1	4	□200*5	2200	1.8	69.9	279.5
1L-1.2DTL2	1	□200*5	1900	1.6	60.7	60.7
1L-1C1	1	PL16*400	6634	33.6	1898.9	1898.9
1L-1C2	1	PL16*400	6634	36.7	2164.8	2164.8
1L-1C3	1	PL16*400	6834	38.7	2211.4	2211.4
1L-1C4	1	PL16*400	6634	36.5	2016.5	2016.5
1L-1C5	1	PL16*400	6634	32.0	1837.5	1837.5
1L-1C6	1	PL16*400	6634	32.0	1836.7	1836.7
1L-1C7	1	PL16*400	6634	36.9	2166.2	2166.2
1L-1C8	1	PL16*400	6634	36.4	2092.4	2092.4

确认(O)

图 4.22　材料统计清单

通过 3D 建模的前三个阶段，我们可以清楚地看到钢结构深化设计的过程就是参数化建模的过程，输入的参数作为函数自变量（包括杆件的尺寸、材质、坐标点、螺栓、焊缝形式、成本等）及通过一系列函数计算而成的信息和模型一起被存储起来，形成模型数据库集，而第四阶段正是通过数据库集的输出形成的结果。可视化的模型和可结构化的参数数据库，构成了钢结构 BIM，我们可以通过变更参数的方式方便地修改杆件的属性，也可以通过输出一系列标准格式（如 IFC、XML、IGS、DSTV 等）与其他专业的 BIM 进行协同，更为重要的是，几乎成为钢结构制作企业的生产和管理数据源。这也正是钢结构 BIM 被钢结构制作厂家高度重视的原因。

4. 质量控制

深化设计是在原设计图的基础上为构件制作和安装提供直接的依据。在钢结构深化设计过程中，图纸的三级校对与审核非常重要，它是详图质量的保证。深化设计质量控制措施流程如图 4.23 所示。

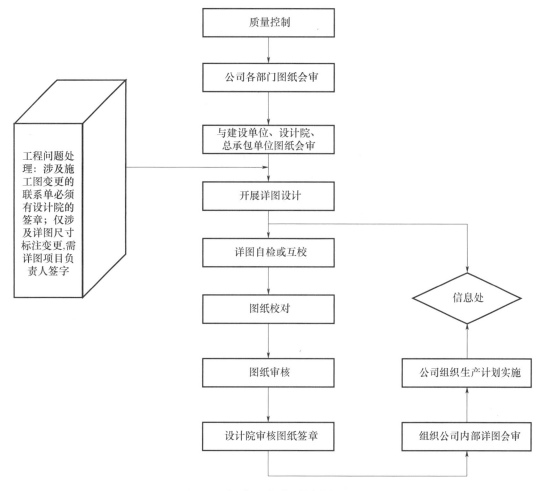

图 4.23 深化设计质量控制措施流程

质量控制措施包括：

（1）每批施工详图都需经过公司内部校对审核签字后送总包审核签章，以保证图纸的质量。

（2）在施工过程中凡发生涉及更改施工图的变更，需设计院的签字签章才可予以实施；如果仅涉及详图尺寸修改的施工详图变更，需详图项目负责人签字认可。针对该工程的特殊工艺及工艺需要进行对原设计的改动（如板长度拼接方法、形式；下段柱分体造成上部箱体的排板及焊接形式变化），需先行与设计院沟通并作施工计算，由公司总工程师审定签字，交设计院审核后方能实施。

（3）每张施工详图都须有版本号，以识别是否有修改或是第几次修改。

（4）每批施工详图归档的内容包括：设计院签章确认的施工详图；施工详图的电子文件；来往联系单文件及登记记录表。

（5）工程施工详图设计完成时，整理一套完整的电子文件，对照更改的联系单，将电子文件按照联系单的内容修改，并更改对应的图纸版本号。

（6）深化设计图是指导工厂加工、现场安装的最终技术文件，必须严格进行质量审核。深化图纸要充分表达设计意图，文字精练，图面清晰。避免一般性的错、漏，避免各专业间配合上的矛盾、脱节和重复。尽量采用通用设计和通用图纸，力求设计高质量、高效率、高水平。

质量保证措施包括：

（1）深化设计人员。深化设计人员需要有丰富的工作经验和扎实的深化设计知识，设计团队需要有资深的工程师为工程质量把关，为图纸深化设计的质量提供可靠的人力保证。

（2）深化设计三级审核制度。设计制图人员根据设计图纸、国家和部委的规范规程以及深化设计标准完成自己负责的设计制图工作后，要经过以下检查和审核过程：

①设计制图人自审。设计制图人将完成的图纸打印白图（一次审图单），把以下内容的检查结果用马克笔做标记：

a. 笔误、遗漏、尺寸、数量；

b. 施工的难易性（对连接和焊接施工可实施性的判断）；

c. 对于发现的不正确的内容，除在电子文件中修改图纸外，还要在一次审图单上用红笔修改，并做出标记；

d. 自审完成后将修改过的图纸重新打印白图（二次审图单），并将一次审图单和二次审图单一起提交审图人员。

②审图人员校核。审图人员的检查内容和方法同自审时基本相同，检查完成后将二次审图单交设计制图人员进行修改并打印底图，必要时要向制图人将错误处逐条指出，但对以下内容要进行进一步审核：

a. 深化设计制图是否遵照公司的深化设计有关标准；

b. 对特殊的构造处理审图；

c. 结构体系中各构件间的总体尺寸是否冲突。

③最终审核。审定时以深化设计图的底图和二次审图单为依据，对图纸的加工适用性和图纸的表达方法进行重点审核。

（3）信息反馈处理。

①简单的笔误。迅速修改错误，出新版图，并立即发放给生产和质量控制等相关部门，同时收回原版图纸。

②质量问题判断，即对设计理解错误或工艺上存在问题。重新认真研究设计图纸或重新分析深化设计涉及的制作工艺，及时得出正确的认识，迅速修改图纸，出新版图，并立即发放给生产和质控等相关部门，同时收回原版图纸。

③在构件制作或安装过程中，根据现场反馈的情况发现深化设计的质量问题，立即通知现场停止相关部分的施工，同时组织技术力量会同有关各方研究出处理措施和补救方案，在征得设计和项目管理公司同意后，及时实施，尽可能将损失减少到最小，并将整个过程如实向业主汇报。

（4）出错补救措施。根据本工程的情况，设立专人与设计院、业主保持不间断的联系，以减少深化设计的错误；在设计中发现深化图出错，立即对错误进行修改，在确认无误后再进行施工；如果深化设计发生错误，且工厂已经下料开始制作，在发现错误后，立即停止制作，并向设计院和业主报告，与设计人员共同商讨所出现错误的性质，如果所发生的错误对整体结构不造成安全影响，在设计院、业主认可、批准后继续施工；否则对已加工的构件实行报废处理。

5. 深化图纸审查重点

（1）图纸数量是否完整，重点检查封面、目录、设计说明、构件图、零件图，以及图纸日期、版本号和图名等。

（2）构件数量和零部件数量是否完整，不得漏零件或部件。

（3）检查材料清单的零部件编号、材质、质量是否正确，是否符合原设计施工图的要求，构件总重是否正确。

（4）图纸尺寸标注是否正确和清晰，不得漏标尺寸。

（5）焊缝标准是否完整。

（6）高强螺栓的型号和规格尺寸是否正确。

（7）模型变更后图纸是否相应变更。

（8）深化设计图格式、图面表达是否满足整洁、规范的要求。

6. BIM 技术在深化设计中的优势

（1）三维可视化、精确定位。

采用三维可视化的 BIM 技术可以使工程完工后的状貌在施工前就呈现出来，表达上直观清楚。模型均按真实尺度建模，可以将传统表达省略的部分（如管道保温层等）全部展现出来，从而将一些看上去没问题，而实际上却存在的深层次问题暴露出来。

（2）碰撞检测、合理布局。

利用 BIM 技术可以在管线综合平衡设计时，利用其碰撞检测的功能，将碰撞点尽早地反馈给设计人员，方便业主、顾问进行及时的协调沟通，在深化设计阶段尽量减少现场的管线碰撞和返工现象。这不仅能及时排除项目施工环节中可以遇到的碰撞冲突，显著减少由此产生的变更申请单，更可大大提高施工现场的生产效率，降低由于施工协调造成的成本增加和工期延误。

（3）设备参数复核计算。

运用 BIM 技术，当制作好机电系统的模型后，可以运用 BIM 软件自动完成复杂的计算工作。模型如有变化，计算结果也会关联更新，从而为设备参数的选型提供正确的依据。

7. 工具软件

1）计算分析软件

（1）PKPMCAD 系列设计软件（图 4.24）。

①PKPMCAD 软件中包含平面建模和砌体结构辅助设计软件 PMCAD、平面框、排架结构计算软件 PK、空间杆系结构计算软件 TAT、空间结构有限元计算软件 SATWE 和地基基础设计软件 JCCAD 等，每部分内容均辅以典型的工程应用实例。PKPM 在多层、高层建筑结构计算方面有成熟的应用。

②PMCAD 是整个结构 CAD 的核心，它建立的全楼结构模型是 PKPM 各二维、三维结构计算软件的前处理部分，也是梁、柱、剪力墙、楼板等施工图设计软件和基础

CAD 的必备接口软件。PKPMCAD 辅助设计软件具有设计成果可重复利用、设计效果直观生动、精度高等特点，能大大减轻设计人员的劳动强度。

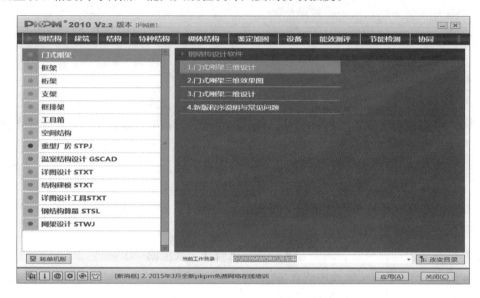

图 4.24　PKPMCAD 工作环境

（2）SAP2000 设计软件（图 4.25）。

SAP2000 是集成化的通用结构分析与设计软件。它是 SAP 产品系列中第一个以 Windows 视窗为操作平台的程序，拥有强大的可视界面和方便的人机交互功能。利用 SAP2000 软件，可以完成模型的创建和修改、计算结果的分析和执行、结构设计的检查和优化以及计算结果的图表显示和文本显示等。SAP2000 具有的分析功能有：①荷载工况及组合。②静力线性分析。③模态分析。④反应谱分析。⑤线性时程分析。⑥高级分析功能。

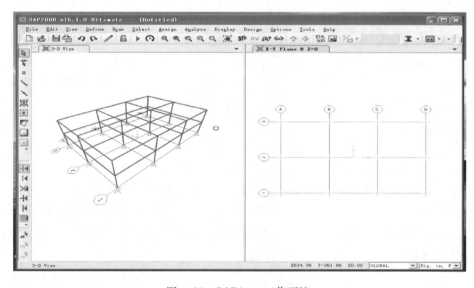

图 4.25　SAP2000 工作环境

2）深化详图设计软件

（1）Tekla Structures（Xsteel）建模技术（图4.26）。

图 4.26　Xsteel 软件

Tekla Structures 是第一个涵盖从概念设计到详图、制造、安装整个结构设计过程的结构 BIM 系统。运用 BIM 可以使得建筑更有持续性，可以最大限度节省材料、能源、运输，避免昂贵的返工、修改费用；可以直接从模型当中获取准确的材料清单、计划安排，以及提供给财务的物资管理系统；还可以和机械设备直接对接，整合设计到生产，通过不在现场的预施工可以减少现场的错误、精简过程，控制余料回收等。

20 世纪末，以 Xsteel 为代表的钢结构专用设计软件进入中国（图4.27、图4.28），其平台是自主开发的真三维体系，具有独一无二的优势（表4.2）。

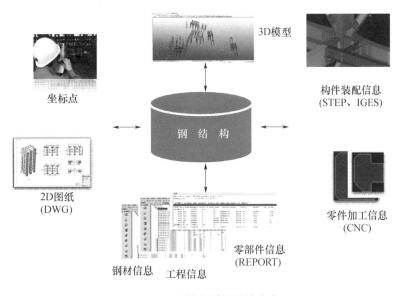

图 4.27　钢结构详图设计内容

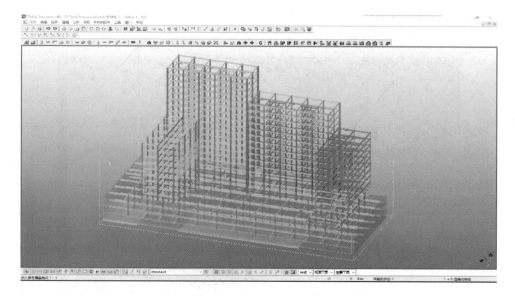

图 4.28　Xsteel 工作环境

表 4.2　Xsteel 的优势

序号	内　　容
1	Xsteel 设有适合中国标准的钢结构设计环境，所有的型材规格、节点形式均按钢结构设计规范要求设置，所以建模时选用的构件及截面规格严格按照原结构设计文件的要求，对于非标准的节点，也可以按要求进行自定义节点的设计
2	根据各种钢结构工程特点，该程序可以设定多用户环境，将其中的一台计算机用户设定为主服务器，整个建模工作可以通过局域网由多人分区分楼层进行
3	可以将模型直接转换成组装图及零件图
4	模型与图纸间保持三维相关性，即在平面图中还包含三维信息，可以在立面图上切割出剖面图；可以显示相邻部件信息等
5	整个深化设计使用程序来完成，钢结构模型经过多次校对审核，若不考虑工厂加工的误差，按深化图加工制作的所有构件理论上完全能达到准确无误地安装就位

（2）AutoCAD 深化设计软件。

AutoCAD 是现在较为流行、使用很广的计算机辅助设计和图形处理软件。在 CAD 绘图软件的平台上，根据多年从事建筑行业设计、施工经验自行开发了一系列详图设计辅助软件，能够自动拉伸各种截面进行结构的整体建模；对于构件设计能够自动标注尺寸、出具详细的材料表格；对于节点设计能够自动标注焊接形式、螺栓连接形式，统计出各零件尺寸及重量等。工程出图最终电子存储备案文件是以 CAD 图纸为主，采用灵活性能比较好的 CAD 绘图软件进行详图辅助设计（图 4.29、图 4.30）。

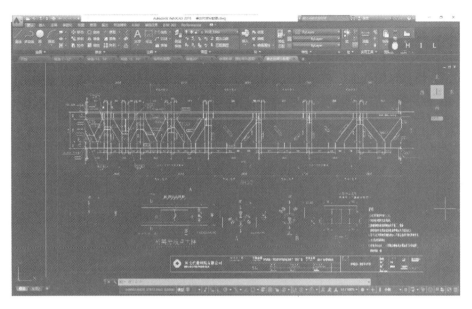

图 4.29　AutoCAD 工作环境

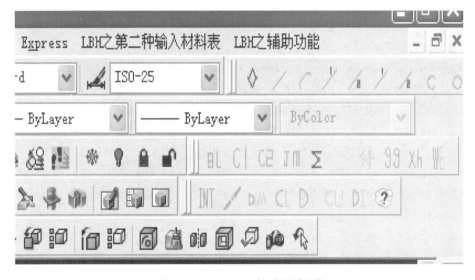

图 4.30　AutoCAD 辅助设计插件

4.1.2　工艺方案

1. 工艺方案的积累、材料排版和优化

基于 BIM 模型与信息技术软件结合形成数字化制造技术的生产流程。钢结构详图设计和制造软件中使用的信息是给予高精度、高协调、高一致的建筑信息模型的数字设计数据。这些数据完全能够在相关的建筑活动中共享。

BIM 技术的引入，加工车间可以把 BIM 模型输出各类数据格式信息（包括 CIS/2、CNC、DSTV 格式信息和 DXF、DGN、DWG 等图形文件），加工车间将这些数据信息和文件导入生产管理软件中，导入数控机床系统中，最后利用数控机床进行构件的切割、钻孔、焊接等，从而大大降低加工车间对构件详图的需求量，节省时间且将加工过程中的错误率降到最低。

基于套料排版类软件，可将不同格式文件输入套料排版软件，可自动整理构件的形状、尺寸以及特性信息，然后软件将输入的所有零件属性按照其不同的板材规格、不同的材质进行自动的套料分组，完成每组零件的自动套料任务。这就减少了人为区分板材规格（厚度）和材质进行分组的工作，实现了多种板材规格（厚度）、多种材质的零件同时批量地进行套料的功能，从而提高了自动化程度和工作效率。

在对构件进行套料排版后，软件将自动生成 Excel 格式的项目排版零件统计，输出的信息包括图形、面积、数量和切割距离等详细统计数据，自动生成每个原材料板的利用率和废料的百分比以及重量信息等。

2. 族库的建立

参数化设计是 BIM 技术的核心特征之一，利用 BIM 软件的参数化规则体系可以进行部品模型的创建，改变了传统的设计方法与设计理念。在项目初步设计前进行建筑方案分析时，将项目分解成单独、可变换的单元模块。根据工程的实际需要，有针对性地对不同功能的单元模块进行优化与组合，精确设计出各种用途的新组合。轻钢结构装配式建筑中的钢柱、钢梁、龙骨隔墙、门窗系统等，都是 BIM 模型的元素体现，这些元素本身都是小的系统。

Revit 软件是当前应用相对广泛的一款 BIM 建模软件。Revit 的建模方式是将建筑构件按照类型划分成最小单元的"族"，通过"组装"不同的"族"来创建三维建筑信息模型。"族"是 Revit 软件独特的理念，它包括构件的几何信息（尺寸、形状、面积等）和非几何信息（材质、材料供应商等），而 Revit 的"族"单元可以细化到梁、柱、板等建筑构件。可见，Revit 的"族"的理念为构建轻钢结构装配式建筑的部品信息模型提供了技术基础。首先利用 Revit 的"族"创建部品的几何模型，将轻钢结构装配式建筑全过程需要的信息录入部品模型中，接着利用不同的部品模型搭建轻钢结构装配式建筑的建筑模型。

按照住宅部品的标准化、模块化设计，利用 Revit 软件创建项目所需的族，建立完善的构件库，例如预制钢梁、钢楼板、钢柱、钢楼梯、龙骨隔墙等。Revit 中的族分为载入族、系统族和内建族。其中载入族又称为构件族，它包括结构框架梁、结构柱、门、窗等构件。构件族文件是独立的文件，可以独立编辑并可以在不同项目中重复使用。例如，依据钢梁的设计图纸进行钢梁族文件参数化创建，根据不同钢梁的尺寸信息，直接在已创建好的钢梁族文件的尺寸参数上修改，可以快速直接地生成新的钢梁族文件。根据预制钢柱尺寸的不同，对已经建好的预制钢柱族的尺寸进行修改，又会生成新的预制钢柱族。

3. 生产流程与生产工艺

生产流程与生产工艺如图 4.31 所示。

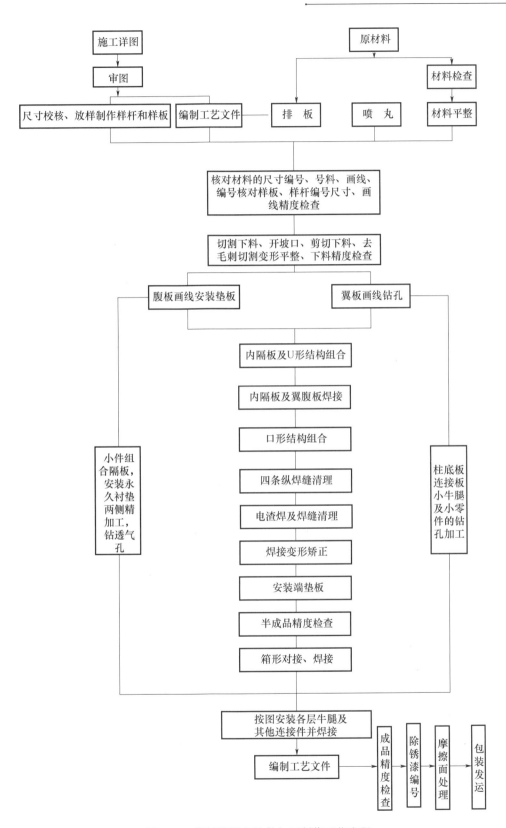

图 4.31 焊接箱形钢构件加工制作工艺流程

1）箱形柱生产加工工艺

箱形柱生产加工工艺见表4.3。

表4.3 箱形柱生产加工工艺

序号	项目	要求	图示
1	零件下料、拼板	1. 钢板下料前用矫正机进行矫平，防止钢板不平而影响切割质量。 2. 零件下料采用数控精密切割，对接坡口加工采用半制动精密切割。 3. 腹板两长边采用刨边。 4. 拼接焊缝采用砂带打磨机铲平	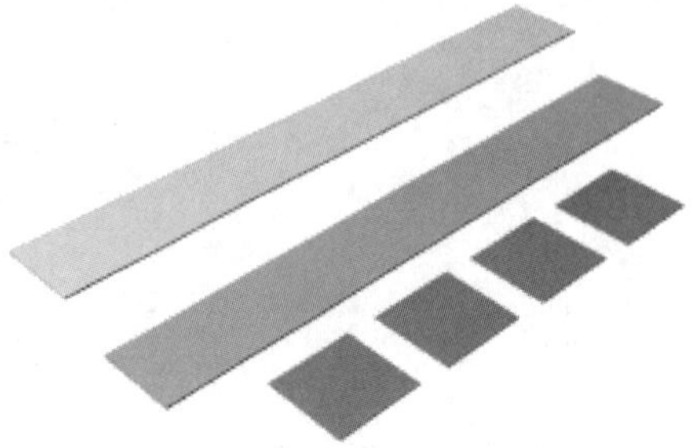
2	横隔板、工艺隔板的组装	1. 横隔板、工艺隔板组装前在四周进行铣边加工，以作为箱形构件的内胎定位基线。 2. 在箱形构件组装机上按T形盖板部件上的结构定位线组装横隔板	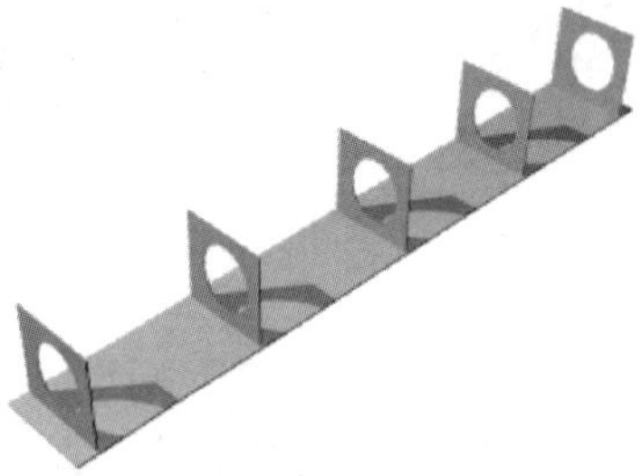
3	腹板部件组装、横隔板焊接	1. 组装两侧T形腹板部件，与横隔板、工艺隔板顶紧定位组装。 2. 采用CO_2气体保护半自动焊焊接横隔板三面焊缝	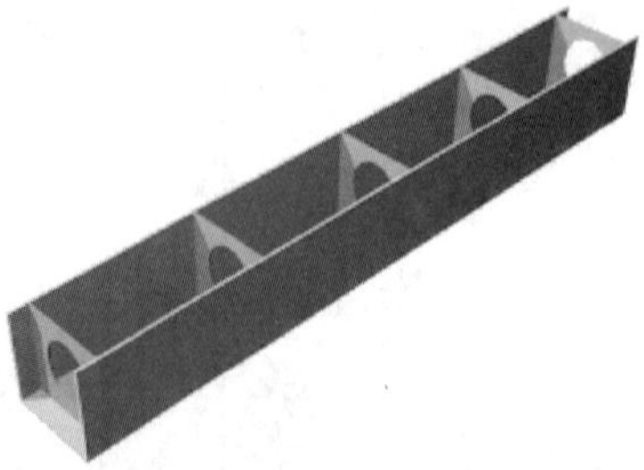
4	上侧盖板部件组装	组装上侧盖板部件前，要经监理对其内部封闭的隐蔽工程检验认可，并对部件底漆损坏处进行修补涂装	
5	焊接、矫正	焊接前根据板厚情况，按工艺要求采用电加热板进行预热，先用CO_2气体保护半自动焊焊接箱内侧角焊缝，再在箱形构件生产线上的龙门式埋弧自动焊机上依次对称焊接外侧4条棱角焊缝，焊后对焊缝进行修磨并进行焊缝的无损检测，矫正后提交检查	

续表

序号	项目	要求	图示
6	构件端面铣削加工	1. 铣削前应先对柱（梁）校正合格后画中心线、铣削线、测量线，并打上冲子。 2. 铣削余量留 3~4mm	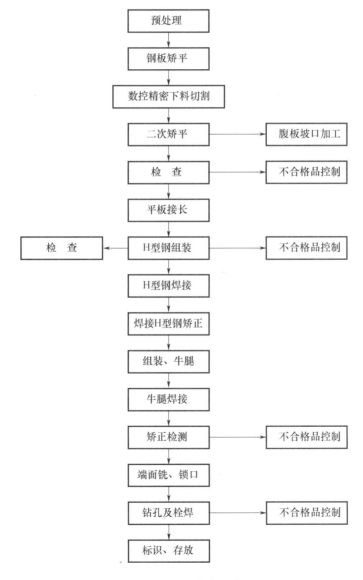

2）焊接 H 型钢加工制作工艺

焊接 H 型钢加工制作工艺如图 4.32 所示。

```
        预处理
          │
        钢板矫平
          │
      数控精密下料切割
          │
        二次矫平 ──────→ 腹板坡口加工
          │
        检 查 ──────────→ 不合格品控制
          │
        平板接长
          │
  检 查 ←── H型钢组装 ──→ 不合格品控制
          │
        H型钢焊接
          │
      焊接H型钢矫正
          │
       组装、牛腿
          │
        牛腿焊接
          │
        矫正检测 ──────→ 不合格品控制
          │
       端面铣、锁口
          │
        钻孔及栓焊 ─────→ 不合格品控制
          │
        标识、存放
```

图 4.32 焊接 H 型钢构件制作工艺流程

3）工程焊接 H 型钢制作工艺细则

钢板矫平机

1.钢板矫平

（1）钢板加工前需要对其进行矫平。
（2）钢板矫平主要在矫平机上完成。
（3）矫平加工不仅能够消除钢板轧制应力，还能够增强表面的致密性

对接焊缝错开

2.放样/排板

（1）根据现行国家规范，钢梁翼腹板拼接焊缝应错开200mm以上，同时拼接焊缝不应在钢梁的1/3处。
（2）钢梁的拼接焊缝应离钢梁劲板200mm以上。
（3）放样时应根据零件加工/焊接预放一定的收缩余量

（1）工程焊接H型钢均为直条式，下料采用NC直条切割机。
（2）下料时需要考虑工艺切割余量

3.钢板下料

NC数控直条切割机

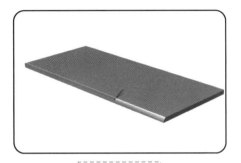

半自动坡口

4.坡口制作

(1) 腹板坡口采取半自动或自动切割。
(2) 坡口制作后进行边缘的打磨平整

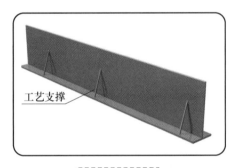

工艺支撑

T型组立

5.T型钢组立

(1) 组立前操作人员必须熟悉图纸，并复核要组立钢板的型号和规格是否正确。
(2) 组立在自动组立机上进行，为确保组立的准确，组立时每隔3m设置一道临时支撑

(1) 工程焊接H型钢梁最大截面H800mm×400mm×12mm×28mm，组立全部在自动组立机上完成。
(2) H型钢组立后立即进行定位固定焊

6.H型钢组立

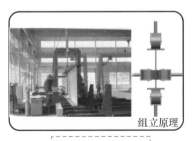

组立原理

H型钢自动机上组立

H型钢埋弧自动焊

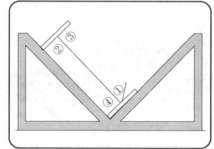

焊接顺序（对角焊）

(1) H型钢焊接全部采用CO_2气体保护焊打底1~2道，埋弧自动焊填充和盖面。
(2) 焊接顺序采取对角焊的方法施焊①—②—③—④。
(3) 焊接从中间向两边或一端向另一端，要求对称同时施焊

7.H型钢梁焊接

(1) 钢梁翼板焊接变形矫正采用矫平机直接矫正。
(2)矫正应分多次进行，每次矫平量不得大于3mm

矫正原理

焊接H型钢矫正

8.H型钢矫正

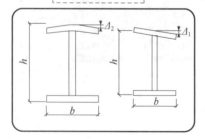

(1) 翼缘垂直度Δ_1、Δ_2分别≤1.5、≤1.5b/100。
(2)其他连接处Δ≤3.0。

H型钢螺栓孔加工

螺栓孔成型

(1) 钢梁最大截面高度为800mm,端部螺栓孔可在三维数控钻床上直接加工。
(2) 连接板在平面数控平面钻床上加工。
(3) 工程连接板与对应的钢梁将全部采取单配形式流转、发运和安装

9.钢梁端部螺栓孔加工

(1) 梁两端锁口采取数控锁口机自动切割。
(2) 锁口要求圆顺光滑。
(3) 若采取半自动切割锁口,锁口后切割处要求光顺

10.锁口制作

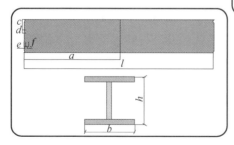

数控自动锁口机

(1) 检测钢梁的截面高度h和宽度b以及整体长度l。
(2) 检测螺栓孔位置尺寸是否符合加工要求

11.钢梁检测

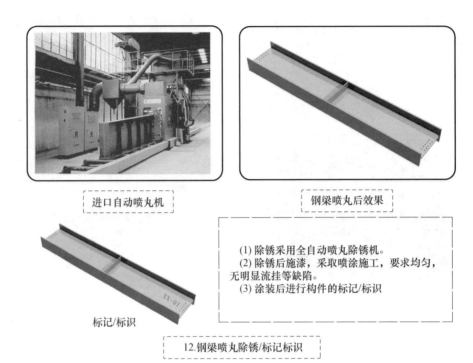

进口自动喷丸机

钢梁喷丸后效果

(1) 除锈采用全自动喷丸除锈机。
(2) 除锈后施漆，采取喷涂施工，要求均匀，无明显流挂等缺陷。
(3) 涂装后进行构件的标记/标识

标记/标识

12.钢梁喷丸除锈/标记标识

4.1.3　技术交底

技术交底是使施工人员对工程特点、技术质量要求、施工方法与措施和安全等方面有较为详细了解的必要措施，以便于科学地组织施工，安全文明生产。

1. 传统技术交底的缺陷

传统的项目管理中的技术交底通常以文字描述为主，施工管理人员以口头讲授的方式对工人进行交底。这样的交底方式存在较大弊端，不同的管理人员对同一道工序有着不同的理解，口头传授的方式也五花八门，工人在理解时存在较大困难，尤其对于一些抽象的术语，工人更是摸不着头脑，交流过程中容易出现理解错误的情况。工人一旦理解错误，就存在较大的质量和安全隐患，对钢结构构件的加工制作极为不利。而采用BIM技术，对关键部位及复杂工艺工序等均进行BIM建模，然后对模型进行反复模拟，找出最优方案，最后利用三维可视化实时模拟对工人进行技术交底。在钢结构工程中，业主对构件质量要求较高，因此，采用BIM技术对钢结构工程进行建模，每一钢构件所具备的元素都可以实现可视化，满足业主的质量要求。

2. 基于BIM的复杂节点的技术交底

应用BIM技术，在车间加工前的技术交底会上可以实现三维技术交底。即使用3D模型对复杂构件进行构件展示，尤其是对于箱形构件、复杂构件以及特殊节点（其构件由多个细小零件组成或根据平面图纸无法展示构件的全部信息的节点），进行单个构件的立体展示以及其各零件间的组装过程，将构件组装方式立体地展示给车间加工技术工人，将减少构件焊接错误率，同时也使车间加工技术工人与办公室人员的信息传递达到快速、准确。也可以依据信息模型确定所焊接零件的实际安装位置和构件的主要性能加深对图纸深化了解，最终提高合格构件的标准率，满足各单位对构件细致化加工的要求。

通过 BIM 技术对复杂节点进行加工工序优化、模拟并指导现场加工生产，具有重要的意义。模型优化完成后，组织各工段长和生产班组工人召开交底会议，通过可视化模拟演示对工人进行技术交底。通过这样的方式交底，形象、直观、具体化，工人会更容易理解，交底的内容也会进行得更为彻底，关键技术更容易掌控，既保证构件质量，又能避免因构件加工过程中容易出现问题而导致返工和窝工等情况的发生。

3. 基于 BIM 技术交底的目的

（1）通过三维模型能真实再现构件加工过程，将每个加工细节都展现出来，传递给构件生产人员，提高构件生产人员的工作效率，使构件加工变得更加简单。

（2）如果是建筑物在施工时出现了问题，会造成很大的损失，而采用构件三维模型就可以避免构件加工错误，一旦出现问题也可以及时解决。如果是建筑物建成后出现问题，也可以根据模型定位技术找到事故的位置并及时解决。

（3）能保证构件加工质量。有了构件三维模型的帮助，能确保构件加工计划有序地执行，也可以避免一些危险事故发生，保证构件生产的安全性。如果出现问题，可以及时进行修改和调整。

4. 基于 BIM 技术交底的前景

按分部分项的原则，把单个项目或单个部件的二维图利用现有的平台转换成三维实体模型，用直观的三维实体模型向工人进行交底，工人一目了然。

随着社会文明的不断进步，建筑行业已开始向低能耗、低污染、高质量、高品位的方向发展。传统的设计方法、施工工艺、技术方案、项目管理模式已严重不适应建筑行业发展的需要。BIM 技术的不断创新和广泛应用为建筑行业的发展奠定了坚实的基础，开创了一个崭新的平台，尤其是在钢结构行业。因此，现阶段用 BIM 进行技术交底，是建筑行业应用 BIM 技术的最佳突破口。BIM 在钢构件生产加工领域应用得越来越多，纵观 BIM 的发展，未来其发展趋势必将越来越好，会为构件生产带来方便与快捷。

4.1.4 构件加工

在构件生产过程中，BIM 技术可以提供技术支持。通过深化阶段得到的构件生产详图可用于指导构件生产，其三维数据信息可以录入生产设备中，实现自动化生成，并为构件质量提供保障。将 RFID 和二维码技术应用于构件中，并通过手持读写器将构件的位置、材料、生产时间、属性等信息录入建筑信息模型中，实现对构件的管理。BIM 技术还可对构件的生产进行控制，提前编写好构件的生产计划、运输计划、材料购进计划等，保证构件有序生产，并控制库存量。

1. 材料工程量统计利用

根据 BIM 中的材料信息，可以计算所需的各类部品及零构件的数量。可以将 Revit 的明细表导入 Excel 软件中，整理构件的形状、尺寸及特性信息。然后利用 Excel 软件将输入的所有零件属性按照其不同的建筑部品规格、不同的材质进行分组统计，这就减少了人为区分建筑部品规格（厚度、种类等）和材质进行分组的工作，实现了多种板材规格、多种材质的零件同时批量统计。Excel 表输出的信息包括图形、面积、数量和切割距离等详细统计数据，自动生成每个原材料板的利用率和废料的百分比以及重量信息等。

2. 三维模型指导加工

基于 BIM 软件可以快速调取构件模型的三维视图以及相应的参数尺寸，可以用于指导相关构件的加工生产。也可形成钢构件加工图与施工详图，保证钢构件满足加工与施工安装的要求，保证能够严格按照钢结构结构图进行安装。钢结构的加工图与安装详图将直接影响构件的生产加工、现场拼装，进而影响施工的质量与成本造价。

深化设计阶段钢结构模型可以准确地表达轻钢结构支撑体系中大量的构件链接节点，相关的钢构件加工厂可以免去人工进行节点绘制与统计的工作，提高钢构件加工精度与效率，大大减少人为错误发生的概率。只要保证钢结构模型建模过程的正确性，就能保证由其生成的构件详图的准确性，减少现场安装的错误，降低项目的成本费用。

3. 构件详细信息查询

Revit 软件对项目图纸实行分类，其中包括材料报表、构件生产加工图、施工装配图和后续施工等相关详图。同时 Revit 软件能够输出 .nwc 格式文件，此文件包含钢构件的外观尺寸、几何数据和材料特性等数据信息，把导出的 .nwc 文件导入 Navisworks 时能够实现施工过程的模拟，预先进行对施工方案的验证。通过利用 BIM 技术对钢结构节点进行深化，可以节省原材料，并且钢结构定位快捷准确，安装方便，有效提升安装拼接的工作效率从而降低项目实施成本。基于 BIM 的材料管理，通过建立材料 BIM 模型数据，使项目各参与方都可以进行数据的查询和分析，为项目部材料管理和决策提供数据支撑。当装配式钢结构建筑出现工程变更的时候，基于 BIM 技术可以进行动态维护，将变更的材料数量及时准确地统计出来，便于相关部品材料的采购与加工生产。在部品出厂阶段将 BIM 技术与 RFID 技术结合应用，可以保证建筑部品的质量与信息传递的完整性。基于 BIM 模型通过相关设备选择生成相应的部品构件或构件组二维码信息，在部品运输阶段与施工阶段可以通过构件上的二维码获取相应的部品模型信息，有利于构件的信息查询。

4.1.5　构件预拼装

目前我国大多数装配式钢结构工程中，加工车间普遍采用钢卷尺、直角尺、拉线、吊线、放样检验模板等传统手段来检验钢构件是否符合设计要求。对于复杂的钢构件除了前面介绍的一些方法还要进行实物预拼装，再次检验构件每个接口之间的配合情况以判断是否满足设计要求。而如今的钢结构造型已经变得十分复杂，如高层建筑的避难层桁架构件、雨篷网壳结构和顶冠造型；又如各种场馆的空间大跨度立体桁架构件和巨型的高架桥梁等，给钢构件的检验增添了许多难度。采用现有的检测手段不但需要大片的预拼装场地，检测过程烦琐，测量时间长，检测费用高，而且检测精度低，已经无法满足现在钢结构加工制造技术的需要。

现在，一种计算机模拟实物构件进行检验和预拼装的方法正在悄然兴起，在一些重大项目中得到应用，起到了意想不到的效果。这种方法的基本思路是：采用钢结构 BIM

（以下简称"理论模型"），选择合适的测量位置，并予以编号形成单一构件的测量图用于实物测量（如采用全站仪进行测量），然后将构件实测数据输入三维设计软件形成实测的三维模型（以下简称"实测模型"），与原始理论模型进行比对，检验构件是否满足设计的要求。然后将合格的构件实测模型导入整体模型中进行构件之间各接口的匹配分析，起到构件实物预拼装的效果，保证最终构件完全符合现场安装的要求，确保现场施工顺利进行。此类方法可以获取实物构件的三维数据信息，不但能够用于检验单个构件，而且能够模拟复杂构件安装后的真实情况，既方便实物构件数据信息的存储，还可以提供给现场作为真实安装的参考依据。

4.1.6　数字化加工

在信息技术和自动化程度日益发展的今天，传统的手工加工技术和人为生产组织已日显疲态，取而代之的是数字化加工技术和数字化生产管理。

1. BIM 产生的数据信息

BIM 技术的引入，使钢结构构件加工工艺流程变得简单，BIM 输出的各类信息除了能快速生成加工清单、工艺路径设定等进行有效组织生产外，在异形板材自动套料、数控切割及自动化焊接、油漆喷涂等加工工序中的作用尤为显著。以下是通过 BIM 产生的各类数据格式的文件信息。

①CNC：机床 G 代码使用格式；

②DSTV：数控加工设备使用的中性文件；

③SDNF：基于文件的钢结构软件数据交换格式；

④CIS/2：基于数据库技术的钢结构软件数据交换格式；

⑤IFC：建筑产品数据表达与交换的国际标准，是建筑工程软件交换和共享信息基础；

⑥XML：为互联网的数据交换而设计的数据交换格式，在因特网发布模型以供查看；

⑦IGES 和 STEP：产品模型数据交换标准，适用于制造业几何图形的数据形式。

这些信息在自动化生产中起到极大作用。

2. BIM 数据和生产组织管理

在传统钢结构加工过程中，绝大部分企业通过手工管理图纸、清单、工艺卡片和工作指令来组织构件和零件的加工，但在整个组织管理中，往往对车间各工位、各设备的实时加工情况很难获取准确的信息，以至于经常处于被动的计划调整过程中。为此，建立一个适用于钢结构加工的数字化生产管理平台显得尤为重要。

数字化生产管理系统的建立将打破原有层层下达指令、层层反馈进度的组织模式，通过扁平化、一体化的生产协同信息平台（包含模板化的工艺流程、初始化的设备属性、人员情况等），有序地将加工指令信息直接下达到工位，并在工位完成加工工序后，及时将信息反馈到平台。

这一数字化系统源于由 BIM 输出的初始数据信息。

1）初始数据形成

深化设计 BIM 可输出以 Godata_assy3.rpt 为报表模版的 XSR 格式的清单文件、NC 文件（DSTV 格式）的数控数据文件或 dwg 图纸文件等（图 4.33）。

```
报告
Tekla Structures - GO DATA assembly file, v 2.0 ,
godata_link        ,11/09/2011,23:42:59

{ASSEMBLY:assembly mark,database id,main part mark,name,phase,lot number}

{PART:part mark,database id,prelim mark,name,   profile,grade,   finish.      length,    net weight,
ASSEMBLY:ZC-1  ,993740   ,208        ,ZC       ,                                                      
    PART:208   ,993735   ,0          ,ZC       ,PIP180*10  ,Q235B ,0      ,11294      ,470
    PART:207   ,993835   ,0          ,ZC       ,PIP180*10  ,Q235B ,0      ,5513       ,229
    PART:206   ,993982   ,0          ,ZC       ,PIP180*10  ,Q235B ,0      ,5513       ,229
    PART:166   ,993943   ,0          ,PLATE    ,PL6*144    ,Q235B ,0      ,143        ,1
    PART:165   ,993911   ,0          ,PLATE    ,PL6*145    ,Q235B ,0      ,145        ,1
    PART:99    ,993968   ,0          ,PLATE    ,PL16*461   ,Q235B ,0      ,785        ,32
ASSEMBLY:YC-12 ,1236301  ,319        ,YC       ,                                                      
    PART:319   ,1236296  ,0          ,YC       ,L70*6      ,Q235B ,0      ,1006       ,6
```

图 4.33　BIM 输出的 godata_assy3 清单文件

生产管理系统提供标准的数据接口，方便地将上述 XSR 文件清单导入系统中，形成初步的系统加工清单，包括图纸、构件清单和零件清单等，为后续工作做好准备（图 4.34、图 4.35）。

图 4.34　系统接口

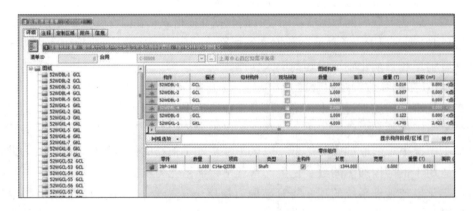

图 4.35　系统加工清单

2）工艺流程规划和选定

工艺流程规划是组织生产的基础，由熟悉工艺和设备的人员事先根据实际工艺流程和设备布置，在系统中编制和设定好各种结构形式的工艺流程以及每个流程的参数配置和优先设备指定，如直线切割流程、轮廓切割流程、制孔流程、组立流程和装配流程等，为工艺路径的选定做好准备（图 4.36、图 4.37）。

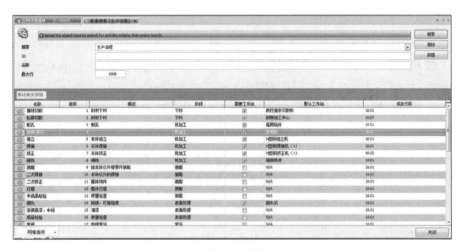

图 4.36 各种结构形式的工艺流程列表

图 4.37 轮廓切割的工艺流程参数设定

3）生产指令的发布

当一切生产数据准备完毕，生产指挥人员将在系统内进行生产指令的发布，系统将零件清单与生产流程进行自动匹配，规范该部分的零件将在哪些工位和设备进行哪些工序加工。

系统同时结合车间工位或设备的负载反馈信息，快速将指令下发到系统指定的各工位和设备边的终端计算机，各工位根据获得的加工信息，及时进行加工（图 4.38）。当然，在这之前，仓库人员已经根据生产计划获得了材料准备信息。

图 4.38 生产指令发布

4) 车间控制台和信息反馈

在每一个生产流程指定的工位或设备边，都建立了计算机控制台，一旦生产指令流转到该工位和设备上，计算机将及时得到待加工的指令，生产人员在计算机上选中该构件（或零件），按下【开始】状态或【停止】按钮，系统便能及时记录下该构件的过程状态。这使得生产管理人员能够及时了解整体生产状况，并根据实际情况，及时进行调整（图 4.39、图 4.40）。

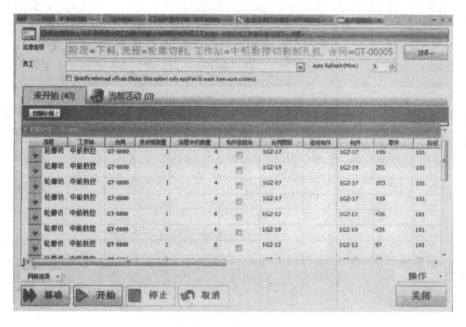

图 4.39 车间控制台

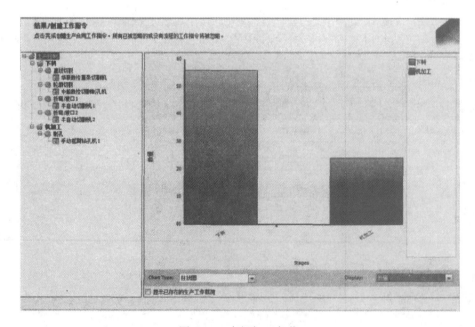

图 4.40 车间加工负载

以上描述了钢结构数字化生产管理的关键步骤，通过 BIM 数据的有效再利用，确保生产组织管理的有效、有序展开。

但是，如果将 BIM 输出的零部件信息进行专业的数字化处理，形成与数控设备可通信的 CAM 信息，并完成自动化零部件加工的过程，可减少因人工干预而形成的效率降低和误差增多，并将对降低人工成本、提高产品质量起到根本性作用。

3. 零部件加工自动化

1）数控信息的形成过程

钢结构零部件加工是整个加工过程的开始，包括型钢和板材的切割、钻孔、坡口切割等工序，通常称为前道工序。以往，设备操作人员需要在数控设备上完成指令输入，才能启动设备进行切割。有些通过设备制造商自带的套料软件，输出该设备特有的 CAM 数据，通过 U 盘或网络传递给设备接口进行加工。

在 BIM 出现前，套料人员非常困惑的是对零件信息（尤其是异形板材信息）的准备，他们需要从 20 张图纸中将零件一个一个截取出来，复制到套料系统中，再根据工艺要求进行加工余量处理和手工排版等工作，直至生成设备能够识别的 CAM 数据。

BIM 的出现能够方便地输出 NC 数控数据文件（使用 DSTV 格式创建），数据文件包含了所有关于这个零件的长度、开孔位置、斜度、开槽和切割等的坐标信息，以便设备能够识别。以下是从 BIM 中输出一个型钢 NC 数据的案例（图 4.41、图 4.42），一些数控设备可以方便地读取这个 NC（DSTV 格式）原始文件，对型钢进行冲孔、钻孔和切割。

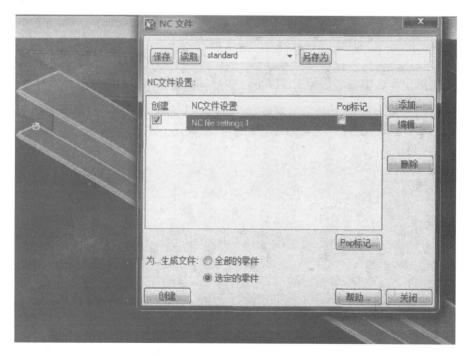

图 4.41　从 BIM 中输出数控数据

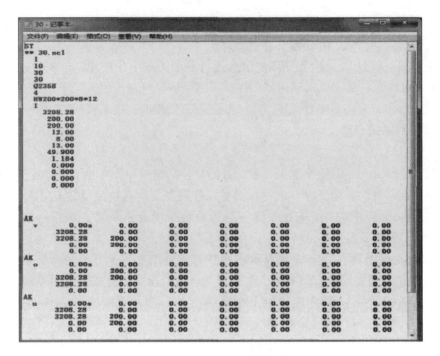

图 4.42　数控加工数据预览

2）异形板材自动套料和数控加工

对于异形板材的切割、钻孔等加工需要另外加入一个套料的动作，以便提高板材的利用率。目前一些自动套料排版软件，可将 BIM 输出的 NC 文件夹中的多个 NC 文件进行批量转入，为前期数据输入节省大量的时间，并保证所有输入数据的准确性（图 4.43）。同时，在获取 NC 文件的零件信息后，将输入的所有零件按钢板厚度不同、材质不同自动进行套料分类，完成每组零件的套料任务，大大减少了人为进行钢板厚度和材质分组的工作，实现了多种钢板厚度、多种材质的零件同时批量进行套料的功能。

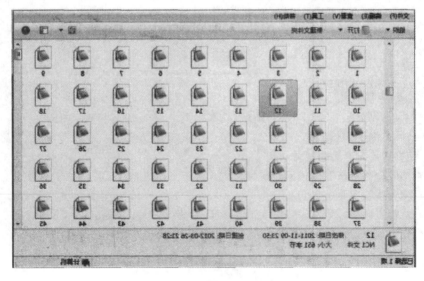

图 4.43　NC 数据文件夹

当所有零件作业文件完成之后，只需简单按下套料系统中【自动套料】按钮，完成对所有零件的套料（图4.44）。

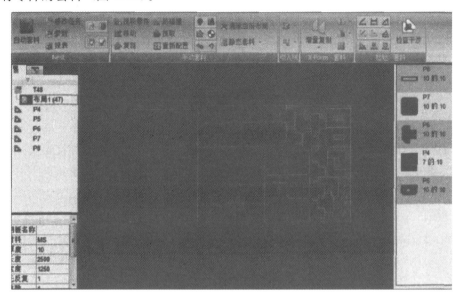

图4.44 自动套料结果

对于一些设备来说，制造商有他们自己的转译程序，需要把上述套料结果文件经过特定的程序进行翻译处理，转换成设备特定的CAM格式后，才能完成这个加工动作。为此，可以在自动套料系统平台上开发一些后置转译程序，集成这些数控设备的指令程序，即可方便地输出套料结果的数控CAM指令，继而驱动数控设备完成对异形板零件的切割和钻孔等（图4.45）。

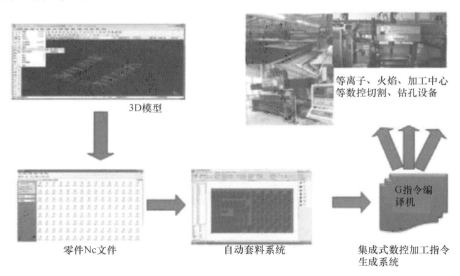

图4.45 异形板材数控加工流程

4. 钢结构机器人焊接的趋势

机器人技术是综合了计算机、控制论、机构学、信息和传感技术、人工智能、仿生学等多学科而形成的高新技术。钢结构焊接轨迹单件多样性的特点，使示教再现型机器人已不能满足需求，取而代之的是离线编程与路径规划技术以及系统仿真技术可作为主要解决方案。机器人在研制、设计和试验过程中，经常需要对其进行运动学、动力学性能分析以及轨迹规划设计，而机器人又是多自由度、多连杆空间机构，其运动学和动力学问题十分复杂，计算难度很大。因此，通过 IGES 和 STEP 等格式，可方便地将钢结构 BIM 与机器人三维仿真系统连接起来，结合机器人焊接工艺数据库等，完成焊接机器人的"前端数字化"——离线编程系统，最终解决钢结构机器人焊接的问题。

4.2 围护系统生产

4.2.1 深化设计

深化设计流程：加气混凝土外墙板拼装单元体属于定制产品，施工前应进行深化设计，其主要目的是按照设计要求，结合施工图与精装图绘制出外墙板排板图（以下简称"排板图"），以便指导加气混凝土外墙板生产制作及施工安装（图 4.46）。

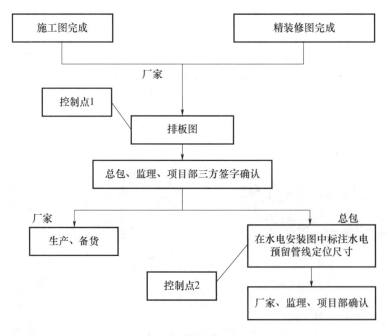

图 4.46　深化设计流程

排板图需在主体结构出±0.000 之前完成。

排板图由厂家绘制，并经总包、监理及项目部三方签字确认。

排板图应包括平面布置图及立面图。图中应标明墙板编号、类别、规格尺寸。

排板原则：对无门（窗）洞口的墙体，应从墙体一端开始沿墙长方向排板；对于有门（窗）洞口的墙体，应从门（窗）洞口开始分别向两边排板。当墙体端部的墙板不足一块板宽时，应设计补板，补板宽度不应小于 200mm。墙体长度超过 6m 时或墙体高度大于标准板的长度时，需进行防止墙体开裂及保证稳定性的专项设计。

控制点 1：加气混凝土外墙板排板图应在主体结构出±0 之前完成。

控制点 2：总包在水电安装图中标注水电预留管线定位尺寸并照图施工。

预制构件的深化设计阶段是工业化建筑生产中非常重要的环节。由于预制混凝土构件是在工厂生产、运输到现场进行安装，构件设计和生产的精确度就决定了其现场安装的准确度，所以要进行预制构件设计的"深化"工作，其目的是保证每个构件到现场都能准确地安装，不发生错漏碰缺。但是，一栋普通工业化建筑往往存在数千个预制构件，要保证每个预制构件到现场拼装不发生问题，靠人工进行校对和筛查显然是不可能的。但 BIM 技术可以很好地担负起这个责任，利用 BIM 可以把可能发生在现场的冲突与碰撞在模型中进行事先消除。深化设计人员通过使用 BIM 软件对建筑模型进行碰撞检测，不仅可以发现构件之间是否存在干涉和碰撞，还可以检测构件的预埋钢筋之间是否存在冲突和碰撞，根据碰撞检测的结果，可以调整和修改构件的设计并完成深化设计图纸。

由于工业建筑工程预测构件数量多，建筑构件深化设计的出图量大，采用传统方法手工出图工作量相当大，而且若发生错误修改图纸也不可避免。采用 BIM 技术建立的信息模型深化设计完成之后，可以借助软件进行智能出图和自动更新，对图纸的模板做相应定制后就能自动生成需要的深化设计图纸，整个出图过程无须人工干预，而且有别于传统 CAD 创建的数据孤立的二维图纸，一旦模型数据发生修改，与其关联的所有图纸都将自动更新。图纸能精确表达构件相关钢筋的构造布置，各种钢筋弯曲的做法、钢筋的用量等可直接用于预制构件的生产。例如，一栋三层的住宅楼工程，建筑面积为 1000m²，从模型建好到全部深化图纸出图完成只需 8 天时间，通过 BIM 技术的深化设计减少了深化设计的工作量，避免了人工出图可能出现的错误，大大提高了出图效率。

上海某工程采用预制装配式框架结构体系，建筑面积为 1000m²，建筑高度为 14.1m，地上 3 层（即实际建筑的首层、标准层和顶层部分），梁柱节点现浇，楼板为预制现浇叠合，其他构件工厂预制，预制率达到 70% 以上。该工程的建设采用 BIM 技术进行了深化设计。该住宅楼共有预制构件 371 个，其中外墙板 59 块，柱 78 根，主、次梁共计 142 根，楼板（预制现浇叠合板，含阳台板）86 块，预制楼梯 6 块，利用传统 Tekla Structures 中自带的参数化节点无法满足建筑的深化设计要求，所有构件独立配筋，人工修改的工作量很大。为提高工作效率，建设团队对 Tekla 进行二次开发，除一些现浇构件外，把标准的预制构件都做成参数化的形式（图 4.47）。通过参数化建模极大地提高了工作效率，典型的如外墙板，在不考虑相关预埋件的情况下配筋分两种情况，即标准平板配筋和开口配筋。其中，开口分为开口平板和开口 L 形板片两种。开口平板的窗口又有三种类型，女儿墙也有 L 形板片和标准板片两种。若干组合起来进行手动配筋相当繁琐，经过对比考虑将外墙板做成 3 种参数化构件，分别对应标准平板、开口墙板和女儿墙，这样就能满足所有墙板的配筋要求。经过实践统计，如果手动配筋，所有墙板修改完成最快也需要两个人一周的时间，而通过参数化的方式，建筑整体结构模型搭建起来只需一个人两天的时间，大大提高了深化设计的效率。

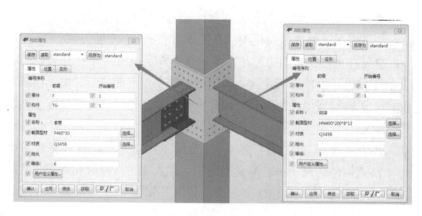

图 4.47　标准构件参数化界面

4.2.2　信息模型建立

预制构件信息模型的建立是后续预制构件模具设计、预制构件加工和运输模拟的基础，其准确性和精度直接影响最终产品的制造精度和安装精度。

在预制构件深化设计的基础上，可以借助 Solidworks 软件、Autodesk Revit 系列软件和 Tekla BIMsight 系列软件等建立每种类型的预制构件的 BIM 模型（图 4.48）。这些模型中包括钢筋、预埋件、装饰面、窗框位置等重要信息，用于后续模具的制作和构件的加工工序。该模型经过深化设计阶段的拼装和碰撞检查，能够保证其准确性和精度要求。

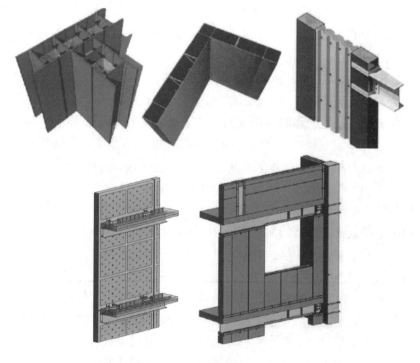

图 4.48　预制构件 BIM 模型

4.2.3 模具数字化设计

预制构件模具的精度是决定预制构件制造精度的重要因素，采用 BIM 技术的预制构件模具的数字化设计，是在建好的预制构件 BIM 的基础上进行外围模具的设计，最大程度地保证了预制构件模具的精度。此外，在建好的预制构件模具 BIM 的基础上，可以对模具各个零部件进行结构分析及强度校核，合理设计模具结构。

采用 BIM 技术的预制构件模具设计的另一大优势是可以在虚拟的环境中模拟预制构件模具的拆装顺序及其合理性，以便在设计阶段进行模具的优化，使模具的拆装最大限度地满足实际施工的需要。

4.2.4 数字化加工

预制构件的数字化加工基于上述建立的预制构件的信息模型。以预制凸窗板构件为例，由于该模型中包含了尺寸、窗框位置、预埋件位置及钢筋等信息，通过视图转化可以导出该构件的三视图，类似传统的平面 CAD 图纸，但由于三维模型的存在，使得该图纸的可视化程度大大提高，工人按图加工的难度降低，这可大大减少因图纸理解有误造成的构件加工偏差。

此外，还可以根据预制构件信息模型来确定混凝土浇捣方式。仍以预制凸窗板构件为例，根据此构件的结构特征，墙板中间带窗，构件两侧带有凸台，构件边缘带有条纹，通过合理分析，此构件采用窗口向下、凸台向上的浇捣方式。

4.3 机电部品生产

钢结构装配式住宅机电设计及设备管线安装的关键：

（1）各专业协调统一，做好集成化设计，以装配式建筑思维进行机电设计工作。

（2）装配式住宅机电设计中选用标准化、模式化、简单化的材料设备，更符合装配式设计理念和要求。

（3）在设计中与其他专业一起生成 BIM 模型，精确定位材料设备管线的位置，并提供给预制构件厂，预制人员按照图纸根据统一的标准对各预制板、墙中的线、盒、箱、套管、洞等进行精确定位的预留预埋。

4.3.1 设备与管线设计

钢结构装配式项目应改变传统思维的机电设计，通过新的设计理念、组织管理方式、技术手段、设备管线形式等总结研究出新型装配式体系机电集成化、一体化、装配化的设计。

住宅室内机电管线应与结构主体分离，所有公共管线系统设在公共空间，选用集成化、标准化、装配化高的设备管线材料，同时设计时应该充分考虑专用部品的维修更换便利、独立和选用质量高、使用时间长的部品。

1. 散热器供暖管线布线技术

散热器供暖干管设于地面架空层内。各户型标准化设计并准确定位，散热器与配管连接、配管与主管网连接之间的接口应标准化（拆装便利，可多次使用）。

2. 低温热水地板辐射供暖布线技术

钢结构装配式住宅建筑宜采用干法施工的低温辐射采暖系统，地面辐射供暖系统的加热管不应安装在地板架空层下面，应安装在地板架空层上面，供暖干管设在架空层内。卫生间宜采用散热器采暖（图4.49、图4.50）。

图4.49　散热器供暖管线布线

图4.50　集成地暖地面系统

3. 新风换气系统布线技术

当设置共用排气道时纵向主通风道应设在套外公共区域，且厨房与卫生间应分别设置，共用排气道应采用能够防止各层回流的定型产品。套内横向通风管道宜敷设在吊顶内或架空地板内（图4.51）。

4. 给水管道布线技术

给水管线宜采用干式施工，干管和立管应敷设在吊顶、管井、管窿内，直管敷设在架空地板或吊顶内，每一个用水点给水均由单独一根管道独立敷设，区别于传统管道的干分支的给水方式，保证流量均衡。为减少地面敷设管线厚度，避免管线交叉，且宜将交叉点设于橱柜、洗涤柜等部品内部或者后面（图4.52）。

5. 排水管线采用同层排水技术

排水管线应采用同层排水技术，排水立管应设置在公共部品内，户内设有水平排水管，通过排水集水器集中接头后与排水立管连接，卫生器具共用排水立管距离不应大于5m。排水集水器设置在套内架空地板内，同时应设置方便检修的装置（图4.53）。

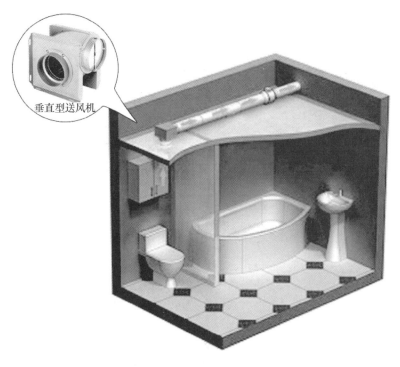

图 4.51　防倒流换气风机

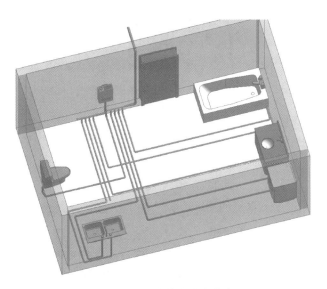

图 4.52　给水管线分离技术

6. 电气管线布线技术

电气管线多采用安装，分为两部分管线。第一部分管线即钢管保护管敷设在部分需要现浇的预制楼板内。对于预制墙体，线盒及保护套管在预制墙板制作时提前预埋在里面。第二部分管线宜敷设在架空地板内和墙面架空层内及吊顶内，尽量避免管线交叉。在机电各专业设计时，应深化综合排布所有管线，并与预制件的加工厂家一起深化完成电气管线 BIM（图 4.54）。

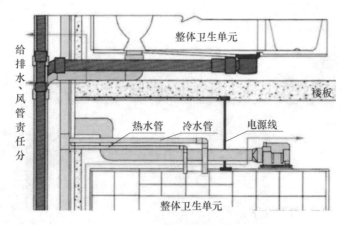

图 4.53　整体卫浴同层排水系统

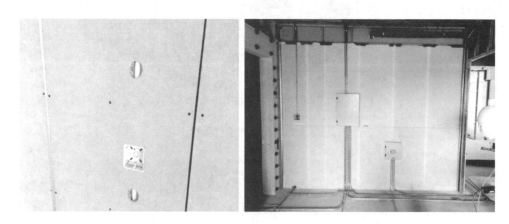

图 4.54　复合墙体集成管线

7. 机电 BIM 模块化技术

进行符合钢结构装配式项目的住宅户型模块化研究，将钢结构体系的特点与市场对户型产品的需求进行匹配，研发出标准化固定模块和变化模块，确定房间功能的模块后，进行与之对应的机电模块化设计。编制成 BIM 模块库，在后续项目中进行快速适配和参照，提升效率和设计质量及重复使用率，以产品的概念做装配式设计（图 4.55）。

图 4.55　机电 BIM 模块应用

4.3.2　机电预制化生产

1. 风管

在施工图深化阶段使用风管供应商提供的风管直段和风管构配件模型对施工图中的风管系统进行预制化拆分，完成整个风管系统的厂家构配件模型替换（图 4.56、图 4.57）。在拆分过程中应充分考虑误差，误差分为加工误差和安装误差两部分。通过风管深化施工图提供风管直段和构配件的工程量件单并进行管道编号，以便到场顺利安装。在风管供货协议中明确风管加工误差范围，保证风管深化施工图拆分结果与供货的一致性。在安装过程中不应存在累计误差，在出现误差后应及时调整，以减小风管系统整体的误差，不允许影响设备和其他构配件的定位和安装。

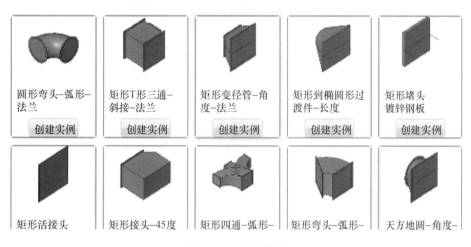

图 4.56　风管模块

图 4.57　风管模块成品

2. 管道

在施工图深化阶段使用管道供应商提供的管道直段和构配件模型对施工图中的管道

系统进行预制化拆分，完成整个管道系统的厂家构配件模型替换（图4.58、图4.59）。在拆分过程中应充分考虑误差，误差分为加工误差和安装误差两部分。通过管道深化施工图提供管道直段和构配件的工程量件单并进行管道编号，以便到场顺利安装。在管道供货协议中明确管道加工误差范围，保证管道深化施工图拆分结果与供货的一致性。在安装过程中不应存在累计误差，在出现误差后应及时调整，以减小管道系统整体的误差，不允许影响设备和其他构配件的定位和安装。

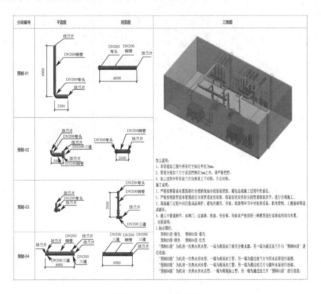

图4.58　管道模块

图4.59　管道预制加工

3. 桥架

在施工图深化阶段使用桥架供应商提供的桥架直段和构配件模型对施工图中的桥架

系统进行预制化拆分，完成整个桥架系统的厂家构配件模型替换（图4.60）。在拆分过程中应充分考虑误差，误差分为加工误差和安装误差两部分。通过桥架深化施工图提供桥架直段和构配件的工程量件单并进行桥架编号，以便到场顺利安装。在桥架供货协议中明确桥架加工误差范围，保证桥架深化施工图拆分结果与供货的一致性。在安装过程中不应存在累计误差，在出现误差后应及时调整，以减小桥架系统整体的误差，不允许影响设备和其他构配件的定位和安装。

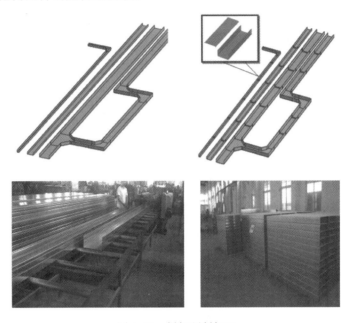

图4.60　桥架预制加工

4.4　装饰部品生产

4.4.1　装饰深化设计

1. 深化范畴

建筑装饰的施工环境不同于土建施工，土建施工是一切从"零"开始，所以设计师的图纸可以作为基准文件执行，施工过程的容许误差可以在装饰施工阶段弥补。而装饰工程的施工是处于土建结构的界面上实现的，而且大量的机电、设备末端都要与装饰面和建筑隐蔽空间并存，如果按照原装饰设计图直接施工，必然会产生装饰效果打折、工程返工、材料浪费、工期延长等大量不可预见的因素。所以，装饰施工深化设计是装饰施工的必然步骤。传统的方法是采用CAD二维图来调整建筑结构、机电安装与装饰面的关系，因受二维图的局限和深化设计师的空间把握能力限制，出现差错在所难免。随着BIM技术的推广，其三维空间表达能力得到提升，建筑设计，机电设计，土建梁、柱、板构造，设备安装，装饰设计，加工各专业的配合将在深化设计的同一个平台表达，存在的问题就一目了然。

　　基于 BIM 方式的设计，从开始到最终完成模型的审核通过，其实就是施工模拟的过程。其中可以包含大量的即时信息：施工先后工序、构造尺寸标高、构造连接方式、工艺交界处理、环境效果表达、装饰构件加工分类、构件材料数量和采购清单、构件和组件加工物流、施工配套设施设备、施工交接时间、现场劳动力配备，这将为装饰施工管理带来革命性的改变。

　　BIM 技术在建筑装饰深化设计中的应用，应该从数字化测量开始，没有数字化测量就无法实现装饰环境的模拟，深化设计也就无从入手。

　　装饰工程的深化设计需要处理的是：根据装饰与设计意图进行对装饰块面构件的规划设计，以标准模数设计分配构件类型，达到工厂化、标准化加工目的。其中，非标准的装饰零部件的工厂化加工是工业化施工的焦点。

　　装饰施工开展全面工厂化加工，将涉及各种各类机械加工知识和快速成型技术，它超出了建筑专业范围。例如，大量原先手工制作的非标零部件，如果要成功转化为工厂化加工的零部件，必须使用符合工业设计的数字化工艺。这需要在项目管理中增设工艺设计环节，通过工艺设计消化建筑误差，将工程中任何原因形成的非标准装饰零部件，转化为可在工厂加工的零部件，最终实现现场的完全装配式施工。

　　装饰施工过程始终存在标准、非标准零部件。装饰工程全面工业化、数字化建造的基本思路，主要通过工艺设计这一环节，使每个装饰整体饰面分解成若干具体的零部件，并进一步筛选出标准零部件和非标准零部件，重点设计非标准零部件的工厂加工方式和标准，用机器加工代替现场手工加工，将非标准零部件的制造与安装分离，使现场成为流水化安装的整装车间。

　　随着计算机应用水平的提高，大量的数字化 CAD/CAE/CAM 软件在建筑业大显身手，如 AutoCAD、Revit、3Dmax、Maya、SketchUp、Viga 等，这些数字化工具可以集成原始设计矢量数据和三维扫描点云数据，提供三维的细部图纸。例如，木饰面加工，传统施工方法是全部由木工在现场手工制作木龙骨、木基层、木夹板面层，并一层一层安装，最后进行手工油漆。现在通过三维软件设计榫接、扣件式连接等方式，代替了木龙骨连接；设计了木皮与密度板制成的复合板，代替了基层板与木夹板的现场制作与安装；设计了各种调节方式，解决建筑误差情况下的现场安装调节难题，成型后的木饰面直接在工厂油漆后运抵现场安装。

　　通过在实际工程中的应用后发现，数字化工艺设计模式在技术上存在可操作性，可以引导建筑装饰工程实现全面工业化施工。同时，BIM 技术的应用对工厂加工图纸和现场深化图纸提出了更严苛的要求，只有保证这些图纸的精确度，才能够确保工厂加工的精准度。因此，基于现场实际尺寸装配化深化设计图纸与产品工厂加工图纸的管理与研究工作非常必要。

　　利用 BIM 技术中的数字化工艺设计模式，绘制出与现场高度匹配的三维模型并形成准确的工厂加工材料明细表。在三维模型中可以进一步深化各个节点，形成装配化深化设计图纸和产品加工图纸。例如，吊顶金属板、干挂肌理板、干挂木饰面、架空地板等饰面，精度控制主要体现在非标准板块的加工上，利用 Revit 软件可以形成材料明细表，并进行三维排板，将非标准板排列、编号、绘制加工图纸。如此，能够最大限度地保证工厂加工构件与现场的匹配程度。

BIM 最直观的特点在于三维可视化，利用 BIM 的三维技术在前期可以进行碰撞检查，优化工程设计，减少在建筑施工阶段可能存在的错误损失和返工的可能性，而且优化净空，优化管线排布方案。施工人员可以利用碰撞优化后的三维管线方案，进行施工交底、施工模拟，提高施工质量，同时也提高了与业主的沟通效率。

2. 技术路线

建筑装饰深化设计单位（即施工单位）在方案设计单位提供的装饰施工图或业主提供的条件图等基础上，需结合施工现场实际情况，对方案施工设计图纸进行细化、补充和完善等工作，深化设计后的图纸应满足相关的技术、经济和施工要求，符合规范和标准。

数字化建筑装饰深化设计立足于数字化设计软件，综合考虑建筑装饰"点、线、面"的关系，并加以合理利用，从而妥善处理现场中各类装饰"收口"问题。建筑装饰深化设计作为设计与施工之间的介质，立足于协调配合其他专业，保证本专业施工的可实施，同时保障设计创意的最终实现。深化设计工作强调发现问题，反映问题，并提出建设性的解决方法。通过对施工图的深化设计，协助主体设计单位发现方案中存在的问题，发现各专业间可能存在的交叉；同时，协助施工单位理解设计意图，把可实施性的问题及相关专业交叉施工的问题及时向主体设计单位反映；在发现问题及反映问题的过程中，深化设计提出合理的建议，提交主体设计单位参考，协助主体设计单位迅速有效地解决问题，加快推进项目的进度。其技术路线如图 4.61 所示。

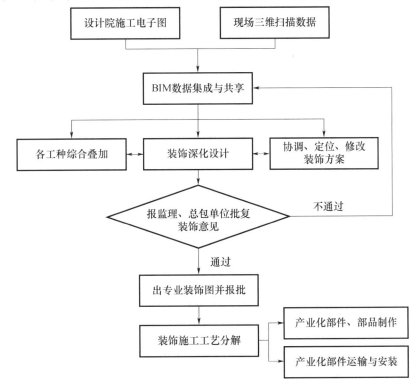

图 4.61　建筑装饰深化设计路线

4.4.2 现场数字化测量与设计

实现装配化施工的前提条件是获取现场精确数据，这些数据是实现 BIM 模型建立、完成各个不同专业工作界面模拟碰撞试验、成品加工、特殊构配件加工、现场测量放线等工作的重要前提。针对不同的项目特点，从项目策划、前期准备到项目实施前进行一系列的项目专项测量方案设计工作，为每个项目度身打造属于自己的测量与设计方案。方案内容包括：工程概况、现场要求、项目测量成本目标控制与评估、测量工具的选择、测量方式的选择、测量工作进度周期目标控制、与测量工作相关的信息管理与跟踪、测量结果评估、纠偏措施、与测量工作相关的现场组织与协调。

1. 数字化测量工具与方法

近年来，三维扫描技术迅速发展，扫描数据的精度和速度都有很大的提高，并且三维扫描设备也越来越轻便，使得三维扫描技术的应用从工业制造、医学、娱乐等方面扩展到建筑领域。国外最为著名的有斯坦福大学的"米开朗琪罗项目"，该项目将包括著名的大卫雕像在内的 10 座雕塑数字化，其中大卫雕像模型包括 2 亿个面片和 7000 幅彩色照片。国内建筑数字化项目主要有：故宫博物院与日本凸版印刷株式会社合作的数字故宫项目；浙江大学开发的敦煌石窟虚拟漫游与壁画复原系统；秦兵马俑博物馆与西安四维航测遥感中心合作的"秦俑博物馆二号坑遗址三维数字建模项目"；现代建筑集团对上海思南路古建筑群的 BIM 项目等。

由于建筑装饰的工艺要求，使得它对三维扫描设备及扫描环境都有比较严格的要求。在三维数据采集及处理过程中，需要保持三维数据的真实性及完整性，所以要根据具体的工程对象选择合适的三维扫描设备。

2. 三维扫描设备

三维扫描是集光、机、电和计算机技术于一体的高新技术，主要用于对物体空间外形和结构及色彩进行扫描，以获得物体表面的空间坐标，能实现非接触测量，且具有速度快、精度高的优点。三维扫描作为新兴的计算机应用技术在建筑行业已经得到越来越多的应用，特别是在空间结构记录，BIM 模型及展示方面的应用已逐渐为人们接受。三维扫描技术大体可分为接触式三维扫描仪和非接触式三维扫描仪。其中，非接触式三维扫描仪又分为光栅三维扫描仪（也称拍照式三维扫描仪）和激光扫描仪。而光栅三维扫描又有白光扫描或蓝光扫描等，激光扫描仪又有点激光、线激光、面激光的区别。非接触式三维线激光扫描仪是目前运用比较普遍的一种。其基本工作原理是用条状激光对输入对象进行扫描，使用 CCD 相机接受其反射光束，根据三角测距原理获得与拍摄物体之间的距离，进行三维数据化处理。经过软件处理初步得到物体的坐标点（称点云）或者三角面。表 4.4 为几种常用三维扫描仪和相关的数据处理软件。

表 4.4　三维扫描设备

光源	扫描仪型号	精度（mm）	配套软件	数据属性
激光	FARO PHOTO120	2	Geomagic，AutoCAD	彩色点云数据库
激光	ZF5010	2.5	Revit，AutoCAD	彩色点云数据库
光栅	高精度白光扫描仪 Shining3D	0.015	Geomagic	彩色点云数据库

3. 基于 BIM 思想的三维扫描要点

在传统的建筑装饰工程实施中，现场工程师通常采用全站仪、水准仪、经纬仪、钢尺等专业仪器，对土建结构的现场几何空间信息进行采集、记录绘图和统计分析，作为建筑装饰的首要工作，前期的设计图纸的几何信息基本得不到充分利用，效率极其低下。

三维扫描技术与数字化建模思想相结合后，给现场带来最大的便利是工程信息数据的整合管理，三维激光扫描技术无疑是实测实量数据采集的最有效、最快捷的方式。在保证扫描精度的前提下，通过扫描的方式，可以对选定的工程部位进行完整、客观的采集。三维激光扫描生成的点云数据经过专业软件处理，即可转换为 BIM 数据，进而可立即与设计的 AutoCAD 模型进行精度对比和数据共享，并依此进行建筑装饰深化设计。三维扫描技术工作流程如图 4.62 所示。

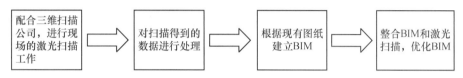

图 4.62　三维激光扫描流程

4.4.3　工艺设计及数据共享

装饰工程施工中存在各种不同类型、不同材质的构配件，这些部件中非标准块与特殊造型构件占据一定比例，如何将这些部品、部件与现场高度匹配，就需要前期大量的工艺设计工作来支撑，并将这些数据共享，才能保证装饰工程装配化施工。

部品部件工艺设计及数据共享内容包括：整体工艺模块设计、加工构造模数设计、五金及开关面板整合设计、装配锚固程序设计、三维可视化技术交底设计；标准化图集数据库整合系统、信息平台管理系统、部品部件物流追踪系统；部品部件现场安装安全及质量控制系统，加工及现场安装进度周期控制系统，部品部件成本目标控制、与其相关的沟通和协调系统，如图 4.63 所示。

图 4.63　智能建造平台工厂

4.4.4 加工模块设计

　　装饰工程部件加工模块设计包括：部件整体模块设计、工厂加工设计、现场装配系统设计三个部分。例如，将传统的墙地砖铺贴工艺通过部件加工设计后完全取代湿作业施工，改变传统的泥工铺贴墙砖工艺，提高装饰施工装配化施工程度。整体模块设计就是将一小块一小块的面砖通过轻质材料复合成 $2m^2$ 左右的板材，满足工程现场空间的模数要求。整体模块设计完成后就可以进行工厂加工工艺设计以满足单元加工的流水线生产工艺条件，例如，不同单元模块，包括阴角单元、阳角单元、墙地平面单元等。加工工艺设计还应包括单元模块的锚固装置、现场装配的干挂构件。干挂构件的一部分组合在单元构件上，由工厂完成定位加工，另一部分安装于现场建筑结构基层上，工人只需要在现场简单拼装作业即可完成所有墙地砖的铺贴工作。这样做的优点显而易见：饰面品质统一，平整度高、嵌缝整齐，饰面效果不依赖于工人的技术水平，有效提高生产劳动率、缩短工期、节省大量人工，更有利于现场管理与成本控制。而这种加工模块设计及安装方法必须基于精确的三维空间设计平台，如图 4.64 所示。

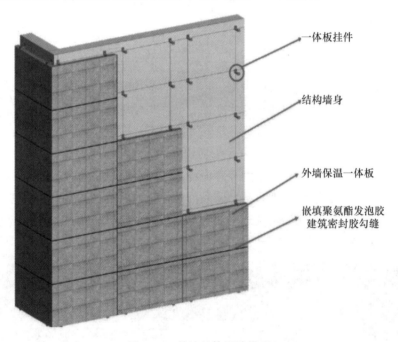

图 4.64　外墙整体设计模型

4.4.5 加工机具及数据接口

　　三维打印的数据接口一般为 STL 格式，三维模型数据必须是封闭的实体，而3Dmax、SketchUP 建立的效果图模型是无法直接用于三维打印，必须事先修补模型，这也是为什么三维打印时还有一块费用为模型修补，只有从设计阶段就规避这样的问题，才能最终让三维打印走上更合理的报价阶段。

CNC 加工通常使用 UG、PRO-E 软件进行三维设计后，可直接编程加工，但现在越来越多的曲面设计采用不同的软件进行设计，因此新的一种以 STL 格式为主的编程方法从 2011 年起越来越广泛地被使用。

未来"三维打印＋CNC＋批量生产"的模式将在建筑行业中广泛使用，高性价比以及与传统制作行业的有效结合能够得到跨越式的发展。

4.5 装配式钢结构构件运输

4.5.1 构件包装

钢结构包装是为了在流通过程中保护产品、方便储运、促进销售。包装要素有包装对象、材料、造型、结构、防护技术等。

1）编制包装方案及打包的原则

编制包装方案及打包的原则：在节约体积的前提下，提高包装的质量。要求构件与构件不允许直接接触。要采用泡沫包装材料进行隔离，注意包装材料使用时的规范性，不允许手撕，依据构件尺寸进行裁剪，在使用时才将包装泡沫进行裁剪。

2）防锈措施

构件在码放时应尽量考虑运输积水问题，因此码放时 H 型钢应优先考虑腹板垂直于水平面，防止由于积水而使构件在运输过程中生锈。同时，在构件运输过程中，需在钢丝绳捆绑处用小块枕木或废钢管放在钢丝绳和构件接触处，以免钢丝绳磨坏构件和油漆。

3）标准件的包装

标准件（包括螺栓、螺母、垫圈等）的包装全部采用标准箱。对于采用纸箱包装的，必须先装到塑料袋内再放进纸箱，以防受潮或者纸箱坏掉后散包。每个包装框都要有所装标准件的明细，将唛头装入塑料袋中与包装框绑扎牢固。唛头是包装上所做的标记，取自英文"mark"，可简单理解为标签。唛头是为了便于识别货物，防止发错货物，通常由型号、图形或收货单位简称、目的港、件数或批号等组成。

4.5.2 构件运输准备工作

（1）构件运输应遵循的原则是减少构件变形、降低运输成本、方便卸车、保证现场成套组装、保证现场安装顺序及安装进度。

（2）工厂预拼装后，在拆开前部件上注明构件号及拼装接口标志，以便于现场组装。堆置构件时，应避免构件发生弯曲、扭曲以及其他损伤。为方便安装，应将构件按照安装顺序进行分类堆放及运输。

（3）运输前应先进行验路，确定可行后方可进行运输。对于超长、超宽、超重构件应提前办理有关手续，并根据运输路线图进行运输。

（4）构件装运时，应编制构件清单，内容应包括构件名称、数量、重量等。构件装运时，应妥善绑扎，考虑车辆的颠簸，做好加固措施，以防构件变形、散失和扭曲。

（5）连接板用临时螺栓拧紧在构件上。运输时在车上铺设垫木，用倒链封好车，并在倒链与构件接触部位实施保护措施。构件装车检查无误后，封车牢固，钢构件与钢丝绳接触部位加以保护。

4.5.3　构件运输流程与组织机构

为保证构件运输过程的质量，应设立构件运输组织机构，编制构件运输流程，保证构件运输方式高效、安全、经济。构件运输组织机构与运输流程如图 4.65、图 4.66所示。

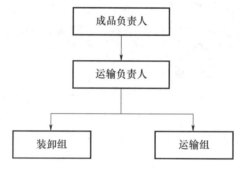

图 4.65　运输组织机构

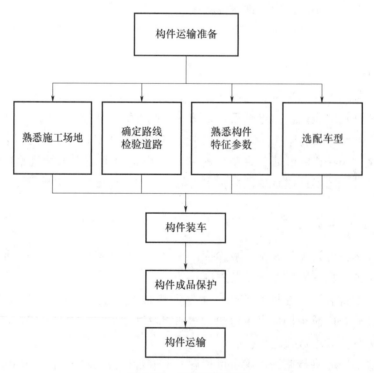

图 4.66　构件运输流程

4.5.4　构件运输

（1）如工程所有构件采用陆路全程高速运输。运输过程中需考虑工程所在地对大货车是否有交通限行，如有则需提前办理相关市区通行手续，以保证货车严格按规定的时间进入现场。货车在规定时间提前进入市区附近等候以保证钢构件按时进场、吊装，并及时按规定时间出城。装卸车时必须有专人看管，清点上车的箱号及打包件号，并办好交接清单手续（图 4.67、图 4.68）。

图 4.67　钢梁运输照片

图 4.68　钢柱运输照片

（2）构件运输过程中应经常检查构件的搁置位置、紧固等情况。按安装使用的先后次序进行适当堆放。装配好的产品要放在垫块上，防止弄脏或生锈。按构件的形状和大小进行合理堆放，用垫木等垫实，确保堆放安全、构件不变形。露天堆放的构件应做好防雨措施，构件连接摩擦面应得到切实保护。现场堆放必须整齐、有序、标识明确、记录完整。

4.5.5 超限构件运输

对于部分超宽、超长的楼面桁架等超限构件，应采用特殊的运输方法。除遵循常规运输要求外，主要以下几个方面需要做专门的计划，见表4.5。

表4.5 超限构件运输

编号	内容
1	首先在制作前期，为保证工程进度，应统计和确定运输构件的数量，合理安排构件发运顺序，确保到达现场的构件满足配套安装
2	对超大构件，在加工制作工厂与项目现场分别设置专人管理，负责公路运输过程中相关手续的办理，确保构件在运输过程中不因人为因素导致构件进场延期
3	对超大运输车辆所要经过的路线实地考察，并对所经过的路段在整个运输期间的整修状态进行跟踪，确保车辆顺利通过
4	对于超大构件的公路运输过程进行严格管理，除遵守交通管理部门审批的运输路线外，必要时将提请交通管理部门给予协助，确保构件顺利运输
5	大型构件采用拖挂车运输构件，在构件支承处应设转向装置，使其能自由转动，同时根据吊装方法及运输方向确定装车方向，以免现场掉头困难

4.5.6 构件质量保证措施

1. 焊缝的外观检查

（1）焊缝质量的外观检查，在焊缝冷却后进行。梁柱构件以及厚板焊接件，应在完成焊接工作24h后，对焊缝及热影响区是否存在裂缝进行复查。焊缝外观缺陷允许偏差见表4.6。

表4.6 焊缝外观缺陷允许偏差

项目	允许偏差（mm）		
焊缝质量检查等级	一级	二级	二级
表面气孔	不允许	不允许	每米焊缝长度内允许直径≤0.4t，切≤3.0的气孔2个，孔距≥6倍孔径
表面夹渣	不允许	不允许	深≤0.2t 长≤0.5t，且≤20.0
咬边	不允许	≤0.05t，且≤0.5；连续长度≤100.0，且焊缝两侧咬边总长≤10%焊缝全长	≤0.1t 且≤1.0，长度不限
接触不良	不允许	缺口深度0.05t，且≤0.5	缺口深度0.1t，且≤2.0
		长度不限	
根部收缩	不允许	≤0.2+0.02t 且≤1.0	≤0.2+0.04t 且≤2.0
		长度不限	

项目	允许偏差（mm）		
焊缝质量检查等级	一级	二级	二级
未焊满	不允许	≤0.2+0.02t 且≤1.0	≤0.2+0.04t 且≤2.0
		长度不限	
焊缝边缘不直度	在任意300mm焊缝长度内≤2.0		在任意300mm焊缝长度内≤3.0
电弧擦伤	不允许		允许存在个别电弧擦伤
电弧擦伤	弧坑裂纹		允许存在个别长度≤5.0的弧坑裂纹
弧坑裂纹	±5°		

（2）焊缝表面应均匀、平滑，无褶皱、间断和未满焊，并与基础金属平缓连接，严禁有裂纹、夹渣、焊瘤、烧穿、弧坑、针状气孔和熔合性飞溅等缺陷。

2. 焊缝的超声波探伤检查

（1）图纸和技术文件要求全熔透的焊缝，应进行超声波探伤检查。超声波探伤检查应在焊缝外观检查合格后进行。焊缝表面不规则及有关部位不清洁的程度，应不妨碍探伤的进行和缺陷的辨认，不满足上述要求时事先应对需探伤的焊缝区域进行铲磨和修整。

（2）全熔透焊缝的超声波探伤检查数量，应按设计文件要求。一级焊缝应100%检查；二级焊缝可抽查20%。当发现有超过标准的缺陷时，应全部进行超声波检查。钢板焊接部位厚度超过30mm时在焊缝两侧2倍厚度+30mm范围内进行超声波探伤检查。全熔透焊缝焊脚尺寸允许偏差见表4.7。

表4.7 全熔透焊缝焊脚尺寸允许偏差

项目	允许偏差（mm）		图例
腹板板对焊接缝余高 c	B<20.0；0~3.0 B≥20.0；0~4.0	B<20.0；0~4.0 B≥20.0；0~5.0	
腹板翼板对焊接缝错边 d	d<1.5t 且≤2.0	d<1.5t 且≤3.0	
一般全熔透的角接与对接组合焊缝	$ht \geqslant (t/4)+4$ 且≤10.0		
需经疲劳验算的全熔透角接与对接组合焊缝	$ht \geqslant (t/2)+4$ 且≤10.0		
T形接头焊缝余高	t≤40mm a=t/4mm	+5 0	
	t>40mm a=10mm	+5 0	

3. 涂装的质量控制和质量要求

（1）焊缝接口处，各留出 50mm，用胶带贴封，暂不涂装。

（2）钢构件应无严重的机械损伤及变形。焊接件的焊缝应平整，不允许有明显的焊瘤和焊接飞溅物。

（3）上漆的部件，离自由边 15mm 左右的幅度起，在单位面积内选取一定数量的测量点进行测量，取其平均值作为该处的漆膜厚度。按干膜厚度测定值的分布状态来判断是否符合标准。对于大面积部位，干膜总厚度的测试采用国际通用的原则。

4. 涂装施工中的成品保护

（1）防雨措施。对于在室外喷涂的构件，采取搭设活动涂装棚进行相对封闭施工，创造可满足防腐施工要求的施工环境。

（2）成品及半成品保护措施。工作完成区域及施工现场周围的设备和构件应当很好地进行保护，以免油漆和其他材料的污染。临近施工区域的电气、电动和机械设备应妥善保护，以免油漆损坏。另外，精密设备应当在施工过程中密封保护。已完成的成品或半成品，在进行下道工序或验收前应采取必要的防护措施以保护涂层的技术状态。

（3）构件标识。制造厂打上钢印的构件，涂装后标签应保持清晰完整，油漆完成后用彩色油漆笔将构件编号标示在构件端部钢印附近，且保证清晰可见。

5. 运输中的成品保护

（1）成品构件在放置时，在构件下安置一定数量的垫木，禁止构件直接与地面接触，并采取一定的防止滑动和滚动的措施，如放置止滑块等；构件与构件需要叠层放置的时候，在构件间放置垫木或橡胶垫以防止构件间碰撞。

（2）构件放置好后在其四周放置警示标识，防止其他构件吊装作业时碰伤或撞倒构件。成品构件吊装作业中捆绑点均需加软垫，以避免损伤构件表面和破坏油漆。

（3）成品构件之间放置橡胶垫之类的缓冲物。在运输过程中为避免涂层损坏，在构件绑扎或固定处用软性材料衬垫保护。

（4）散件按同类型集中堆放，并用钢框架、垫木和钢丝绳进行绑扎固定。

4.5.7 构件进场验收与堆放

由于钢构件工厂化制作，在工厂完成的钢构件在装卸车、长途运输过程中可能导致构件变形，从而影响钢结构的安装质量。因此，对所有进入施工现场的钢构件都必须进行现场检查验收。

构件现场检查验收的重点：①加工制作资料的完整性；②复验构件的几何尺寸；③检验构件防腐质量，是否有运输过程中的破损；④构件编号、构件测量标记是否齐全正确。

复验过程发现任何缺陷，都应进行修补，严禁将问题构件安装到建筑结构上。构件复验合格，即可与加工单位办理移交手续。

1. 总体验收要求

现场构件验收主要是焊缝质量、构件外观和尺寸检查及制作资料的验收和交接，质量控制重点在钢结构制作厂。其中节点钢柱的支管角度、间距以及牛腿方向尺寸等为现场主要检查验收项目。经检查，缺陷超出允许偏差范围的构件，在现场进行修补，满足要求后方可验收，见表 4.8。

表 4.8　构件验收及缺陷修补表

序号	类别	验收项目	验收工具、方法	拟采用修补方法
1	焊缝	焊角高度尺寸、焊缝错边	量测	补焊
2		焊缝气孔、夹渣	磁粉探伤	焊接修补
3		构件表面外观	目测检查	焊接修补
4		多余外露的焊接衬垫板	目测检查	去除
5		节点焊缝封闭	目测检查	补焊
6		交叉节点夹角	量测	制作厂重点控制
7		现场焊接剖口方向角度	量测	现场修正
8	构件外观及外形尺寸	钢柱截面尺寸	量测	制作厂重点控制
9		构件长度	量测	制作厂重点控制
10		构件表面平直度	量测	制作厂重点控制
11		加工面垂直度	量测	制作厂重点控制
12		箱形、工字形截面尺寸	量测	制作厂重点控制
13		钢管柱柱身扭转	量测	制作厂重点控制
14		工字钢腹板弯曲	量测	制作厂重点控制
15		工字钢翼缘变形	量测	制作厂重点控制
16		构件运输过程中变形	量测	变形修正
17		预留孔大小、数量	量测	补开孔
18		螺栓孔数量、间距	量测	铰孔修正
19		连接摩擦面	目测检查	小型机械除锈
20		柱上牛腿和连接耳板	三坐标测量机（量测）	补漏或变形修正
21		表面防腐油漆	目测、测厚仪检查	补刷油漆
22		表面污染	目测检查	清洁处理
23	移交存放	堆放场地	场地硬化、设置排水沟	
24		构件分类堆放	垫枕木、构件重叠不能超过三层	
25		构件数量、清单	与制作厂交接	
26		制作质保资料	与制作厂交接	

2. 钢结构的堆放

　　施工现场的构件堆场、起吊区设在临时构件堆场上，构件堆放时注意排水方向。钢构件临时堆放场地设在主楼南面，需考虑现场排水畅通，见表 4.9。

表 4.9　钢结构存放规定

序号	层次、顺序及规则
1	构件堆放按照钢柱、钢梁及楼承板分三类进行堆放
2	构件堆放时应按照便于安装的顺序进行堆放，即先安装的构件堆放在上层或者便于吊装的地方

续表

序号	层次、顺序及规则
3	构件堆放时一定要注意把构件的编号或者标识露在外面或者便于查看的方向
4	各段钢结构施工时，同时进行主体结构混凝土施工，并穿插其他各专业的施工，在钢构件、材料进场时间和堆放场地布置时应兼顾各方
5	所有构件堆放场地均按现场实际情况进行安排，按规范规定进行支垫，以避免构件堆放变形 钢柱、钢梁存放

思考题

1. 采用 BIM 技术进行构件化加工，可实现哪些功能？有哪些优势？
2. 什么是图纸深化设计？简述图纸深化设计的内容。
3. 简述装配式钢结构构件生产过程中的深化设计流程。
4. 深化设计质量控制和质量保证分别包含哪些措施？
5. 深化图纸有哪些审查重点？
6. 基于 BIM 技术的钢结构加工制作技术交底包含哪几种形式？
7. 简述围护系统生产过程中的深化设计流程。
8. 简述装饰部品生产过程中的深化设计范畴及技术路线。
9. 简述钢结构装配式住宅机电设计及设备管线安装的关键点。
10. 简述机电模块设计概念及应用价值。
11. 装配式钢结构构件运输的准备工作有哪些？
12. 相对于普通构件，超限构件运输有哪些特殊要求？

参考文献

[1] 丁烈云，等.BIM 应用·施工 [M].上海：同济大学出版社，2015.
[2] 马张永，王泽强.装配式钢结构建筑与 BIM 技术应用 [M].北京：中国建筑工业出版社，2019.
[3] 龚剑，房霆宸.数字化施工 [M].北京：中国建筑工业出版社，2018.
[4] 贺明玄，沈峰.基于 BIM 的钢结构数字化制造 [C].2014 中国钢结构行业大会论文集，2014.

5 装配式钢结构建筑智能施工技术

教学目标

1. 了解智慧工地的关键技术和典型应用；
2. 理解装配式钢结构建筑施工组织设计的主要内容；
3. 掌握装配式钢结构建筑虚拟施工技术和信息化应用。

5.1 智慧工地

5.1.1 内涵与特征

随着物联网、云计算、BIM、大数据、移动互联网、人工智能等先进信息技术与建造技术的深度融合，在施工安全管理、建筑工人管理、施工设备与材料管理、施工环境监测等领域涌现出了一系列信息化和智能化现场施工和管理系统。2020 年 7 月 3 日，住房城乡建设部等 13 个部门联合印发的《关于推动智能建造与建筑工业化协同发展的指导意见》提出：大力推进先进制造设备、智能设备及智慧工地相关装备的研发、制造和推广应用。智慧工地是智能建造在施工阶段的具体应用，相较于传统的施工阶段现场施工和管理方式，智慧工地建设可大大提升现场施工和管理效率，保障安全、质量及绿色等建设目标的实现，实现现场施工和管理数字化、精细化和智慧化，对全面提高建筑业信息化水平和增强信息技术集成应用能力至关重要。

智慧工地的内涵可概括为：聚焦工程现场施工和管理，集成应用物联网、云计算、BIM、大数据、移动互联网、人工智能等各类先进信息技术，构建形成互联协同、动态监测、信息共享及智能决策的平台，对"人、机、料、法、环"等关键因素进行控制管理，以实现智能建造和绿色建造。

目前，已投入实际工程应用的智慧工地普遍具有以下 4 个特征：

（1）专业高效化。以施工现场一线生产活动为立足点，实现信息化技术与生产专业过程深度融合，集成工程项目各类信息，结合前沿工程技术，提供专业化决策与管理支持，真正解决现场的业务问题，提升一线业务工作效能。

（2）数字平台化。通过施工现场全过程、全要素数字化，建立起一个数字虚拟空间，并与实体之间形成映射关系，积累大数据，通过数据分析解决工程实际的技术与管理问题。同时构建信息集成处理平台，保证数据实时获取和共享，提高现场基于数据的协同工作能力。

（3）在线智能化。实现虚拟与实体的互联互通，实时采集现场数据，为人工智能奠定基础，从而强化数据分析与预测功能。综合运用各种智能分析手段，通过数据挖掘与大数据分析等手段辅助决策和智慧预测。

（4）应用集成化。完成各类软硬件信息技术的集成应用，实现资源的最优配置，满足施工现场不断变化的需求和环境，保证信息化系统的有效性和可行性。

5.1.2　系统架构

智慧工地的系统架构是研发智慧工地软硬件系统的草图，确定硬件和软件之间的衔接。按照系统开发的原则，良好的智慧工地系统架构应尽可能使各系统模块内部紧聚合、模块之间松耦合，努力实现逻辑分离、物理分离直至空间分离，达到系统某一部分的改变不至于影响到其他部分。

目前，常见的智慧工地系统以三层架构为主。第一层为数据层（又称资源管理层），用于数据采集和存储，任务较少涉及数据处理。第二层为业务层（又称逻辑层、中间层），用于业务处理，提供逻辑约束。包含复杂的业务处理规则和流程约束，可用于大批量处理、事务支持、大型配置、信息传送、网络通信等。业务层可进一步划分为三个子层：负责与表现层通信的外观服务层；负责业务对象、业务逻辑的主业务服务层；负责与数据层通信的数据库服务层，建立 SQL 语句和调用存储过程。第三层为表现层（又称表示层、用户层），用于用户交互，主要提供用户界面和操作导航服务，一般通过Web 界面或移动客户端实现。

对于架构层次的划分，由于目前国内尚无统一的智慧工地行业标准和规范要求，加之智慧工地系统适用的项目类型和管理目标不同，导致架构层次划分存在差异性。除了上述的智慧工地三层架构划分外，当前还存在以下系统架构模式，见表 5.1。

表 5.1　智慧工地系统常见的架构层次划分

序号	层数	各层名称	各层作用
1	3 层	用户层	将分析结果传递到友好的用户界面
		业务层	结合项目管理目标进行各类业务分析
		数据层	对施工现场各类数据进行采集
2	4 层	前端感知层	由传感器等智能硬件构成，主要用于施工现场数据采集
		本地管理层	将前端感知层的数据通过无线方式上传到本地管理平台，进行显示等处理
		云端部署层	将本地管理层的数据通过无线方式实时上传到智慧工地云平台，在云平台利用大数据技术，对数据进行统计处理，然后以折线图等方式显示，助力决策层决策
		移动应用层	将智慧工地云平台处理过的数据通过移动互联网技术，推送到智慧工地App，决策者可随时随地查看施工现场情况和数据并进行决策

序号	层数	各层名称	各层作用
3	5层	现场应用层	通过一系列实用的专业系统（如：施工策划、人员管理、机械设备管理、物资管理、成本管理、进度管理、质量安全管理、绿色施工、BIM应用等）利用施工现场设置的装置进行数据采集（如：模拟摄像机、编码器、RFID识别、报警探测器、环境监测、门禁、二维码、智能安全帽、自动称重、车辆通行）
		集成监管层	方便企业管理层对项目管理者进行监管。通过标准数据接口对项目数据进行整理和统计分析，实现施工现场的成本、进度、生产、质量、安全、经营等业务的实时监管
		决策分析层	在集成监管层基础上，应用数据仓库、联机分析处理（OLAP）和数据挖掘等技术，通过多种模型进行数据模拟，挖掘关联，可进行目标分析、资金分析、成本分析、资源分析、进度分析、质量安全分析和风险分析等
		数据中心层	为支持各应用而建立的知识数据库系统，包括人员库、机械设备库、材料信息库、技术知识库、安全隐患库、BIM构件库等
		行业监管层	适用于政府部门按照法律法规或规范规程进行行业监管，包括质量监管、安全监管、劳务实名制监管、环境监管、绿色施工监管等
4	6层	智能采集层	将各类终端、施工升降机、塔式起重机作业产生的动态情况、工地周围的视频数据、混凝土和渣土车位置和速度信息上传至通信层
		通信层	由通信网络组成，是数据传输的集成通道
		基础设施层	通过移动网络基站等传递数据至远程数据库
		数据层	存储项目实时数据和历史数据的数据库系统
		应用层	包含进度、成本、安全、质量、环保、人员、节能、设备、物料等智能分析运算
		接入层	包含浏览器界面和移动终端界面供用户选用

图 5.1 为某智慧工地产品系统架构图，该架构总体上为三个体系、五个层级。三个体系面向三类用户，即政府部门、建筑企业和农民工群体。五个层级包括工地感知层、网络传送层、智慧城市云平台、应用数据层、应用服务层。解决方案包括 Wi-Fi 免费上网、人员定位、移动考勤、视频监控、农民工维权、材料检测监管、项目进度管控、特种设备监控、扬尘噪声监控等（图 5.1）。

5.1.3　关键技术

在智慧工地实施过程中，需要集成应用多种关键信息化和智能化技术，主要包括物联网、云计算、BIM、移动互联网等。物联网技术主要实现了智慧工地的数据采集，移动通信和云计算技术主要实现了信息的高效传输、储存和计算，BIM 技术建立了建筑数字化模型，为相关功能应用提供了丰富的建筑信息。

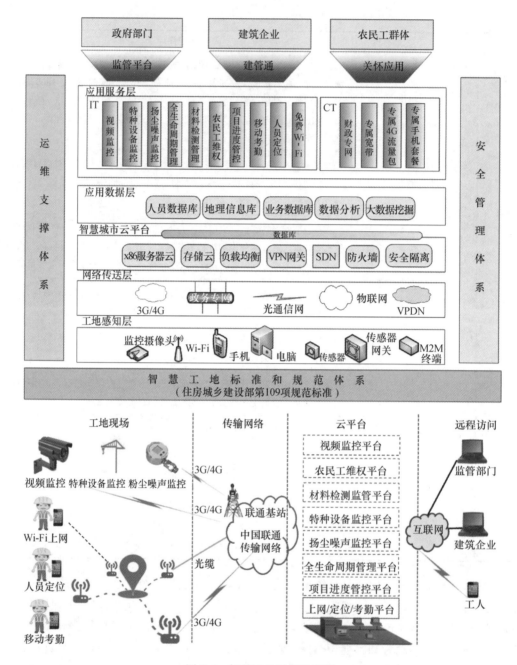

图 5.1 智慧工地系统架构图

1. 物联网

物联网典型体系架构分为三层，分别为感知层、网络层、应用层。感知层是实现物联网的关键技术，关键在于具备更精确、更全面的感知能力，同时解决低功耗、小型化和低成本问题；网络层主要以广泛覆盖的移动通信网络作为基础设施；应用层提供丰富的应用，将物联网技术与行业信息化需求相结合，提供广泛智能化的应用解决方案。

在智慧工地的总体框架下，物联网技术将通过各类传感器、无线射频识别（RFID）、视频与图像识别、位置定位系统、激光扫描器等信息传感设备，按约定的协议将施工相关物品与网络连接，进行信息实时收集、交换和通信。物联网技术将实现高效的智慧工地数据采集功能，为智慧工地的信息处理和决策分析提供实时的数据支撑。

（1）传感器技术：传感器技术作为信息获取的重要手段，与通信技术和计算机技术共同构成信息技术的三大支柱。在智慧工地应用中，传感器技术也是重要的施工现场信息获取技术。传感器的特点包括微型化、数字化、智能化、多功能化、系统化、网络化，是实现自动检测和自动控制的重要环节。

（2）传感器网络：指由大量部署在作业区域内，具有无线通信与计算能力的微小传感器节点通过自组织方式构成的能根据环境自主完成指定任务的分布式智能化网络系统。一个典型的传感器网络结构包括分布式传感器节点、汇聚节点、互联网和用户界面等。

（3）无线射频识别技术（RFID）：RFID 是一种可以通过无线电信号识别特定目标并读写相关数据的无线通信技术。RFID 由应答器、读写器和应用软件系统组成。应答器是由天线、耦合元件及芯片组成，一般用标签作为应答器，标签具有唯一的电子编码，附着在物体上标记目标对象；读写器由天线、耦合元件和芯片组成，是读取或写入标签信息的设备；应用软件系统可把收集的数据进一步处理。在 RFID 工作过程中，物理读写器会通过天线发射出射频信号，此信号带有固定频率，当磁场和应答器相遇时，应答器会发生反应。应答器通过感应电流获取一定能量后会向读写器发送相应的编码，编码中带有预先储存好的信息。当读写器接收到编码后，便对所发送的编码进行解码翻译，将相应的信息及数据传输给计算机系统。

（4）图像与视频技术：图像识别是利用计算机对图像进行处理、分析和理解，以识别各种不同目标和对象的技术。视频识别是对采集的视频画面进行识别，主流的识别方法是单帧识别，即对视频进行截帧，然后基于图像粒度（单帧）进行识别表达。图像与视频技术在施工现场主要应用于施工现场视频监控，通过施工现场布置的摄像头获取视频信号，对视频信号进行处理和分析，以实现对施工现场周围区域和内部区域的管理。

（5）定位技术：包含室外定位技术和室内定位技术。室外定位技术一般使用卫星和基站进行定位，该技术广泛用于高层建筑、港口工程、桥梁工程等施工的定位观测和施工测量，如工地现场人员和机械定位跟踪等；室内定位技术的应用场景较为庞杂，如各类建筑物内的人员和机械定位跟踪等。由于室内场景受建筑物的遮挡，室外定位技术往往不适于室内定位。目前，常见的室内定位技术主要有 Wi-Fi 定位、蓝牙定位、RFID 定位、超宽带（UWB）定位和 ZigBee 定位等技术。

（6）三维激光扫描：三维激光扫描又称为实景复制技术，利用激光测距的原理记录被测物体表面大量的密集的点的三维坐标、反射率和纹理等信息，可快速复建出被测目标的三维模型及线、面、体等数据。三维激光扫描能够快速、精确地对不规则、复杂的场景进行测量，并与多种软件平台互联。三维激光扫描技术可高效、完整地记录施工现场的复杂情况，与 BIM 模型的点、线、面进行对比，可应用于工程质量检查、进度监控、变形监测、工程验收、模型重建等场合。

2. 云计算

云计算是一种基于互联网的计算方式，将共享的软硬件资源和信息按需提供给客户端设备，用户按照需求弹性向云计算提供商购买资源和空间进行计算、存储和分析服务。基于云计算，工程相关人员可以在任何地点使用个人电脑、手机、平板电脑登录设备、连接网络以获取所需的软件服务，而无须购买昂贵的高性能服务器，也无须随身携带大量的工程相关数据和资料。随着工程越来越复杂，现场动态监测数据越来越多，智能工地对云计算技术的需求日益增加。

（1）云计算具有的优势：

①虚拟化技术：虚拟化突破了时间、空间的界限，是云计算最为显著的特点。虚拟化技术包括应用虚拟和资源虚拟两种。物理平台与应用部署的环境在空间上是没有任何联系的，正是通过虚拟平台对相应终端完成数据备份、迁移和扩展等操作。

②动态可扩展：云计算具有高效的运算能力，在原有服务器基础上增加云计算功能能够使计算速度迅速提高，最终实现动态扩展虚拟化的层次达到对应用进行扩展的目的。

③按需部署：智慧工地系统包含了许多应用和程序软件，不同的应用对应的数据资源库不同，所以智慧工地系统需要较强的计算能力对资源进行部署，而云计算平台能够根据用户的需求快速匹配计算能力及资源。

④灵活性高：目前，市场上大多数 IT 资源、软硬件都支持虚拟化，比如存储网络、操作系统和软硬件等。虚拟化要素统一放在云系统资源虚拟池中进行管理，可见云计算的兼容性非常强，不仅可以兼容低配置机器、不同厂商的硬件产品，还能够通过外设获得更高性能计算。

⑤可靠性高：即使服务器故障也不影响计算与应用的正常运行，因为单点服务器出现故障可以通过虚拟化技术将分布在不同物理服务器上面的应用进行恢复或利用动态扩展功能部署新的服务器进行计算。

（2）云计算包括的服务：

①基础设施即服务（Infrastructure-as-a-Service，IaaS），是把数据中心、基础设施等硬件资源通过 Web 分配给用户的商业模式。

②平台即服务（Platform-as-a-Service，PaaS），是指将软件研发的平台作为一种服务。PaaS 服务使得软件开发人员可以在不购买服务器等设备环境的情况下开发新的应用程序。

③软件即服务（Software-as-a-Service，SaaS），是一种通过互联网提供软件的商业模式，用户无须购买软件，而是向提供商租用基于 Web 的软件来管理企业经营活动。

云计算的三种服务模式如图 5.2 所示。

3. BIM 技术

BIM 技术作为智慧工地的核心信息技术，可为智慧工地中"人、机、料、法、环"等关键因素控制管理提供信息技术支持，为项目精细化管理提供数据支持和技术支撑，在打造智慧工地的工程中具有关键作用，是构建项目现场管理信息化系统的重要技术手段。BIM 技术在智慧工地中的应用价值体现在以下三个方面：

图 5.2　云计算的三种服务模式

（1）BIM 技术可及时地为智慧工地提供建筑相关数据。三维可视化模型及其生成的二维图纸可为施工建设提供精准详细的指导；BIM 模型可随建造过程实施同步更新，可为业主进行不同方案的比选，以及施工过程中的工程预算和竣工预算提供依据；模型创建时，可将各类材料属性信息导入 BIM 软件，建立 BIM 数据库，方便建设方与施工方掌握工程最新最全资料。

（2）形成智慧工地各参与方的协作。项目实施人员可利用协同平台移动端，在关键施工过程的施工之前，打开云端 BIM 轻量化三维真实数据模型，向技术人员进行可视化交底，便于参与项目各方的沟通；电气、暖通、给排水等专业设计人员在 BIM 软件上进行各专业设计与实时更新时其他设计者也可实时查看总体管线布置，并且可通过讨论发现问题与不足，及时沟通协调，减少设计环节的重复工作和人力浪费。

（3）形成智慧工地管理体系的框架。BIM 技术可强化智慧工地现场管理的可视化、高效化和精准化。在工序安排方面，协调施工过程中各施工班组、施工过程、各项资源之间的相互关系；在材料与资源调度方面，可对材料的到场时间进行合理的安排，减少不必要的损失；在空间布置方面，可借助 BIM 技术的可视性、动态性进行三维立体施工规划，减少因场地布置不合理导致的工期延误和产生二次搬运费用；在进度控制方面，可将 3D BIM 模型与时间进度进行挂接，实现 4D 施工进度模拟，可帮助建设者合理制订施工进度计划、配置施工资源，进而科学合理地进行施工建设目标控制；在质量管理方面，通过 BIM 技术的碰撞检查功能完成冲突检测，根据相互冲突的构件列表，及时进行协调避让，优化各类专业管线排布，完善设计方案；在成本管理方面，依托 BIM 数据库中的大量项目信息，运用 BIM 软件进行成本核算，提高成本的把控能力。

4. 移动互联网

移动互联网是移动通信技术、终端技术和互联网融合的技术。移动互联网技术的特点体现在三个方面：①移动性。用户可实现随时随地的网络接入和信息获取。此外，还可精确定位用户的移动性信息；②个性化。移动网络可实时跟踪并分析用户需求和行为变化，并据此做出相应改变来满足用户个性需求；③碎片化。用户在获取信息熵时呈现出间断性的特点，可以利用碎片化的时间来获取信息。

目前，移动通信技术已经发展到第五代技术（即 5G 移动通信技术），随着 5G 通信技术的应用，将满足人们超高流量密度、超高连接数密度、超高移动性的需求，能够为用户提供高清视频、虚拟现实、增强现实、云桌面等业务体验。目前，国内已有项目将 5G 技术应用于智慧工地，典型应用有：①5G 实名制双防监管系统。采用 5G 高速网络搭载人脸识别技术，实现全国劳务实名制高效管理，可自动进行安全着装检查、联网核查实现身份甄别，精确统计人员进出情况，提升考勤和薪酬支付的精细化管理水平。②5G 可移动建筑职业健康分析系统。运用 5G 可移动建筑职业健康分析系统，可现场检测血压、心电等十多项生理参数，即时出具体检报告，判别人员健康情况是否符合作业要求，为建筑工人职业健康保驾护航。③5G 双 360 度空间立体实时监控系统。通过塔式起重机摄像头、辅吊人员佩戴的 AI 眼镜，打造双 360 度视野，支持读取塔式起重机运行数据，数据异常及时预警，限制起吊。塔式起重机摄像头具备夜视功能，支持 24 小时全天候作业。④5G 智慧信息岛。项目以点覆盖的方式，在地下核心区域部署 5G 网络，打造与外界交流的"岛屿"，实现地上、地下网络信号全覆盖，有利于解决沟通难题，应对突发事件。

5.1.4 典型应用

1. 人员管理

施工现场人员管理难，各种事故引发的人员伤亡多，通过智慧工地的人员管理功能，可有效地防范和解决上述问题。

（1）劳务实名制管理系统。

劳务实名制管理系统可选用门禁考勤一体机对工人进行集中考勤，实现规范用工、安全用工、高效用工。该系统支持 IC 卡、人脸识别、手机卡、身份证等多种考勤方式。劳务实名制管理系统包括的功能有：①进场人员身份识别；②劳务人员工时考勤；③在场工种人数统计；④入场教育在线查询。

（2）高速人脸识别智能闸机系统。

高速人脸识别智能闸机系统采用先进的计算机视觉和人工智能技术，通过对人脸的信息采集和建立数据库，在出入口、门禁处等实现无须特定角度和停留的人脸识别、抓拍和跟踪。根据使用场景可选择三辊闸、翼闸或摆闸。认证模块可选择支持 IC 卡读卡器、身份证读卡器、二维码读卡器、人脸识别、指纹识别等认证设备。

（3）智能安全帽佩戴识别系统。

智能安全帽佩戴识别系统基于智能图像识别技术，通过实时监测劳务工人是否佩戴安全帽并进行提醒，避免劳务工人因不佩戴安全帽而引发的安全事故。

智能安全帽佩戴识别系统具有以下功能。

①脱戴帽监测：智能安全帽终端集成电容式接近感应模块可感应活体接近，工人正常脱戴帽时，能有效监测；

②撞击检测：智能安全帽终端集成加速度传感器，当正常戴帽状态下受到一定强度

的撞击时，可通过检测安全帽的瞬间加速度判断出人员被撞击，并将信息及时发送给管理人员；

③异常静止监测：此监测主要配合撞击检测，当受撞击人员昏迷不动时，如持续时间超过设定阈值，可上报异常静止监测状态，及时告知管理人员有人昏迷；

④SOS呼救：智能安全帽内置一键呼救按钮，作业人员遇到紧急情况时可一键呼救，管理人员可根据人员位置及时救援；

⑤GPS定位：智能安全帽内置GPS＋北斗双模芯片，室外环境下具有5m左右精度，满足工地定位需求；

⑥高度信息：智能安全帽内置气压计，可根据当前气压和标定设备的气压差值计算出当前高度，配合GPS可实现3D定位；

⑦RFID考勤：智能安全帽终端可集成RFID考勤功能、室内危险区域告警功能，以弥补GPS室内无法定位的缺陷。

2. 安全施工

通过采用视频监控实现对工地现场的可视化管理，同时实现对现场塔式起重机、升降机、卸料平台、火灾隐患、深基坑、模架、临边洞口、车辆出入等管控的全方位覆盖，保障作业安全及施工规范。

（1）视频监控系统。

视频监控系统是基于计算机网络和通信、视频压缩等技术，将远程监控获取的数据信息进行处理分析，实现远程视频自动识别和监控报警。配合移动端App实现移动监督，从而提高建设工程安全生产的监督水平和工作效率，及时消除安全隐患，实现安全生产。该系统可实现的功能有：①对监控区域进行实时远程监控；②支持视频存储和回放；③可与其他集成系统通过网络无缝对接，实现信息资源共享；④可结合人工智能技术，进行人员聚集监控、安全帽佩戴检测等应用。

（2）塔式起重机安全监控系统。

操作员可通过塔式起重机安全监控系统随时查看塔式起重机的当前工作状态，该系统可实时监控塔式起重机的工作吊重、变幅、起重力矩、吊钩位置、工作转角、作业风速，以及塔式起重机自身限位、禁行区域、干涉碰撞的全面监控，实现建筑塔式起重机单机运行和群塔干涉作业防碰撞的实时安全监控与声光预警报警。塔式起重机安全监控系统由主机、显示器和传感器组成。传感器有质量传感器、变幅传感器、高度传感器、回转传感器、风速传感器、倾角传感器等。该系统具有的功能有：①塔式起重机运行数据采集；②工作状态实时显示；③单机运行状态监控；④区域保护实时监控；⑤塔式起重机群防碰撞监控；⑥远程可视化平台监控；⑦手机短信报警告知。

（3）吊钩可视化系统。

该系统可实时以高清图像向塔式起重机司机展现吊钩周围实时的视频图像，使司机能快速、准确地做出正确的操作和判断，解决施工现场塔式起重机司机的视觉死角、远距离视觉模糊、语音引导易出差错等行业难题，能有效避免事故的发生。该系统具有的功能包括：①球形机自动变焦保证画面清晰；②司机室实时显示吊钩运行图像；③项目部可远程查看视频图像，如图5.3所示。

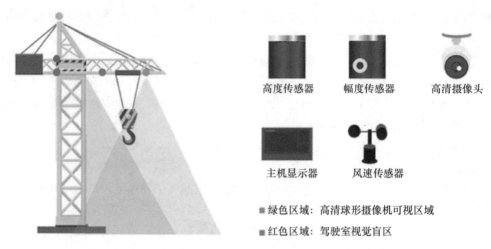

图 5.3　塔式起重机吊钩可视化系统设备

（4）升降机监控系统。

升降机监控系统是基于传感器技术、嵌入式技术、数据采集技术、数据融合处理与远程数据通信技术，实现施工升降机运行实时动态的远程监控、远程报警和远程告知等功能。该系统具有的功能包括：①升降机运行数据采集；②工作状态实时显示；③远程可视化平台监控；④升降机司机身份识别。

（5）卸料平台监控系统。

卸料平台监控系统是基于物联网、嵌入式、数据采集、数据融合处理与远程数据通信等技术，实时监测载重数据并上传云平台。该系统具有的功能包括：①现场质量校准；②超载声光报警；③载重数据传输；④移动端 App 显示在线状态及实时载重数据；⑤质量传感器实时监控，避免可能发生的倾覆和坠落等事故。

（6）车辆出入监控系统。

通过在工地大门安装车辆识别摄像头，系统对车辆进行抓拍和统计，便于问题追溯。该系统具有的功能包括：①图像留存；②车辆进出统计；③进出语音提醒。

（7）周界入侵防护系统。

通过对监控视频设定警戒区域，实时分析周界入侵、越线检测，可有效识别入侵物质性质，报警更精准。该系统具有的功能包括：①可基于监控摄像头监控画面，设定监测区域，实时进行智能监测和分析；②可分时间段、类型、对象属性、视频源等设置警告阈值，避免误报；③智能存储报警视频信息，并支持历史查询，方便调查取证；④可连接平台，远程实时监管监控区域，及时响应告警情况，有效制止人员入侵、处理越线物质。

（8）烟雾报警系统。

烟雾报警系统可实时监控各烟感探头的在线及报警状态，并通过电话、短信等方式进行提醒。该系统具有的功能有：①在线及异常状态监测；②短信及应用消息提醒；③责任人紧急电话告知。

3. 环境管理

（1）扬尘噪声监控系统。

扬尘噪声监控系统可将各种环境监测传感器（PM2.5、PM10、噪声、风速、风向、空气温湿度等）的数据进行实时采集传输，依据客户需求将数据实时展示在现场 LED 屏、平台 PC 端及移动端，便于管理者远程实时监控现场环境数据并及时做出决策。该系统具有的功能有：①环境数据采集；②LED 屏、平台 PC 端及移动端数据实时显示；③智能联动雾炮喷淋；④智能报警及抓拍取证。

（2）喷淋控制系统。

喷淋控制系统利用嵌入式技术、数据融合处理与远程数据通信技术，高效率地实现现场抑尘和降尘功能，有效地减少工地现场的扬尘，避免扬尘颗粒污染空气环境。该系统具有的功能有：①精量喷雾；②快速抑制粉尘；③多种喷淋方式；④移动端实时显示同步信息。

5.2　施工组织设计

装配式钢结构建筑的施工过程是一个复杂的系统工程。在施工前，应根据工程施工特点制订详细周密的施工组织设计方案。施工组织设计可分为施工组织总设计和单位工程施工组织设计。施工组织总设计是以若干单位工程组成的群体工程或整个建设项目为主要对象编制的施工组织设计，对整个项目的施工过程起统筹规划、重点控制的作用，为编制单位工程施工组织设计提供依据，施工组织总设计的编制程序如图 5.4 所示。

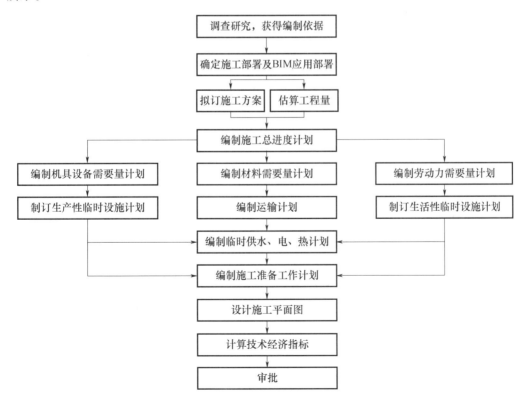

图 5.4　施工组织总设计的编制程序

单位工程施工组织设计是指以单位工程为主要对象编制的施工组织设计，对单位工程的施工过程起指导和制约作用。装配式钢结构建筑施工组织设计应包括编制依据、工程概况、施工部署、施工进度计划、施工准备与资源配置计划、主要施工方案、施工现场平面布置和主要技术经济指标等基本内容。

5.2.1　编制依据

为保证装配式钢结构建筑施工组织设计编制质量，更好地发挥施工组织设计的作用，在编制装配式钢结构建筑施工组织设计时，应具备以下编制依据：

（1）与工程建设有关的法律、法规和文件。

（2）国家现行有关标准和技术经济指标，包括国家现行的施工及验收规范、操作规程定额、技术规定和技术经济指标。

（3）工程所在地区行政主管部门的批准文件，建设单位对施工的要求。

（4）工程施工合同或招标投标文件以及计划文件，包括国家批准建设的基本建设计划可行性研究报告、工程项目一览表、分期分批施工项目和投资计划、施工单位上级主管部门下达的施工任务计划、招标投标文件及签订的工程承包合同、工程材料和设备的订货合同等。

（5）工程设计文件，包括建设项目的初步设计、扩大初步设计或技术设计的有关图纸设计说明书、建筑总平面图、建设地区区域平面图、建筑竖向设计、总概算或修正概算。

（6）施工现场勘察资料及自然条件等，包括建设地区地形、地貌、工程地质及水文地质情况、气象等自然条件，交通运输、能源、预制构件、建筑材料、水电供应及机械设备等技术经济条件，建设地区政治、经济、文化、生活、卫生等社会生活条件。

（7）与工程有关的资源供应情况。

（8）施工企业的生产能力、机具设备状况、技术水平等，类似工程的施工组织设计、施工经验总结及相关参考资料等。

5.2.2　工程概况

工程概况主要介绍建设工程项目的构造特点、施工现场特征和条件及相关要求等，作为编制工程施工组织设计的依据。

（1）工程项目主要情况应包括下列内容：

①工程地点及名称、工程性质、总建筑面积、总占地面积、地理位置、总工期、分期分批投入使用的项目及其工期长短。

②工程的建设、勘察、设计、监理和总承包等相关单位的情况。

③工程承包范围和分包工程范围。

④施工合同、招标文件或总承包单位对工程施工的重点要求，生产流程和工艺特点，新材料、新技术的复杂程度和应用情况。

（2）各专业设计简介应包括下列内容：

①建筑设计简介应依据建设单位提供的建筑设计文件进行描述，包括建筑规模、建筑特点、建筑防火、建筑防水及节能要求等，并应简单描述工程的主要装修做法。

②结构设计简介应依据建设单位提供的结构设计文件进行描述，包括结构形式、地基基础形式、结构安全等级、抗震设防类别、主要结构构件类型及要求等。

③机电及设备安装专业设计简介应依据建设单位提供的各相关专业设计文件进行描述，包括给排水及采暖系统、通风与空调系统、电气系统、智能化系统、电梯等各个专业系统的做法要求。

（3）工程施工条件应包括下列内容：

①项目建设地点气象状况（最高、最低气温和施工所处时期，平均雨雪期及最大雨雪量，主导风向、最大风力及出现期，是否受汛期防洪影响）。

②项目施工区域地形地貌、工程地质及水文地质情况（地质土壤层及地下水位情况、冰冻层厚度及延时天数）。

③项目施工区域地上、地下管线及相邻的地上、地下建（构）筑物情况。

④与项目施工有关的道路、河流等状况。

⑤当地建筑材料、设备供应和交通运输等服务能力状况。

⑥当地供电、供水、供热和通信能力状况。

⑦其他与施工有关的主要因素。

5.2.3　施工部署

施工部署是对整个建设工程项目进行的统筹规划和全面安排，主要是为了解决工程项目施工中的重大问题。施工部署的内容及侧重点应根据建设项目的性质、规模和客观条件不同而有所不同。施工部署主要包括以下内容。

（1）工程施工目标应根据施工合同、招标文件以及本单位对工程管理目标的要求确定，包括进度、质量、安全、环境和成本等目标。各项目标应满足施工组织总设计中确定的总体目标。

（2）施工部署中的进度安排和空间组织应符合下列规定：

①工程主要施工内容及其进度安排应明确说明，施工顺序应符合工序逻辑关系。

②施工流水段应结合工程具体情况分阶段进行划分；单位工程施工阶段的划分一般包括地基基础、主体结构、装修装饰和机电设备安装几个阶段。

（3）对于工程施工的重点和难点应进行分析，包括组织管理和施工技术两个方面。

（4）在进行工程管理的组织机构设置时，应遵照"科学管理、精干高效、结构合理"的原则进行合理设置。组织机构形式应采用框图表示，并确定项目经理部的工作岗位设置及职责划分。

（5）对于工程施工中开发和使用的新技术、新工艺应做出部署，对新材料和新设备的使用应提出技术及管理要求。

（6）对主要分包工程施工单位的选择要求及管理方式应进行简要说明。

5.2.4　BIM 应用部署

（1）在应用 BIM 技术时，应根据项目自身特点制订出明确的 BIM 应用目标。BIM 技术应用点众多，各个项目难以也没必要做到样样精通，若没有明确的 BIM 应用目标，可能会在应用效益较弱的 BIM 应用点上过度投入造成项目资源的浪费，进而影响 BIM 应用整体效益。

（2）确定 BIM 团队，并将 BIM 团队融入项目整体的组织机构，明确各部门的 BIM 工作及相应的 BIM 责任。一般来讲，项目级 BIM 团队应包含 BIM 技术总监、各专业 BIM 工程师、二次开发工程师、培训讲师等。组建 BIM 团队时应遵循以下原则：

①BIM 团队成员有明确的分工与职责，并设定相应的绩效考核和奖惩措施。

②BIM 技术总监应具有建筑施工类专业本科以上学历，具备丰富的施工经验和 BIM 应用经验。

③各专业 BIM 工程师应具备相关专业本科以上学历，具有类似工程设计或施工经验。

④BIM 团队中一般还应配备相关协调人员、系统维护人员等。

（3）制订 BIM 实施标准及流程。为了有效利用 BIM 技术，应建立针对性强、目标明确的项目乃至企业级的 BIM 实施标准与流程，内容应包括：明确 BIM 团队任务分配，明确 BIM 软硬件资源配置，明确 BIM 团队工作计划，制订 BIM 模型建立、审查、优化和过程应用标准及流程。

（4）建立 BIM 实施保障体系。建立 BIM 应用例会制度，定期召开专题工作会议，汇报工作进展情况、遇到的困难以及需要协调的问题等。购买足够数量的 BIM 相关软件授权，配备满足软件操作和应用要求的足够数量的硬件设备。

5.2.5　施工进度计划

施工进度计划是施工组织设计的中心内容，要保证建设工程项目按施工合同规定或建设单位要求的期限交付使用。其主要作用是确定各个施工项目及其主要工种工程量、准备工作和工程的施工期限及其开竣工日期，从而确定建筑施工现场劳动力、材料、构配件、施工机械的需要量和调配情况，以及现场临时设施的数量、水电供应和能源、交通的需要数量等。

施工进度计划可为计划部门提供编制月计划及其他职能部门调配材料，供应构件、机械及调配劳动力提供依据。其编制方法如下：

（1）依据工程的全部施工图纸及设计文件，各种有关水文、地质、气象和经济的材料，上级或合同规定的开工、竣工日期，施工图预算，各类定额，主要施工过程中的施工方案，劳动力安排以及材料、构件和施工机械的配备情况编制施工计划。

（2）利用 BIM 软件建立 WBS 工作分解结构，将 WBS 作业进度、资源等信息与 BIM 模型的图元信息进行链接，以此可计算确定工程项目的各部分工作量以及使用的施工方案和机械,确定各单位工程的施工期限,确定各分部分项工程的开、竣工时间等内容。

基于 BIM 的施工进度计划编制流程如图 5.5 所示。

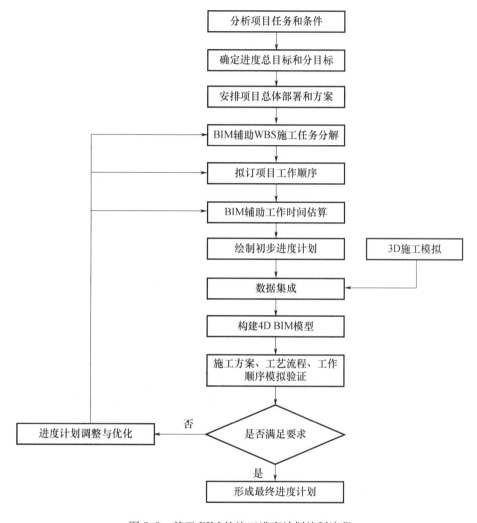

图 5.5 基于 BIM 的施工进度计划编制流程

5.2.6 施工准备与资源配置计划

施工准备是一项涉及技术、计划、经济、质量、安全、现场管理等综合性强的工作,是设计单位、钢结构及部品加工厂、基础施工单位、钢结构及部品安装单位、机电安装单位和装饰单位等参与方进行资源组合的重要环节。

1. 施工准备应包括技术准备、现场准备和资金准备等

(1)技术准备应包括施工所需技术资料的准备、施工方案编制计划、试验检验及设备调试工作计划、样板制作计划等。

①主要分部（分项）工程和专项工程在施工前应单独编制施工方案，施工方案可根据工程开展情况分阶段编制完成；应编制主要施工方案计划。

②试验检验及设备调试工作计划应根据现行规范、标准中的有关要求及工程规模、进度等实际情况制订。

③样板制作计划应根据施工合同或招标文件的要求并结合工程特点制订。

（2）现场准备应根据现场施工条件和实际需要，准备现场生产（含游牧工厂）、生活等临时设施。如：做好"三通一平"；做好临时生产、游牧工厂、生活用房、临时道路、材料堆放场、用电、供气等准备工作。

（3）资金准备应根据施工进度计划编制资金使用计划。资金准备应根据选定的施工方案、施工进度计划及当地劳动力、物资市场价格进行编制。

2. 资源配置计划应包括劳动力配置计划和物资配置计划等

（1）劳动力配置计划应包括以下内容：

①确定各施工阶段用工量。

②根据施工进度计划确定各施工阶段劳动力配置计划。

（2）物资配置计划应包括以下内容：

①主要工程材料和设备的配置计划应根据施工进度计划确定，包括各施工阶段所需主要工程材料、设备的种类和数量。

②应建立建筑材料数据库，采用绿色性能相对优良的建筑材料。

③工程施工主要周转材料和施工机具的配置计划应根据施工部署和施工进度计划确定，包括施工阶段所需主要周转材料、施工机具的种类和数量。

④应建立施工机械设备数据库，根据现场和周边环境情况，对施工机械和设备进行节能、减排和降耗指标分析和比较，采用高性能、低噪声和低能耗的机械设备。

5.2.7　主要施工方案

单位工程应按照《建筑工程施工质量验收统一标准》（GB 50300—2013）中分部、分项工程的划分原则，制订主要分部、分项工程施工方案。对脚手架、起重吊装、临时用水用电、季节性施工等专项工程所采用的施工方案应进行必要的验算和说明。

拟订主要工程项目施工方案是为了进行技术和资源的准备工作，同时也为了保证施工的顺利开展及合理布置施工现场。工程项目施工方案的主要内容包括确定其施工方法、施工工艺流程、施工机械设备等。

主要施工工艺是装配式钢结构施工组织设计的核心内容，主要施工工艺的优劣直接决定整个施工组织设计的质量。装配式钢结构工程的主要施工工艺可分为钢结构制作工艺和钢结构安装、涂装工艺，主要包括钢结构工艺深化设计、结构构件制作与运输、构件安装、围护结构安装、钢结构连接等。

钢结构在装配前应按结构平面形式分区绘制吊装图。吊装分区先后次序为：先安装整体框架梁柱结构后安装楼板结构，平面从中央向四周扩展，先柱后梁、先主梁后次梁吊装，使每日完成的工作量可形成一个空间架构，以保证其刚度，提高其抗风稳定性和安全性。

5.2.8 施工现场平面布置

施工平面布置合理与否，将直接关系到施工进度的快慢和安全文明施工管理水平的高低。

1）施工平面布置原则

（1）在总包项目部的统一布置协调下进行钢结构施工的现场平面布置设计。

（2）紧凑有序、节约用地、尽可能避开拟建工程用地，即在满足施工的条件下，尽量节约施工用地。

（3）适应各施工区生产需要，利于现场施工作业。

（4）在满足施工需要和文明施工的前提下，尽可能减少临时设施的投资。

（5）在保证场内交通运输畅通和满足施工对材料要求的前提下，最大限度地减少场内运输，特别是二次搬运。

（6）尽量避免对周围环境的干扰和影响。

（7）符合施工现场卫生及安全技术要求和防火规范。

（8）现场临建布置要服从"总包"项目部安排，设置预制加工区、生活区、办公区、仓库。生活区在考虑不影响现场施工的条件下，尽量靠近施工现场。

（9）施工现场作业棚、库房、材料堆场等布置宜靠近交通线路和主要用料部位。

（10）施工现场的强噪声机械设备宜远离噪声敏感区。

2）施工平面图设计的依据

（1）设计资料：包括建筑总平面图、地形地貌图、区域规划图、建设项目范围内有关的一切已有的和拟建的各种地上、地下设施及位置图。

（2）建设地区资料：包括当地的自然条件和经济技术条件，当地的资源供应状况和运输条件等。

（3）建设项目的建设概况：包括施工方案、施工进度计划。掌握这些资料可以了解各施工阶段情况，合理规划施工现场。

（4）物资需要量资料：包括建筑材料、构件、加工品、施工机械、运输工具等物资的需要量表。掌握这些资料可以规划施工现场内部的运输路线和材料堆场等的位置。

（5）各构件厂、仓库、临时建筑的位置和尺寸。

3）施工现场平面图布置

施工现场平面布置图应包括以下内容：

（1）工程施工场地状况。

（2）拟建建筑物的位置、轮廓尺寸、层数等。

（3）工程施工现场的加工设施、存储设施、办公和生活用房等位置和面积。

（4）布置工程施工现场的垂直运输设施、供电设施、供水供热设施、排水排污设施和临时施工道路等。

（5）施工现场必备的安全、消防、保卫和环境保护等设施。

（6）相邻的地上、地下既有建筑物及相关环境。

4）钢结构工程施工平面图的设计步骤：

（1）根据施工现场的条件和吊装工艺，布置构件和起重机械。

（2）合理布置施工材料和构件的堆场以及现场临时仓库。

（3）布置现场运输道路。

（4）根据劳动保护、安防、防火要求布置现场行政管理及生活用临时设施。

（5）布置工人用水、用电、用气管网。

5.2.9　二通厂项目施组案例

1. 工程概况

项目位于北京市丰台区梅市口路与张仪村东五路交会处东北侧，规划用地面积 3.0 万 m^2，建筑面积 83091.33m^2。结构形式采用钢管混凝土框架＋防屈曲钢板剪力墙体系，装配率 95％，其中 3-1 号楼地下 2 层、地上 24 层，3-2 号楼地下 4 层、地上 24 层，3-3 号楼地下 2 层、地上 21 层，3-4 号楼地下 2 层、地上 22 层，车库地下三层（含人防），配套幼儿园、小学、养老所等，如图 5.6 所示。

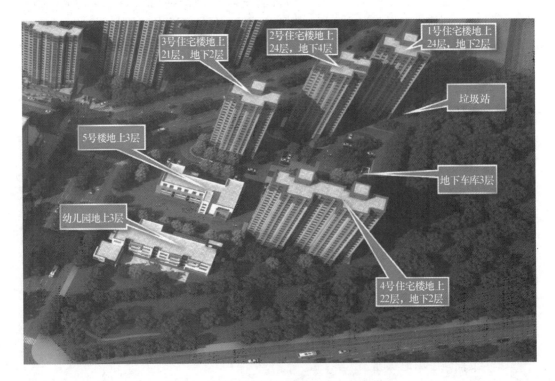

图 5.6　首钢二通厂南区棚改定向安置房项目

2. 施工组织

本项目为装配式钢结构建筑，施工管理尤其重要。项目选派施工管理经验丰富的项目管理班组进行现场施工，同时现场施工所有工人全部进行了岗前培训，形成了一支经过考试合格上岗的专业装配式建筑施工队伍，确保现场施工质量和进度。

1) 基础及地下室施工

基础采用先 BIM 模拟施工，再进行现场开挖；地下室采用桩墙一体施工工艺。施工现场如图 5.7 所示。

（a）基础底板防水施工   （b）桩墙一体施工

图 5.7　施工现场

2) 钢结构安装

施工流程为：放线定位，安装锚栓定位板并预埋柱脚锚栓；混凝土强度达到要求后吊装第一节钢柱；钢柱校正，钢柱就位后首先初校，保证钢梁安装顺利，钢梁安装后再次校正钢柱，稳固后即可焊接钢柱；安装第二节钢柱并校正；安装钢梁，钢梁可根据安装位置，计算塔式起重机吊重能力，选择多支钢梁串吊的方式，以节约塔式起重机吊次；以相同方法完成钢结构安装。钢结构安装现场如图 5.8 所示。

图 5.8　钢结构安装现场

3) 楼板安装

需根据现场的起重设备、进场路线、质量检查以及露天存放等因素拟订楼板的堆放地点与存放计划（表 5.2）。

表 5.2 楼板安装流程

步骤	工序	现场安装示意
1	吊运	
2	现场堆放	
3	现场铺设	
4	栓钉焊接	
5	边模板安装	
6	现场管线敷设	

步骤	工序	现场安装示意
7	现场附加钢筋绑扎	
8	浇筑混凝土	
9	浇筑完成后底部效果	

3. 施工部署原则及总体施工顺序

本工程定于 2017 年 8 月 1 日开工，2019 年 7 月 1 日交付使用，其中要经历两个冬期、两个雨期，给施工带来了一定的困难，再加之工程工期紧张、系统工程多，因此必须进行周密的施工部署，合理安排施工工序，做好各个工序之间的交接和交叉工作，保证各道工序的质量，采用切实可行的施工方案，做到方案先行、样板引路，加强各个专业的施工协调与管理，加大劳动力、垂直运输设备和材料的投入，以确保工程顺利进行，并按时交付使用。

（1）整体工程分 4 个施工阶段施工：基础工程；结构工程；水、电、通风安装和装修工程；外墙装饰、室内装修和弱电工程。要通过平衡协调及调度，将 4 个阶段紧密地组织在一起。

（2）由于地下层数多，基础较深，基础下柱墩较多，基础工作量大，所以此部分施工成为影响工程进度的关键，特别是基础结构施工时间短，必须严格执行制订好的进度计划，并采用倒排工序严格控制各道工序的完成时间，同时应加强施工协调及劳动力、材料和机械的管理，以满足该区域施工要求，确保施工按总进度计划完成地下结构施工。

（3）由于 3-1 号楼、3-3 号楼及 3-4 号楼与地下车库基础不在一个平面，住宅楼基础顶比车库基础顶高 7m，为了保证结构安全，以及方便地库结构材料运输，比如保证混凝土泵车回转半径，在地下车库结构未封顶之前，住宅楼结构不能做到 8 层以上。

（4）为保证施工正常进行并满足施工总控计划要求，主体结构施工和结构的围护、初装修要形成立体交叉流水作业。结构分三次进行验收，围护与初装修施工穿插在结构施工中进行，这样可以缩短工期，为室内装修腾出空间和时间。这就要求加强施工现场的协调力度和总控力度，以确保总控进度计划的实现。

（5）由于本工程地处五环内，周围是城市主干道和人行道，为保证路人的安全，对整个建筑物实行封闭式施工，这样可满足现场文明施工需要和施工区内外安全要求，且除特殊情况（如浇筑混凝土）外，坚决执行北京市的规定时间（6：00—22：00）施工。

（6）由于施工场地有限，现场不能存放大量的材料，所以结构施工中混凝土采用商品混凝土，钢筋在场外加工，按照施工进度计划分阶段进场，竖向结构模板剪力墙采用定型大模板体系，框架柱采用可调式定型钢模板，水平结构模板采用15mm厚多层板；钢结构工程采用工厂化生产、现场整体装配安装方式；装修、安装施工中严格按照计划组织材料进场，通风管道在场外加工完成后运至现场，并充分利用地下车库存放急需材料，以满足施工的要求。

4. 施工准备与资源配置计划

（1）施工技术准备：进行气象、地形和水文地质调查，掌握气象资料，以便综合组织全过程的均衡施工，制订冬期、雨期、大风天气的施工措施，根据水文地质及气象情况，相应地采取有效的防排水措施；进行各种物质资源和技术条件调查，由于施工工期短，故应对各种物质资源的生产和供应情况、价格、品种等进行详细调查，以便及早进行供需联系，落实供需计划要求。

（2）做好与设计的结合工作：根据施工图纸，准备与本工程相关的规范、规程及有关图集，并分发给项目经理部相关人员（规范、规程、图集详见编制依据），正式施工前组织开展虚拟施工。结合现场状况进行施工方案的编制，通过模型、动画进行施工模拟，将施工三维模型、成本预算、施工进度进行相互匹配，在EBIM等BIM项目管理系统中实现5D模拟。

（3）三级交底：项目技术交底由项目建设单位组织，总监理工程师主持，由设计单位承担项目的技术负责人对建设单位总工程师及工程管理人员、监理代表处成员、驻地监理工程师、施工单位项目经理、工程师及主要技术人员进行全面技术交底；由施工单位组织，驻地监理工程师主持，由驻地监理工程师和施工单位总工程师负责对项目经理部技术人员、施工班班长、各专业监理工程师进行技术交底；班前技术交底，在施工作业前由各总包项目管理人员对各分包管理人员及一线施工人员进行相关技术交底、安全交底。

（4）编制施工图预算和施工预算：由预算部门根据施工图、预算定额、施工组织设计、施工定额等文件，编制施工图预算和施工预算，以便为施工作业计划的编制、施工任务单和限额领料单的签发提供依据。

（5）物资条件准备：施工前，测量人员根据建设单位提供的水准点高程及坐标位置，做好工程控制网桩的测量定位工作，同时做好定位桩的闭合复测工作，并做好标记加以保护。根据虚拟施工中各工程方案制订试验计划。仪器、设备等在使用前准备好。

（6）构配件及半成品的加工订货准备：根据施工进度计划及施工预算所提供的各种

构配件及半成品数量，编制相应的需用量计划。积极联系厂家、货源。

（7）施工机械选型与准备：

①塔式起重机选取：基础及结构施工阶段，现场安装 6 台塔式起重机，型号均为 QTZ125（6018）号，塔式起重机具体布置位置、臂长及大臂布置方向如图 5.9 所示。

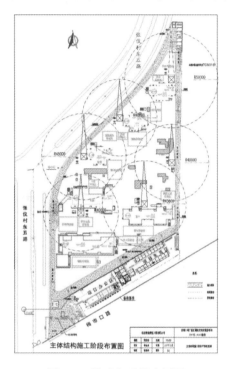

图 5.9　塔式起重机布置图

②电梯选型：装饰装修阶段，现场布置施工电梯 7 台，分别布置在 3-1 号、3-2 号、3-3 号、3-4 号、3-5 号、3-6 号、3-7 号楼，用于装饰装修施工的材料及人员运输。

③其他设备：现场基础及主体施工阶段，预定 2 台 62m 臂长泵车用于混凝土浇筑，可适当降低施工成本，加快施工进度。

5.3 施工技术及虚拟施工

装配式钢结构建筑施工技术主要是指完成一个主要施工工序或者是分项工程所需要的技术手段。施工技术所包含的内容有：地基工程、钢梁钢柱吊装、围护构件安装、楼面施工、装饰工程等。其中，钢梁钢柱吊装及围护构件安装是装配式钢结构建筑区别于混凝土结构建筑的重要施工环节，不适宜的装配顺序会导致安装效率低下、项目工期延误甚至安装质量不过关等问题。因此，在建筑施工真正实施前，可在计算机虚拟环境中模拟设计结果，为项目决策提供依据和降低风险。虚拟建造完成之后的数据信息，也可指导项目现场实施，可大大降低传统模式不经虚拟环境模拟带来的风险和成本浪费。

5.3.1　基础施工

1. 基坑土方开挖

施工准备：现场"三通一平"工作完毕，建筑物定位控制线、水准基点及开槽灰线尺寸必须经过检验合格，并办完验线手续。合理选择挖土机具，组建土方开挖小组，明确分工，保证施工合理、持续进行。夜间施工，应有足够照明，在危险地段设置明显标志，合理安排开挖顺序，防止错挖或超挖。虚拟施工地基基础模型如图 5.10 所示。

图 5.10　虚拟施工地基基础模型

2. 施工方法

1）基坑开挖部署

（1）渣土清运和场地平整。将场区表层渣土清除，并暴露、破除浅层地下障碍物，将渣土等挖运存放于场区内指定卸土点，作为后期预留土方挖运铺垫马道及行车道路之用。

（2）现场土、料存放应采取加盖或植被覆盖措施。

（3）严格按照法规要求的作业时间进行土方挖运施工，在允许情况下可安排昼夜连续施工。

（4）施工前期应多安排运土车辆，集中出土；根据施工进度计划及时调整施工机械数量。

（5）设专人指挥，确保运土车辆进出现场畅通，不互相影响；在现场出口处设置洗车池，派专人对车帮、车轮进行清扫和冲刷，运土车应封闭，严防遗撒；施工现场干燥时适量淋水降尘。

（6）对施工过程产生的泥浆应设置专门的泥浆池或泥浆罐车存储。

避免不安全因素：为避免地基土被扰动而降低承载力，在基槽用机械开挖至基底标高以上 200mm 时为人工清槽，严禁基坑超挖和扰动槽底地基土层。

2）马道设计

（1）马道收尾时采用长臂挖土机置于坡顶马道口平台，直接挖土装车。

（2）基坑内如仍有少量土方不能直接挖除，可利用吊车或塔式起重机吊运装车。

3）开挖顺序

（1）纵向开挖顺序：纵向开挖时根据护坡设计采取分步开挖方式，先开挖支护工作面，后开挖中部土方，支护工作面开挖每步挖深不超过支护设计排距，并不大于 2.0m，工作面预留宽度按照护坡要求确定。前期挖土时，基坑中部区域可根据施工部署加大挖深和出土量，以加快施工进度。

（2）平面开挖顺序：平面开挖顺序应为由四周向马道口进行。对于施工高峰期的大量土方出场、材料运输、机械进出场、混凝土运输车等必须做好妥善安排，合理制订进出场路线，避免造成出入口堵塞。

基坑开挖虚拟施工流程如图 5.11 所示。

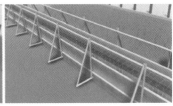

图 5.11　基坑虚拟施工流程

3. 土方运输设计

基坑开挖的大量土方拟运至最近的符合政府部门环保要求的渣土消纳场进行消纳，平均运距不宜超过 20km。

土方收尾设计：土方收尾采用内马道，马道口宽度不宜小于 16.0m。马道处边坡如需修复，可采用堆砌装土草袋辅以锚拉筋喷射混凝土面层的做法修复。

4. 桩墙一体施工

桩墙一体施工技术流程为：①基坑采用排桩支护，支护桩采用钻孔灌注桩；②支护桩施工完成后，为防水卷材施工提供较为平整的基层；③防水卷材为高分子自粘胶膜防水卷材，通过塑料垫片将无纺布挂到基层上，再将塑料垫片与防水卷材焊接固定；④由于防水卷材耐穿刺性能好，外墙钢筋绑扎过程中无须对防水卷材进行保护，待钢筋绑扎完成后内侧采用单侧支模，混凝土浇筑完成后形成桩墙一体。桩墙一体支护场景如图 5.12所示。

图 5.12　桩墙一体支护

桩墙一体虚拟施工模型如图 5.13 所示。

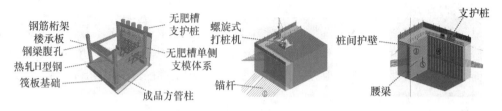

图 5.13　桩墙一体虚拟施工模型

桩墙一体技术的优点：

①可减少土方开挖和回填，避免回填不均导致的外墙保护层破坏。

②墙体刚度大、整体性好，结构与地基变形较小，可直接承受上部竖向荷载。

③能贴近已建建筑物及地下管道施工，对其沉降及变形影响小。

④节约工程造价，充分利用地下空间，提升城市土地利用率。

⑤节能降耗，具有良好的社会经济效益。

5.3.2　钢结构安装

1. 首节钢柱安装

1）地脚锚栓安装

管控要点：①定位支架及预埋件运至现场并验收合格后，把地脚锚栓和定位支架安装成一个整体，定位支架调整到位后先固定牢固，然后逐根调整地脚锚栓，并与定位支架固定牢固。定位支架可采用钢板或角钢制作。②地脚锚栓安装完成后，要用棉布或牛皮纸把露在地面以上的螺纹部分包裹起来，以防混凝土黏着在丝杆上造成螺纹的锈蚀，影响螺母的施拧工作。在混凝土浇筑的过程中，要安排人员进行跟踪检查，一旦发现预埋件偏移，及时进行校正，确保预埋件安装位置的精度。

质量管理标准：①进场后要对锚栓的规格型号及尺寸进行检查，须符合国家产品标准及设计要求；②地脚锚栓和螺纹外漏长度＋30mm；③地脚锚栓的定位轴线允许偏差为 2mm，螺栓中心偏移允许偏差为 5mm；④地脚锚栓的安装标高允许偏差为±3mm。钢柱安装如图 5.14 所示。

图 5.14　钢柱安装

2）吊装准备

管控要点：①根据钢柱的质量及吊点情况，准备足够的不同长度、不同规格的钢丝绳及卡环；②钢柱吊装前在钢柱上装好小爬梯，用以钢柱吊装就位后解除吊索具及其他结构构件吊装时的人员上下；③吊装前应复核土建基础预埋件的准确性。

质量管理标准：①构件的数量、种类、材质、材料及加工质量需符合设计要求，各构件的材料合格证书和自检记录要齐全；②安装前检查小钢爬梯的焊缝和变形情况，若变形及时进行校正；③支承面允许偏差±3.0mm。

3）测量放线及复核

管控要点：①采用外控法在柱身的四个面弹出安装中心线、基础顶面线、地坪标高线；②对钢柱的定位轴线、基础轴线和标高等进行检查和办理交接验收，并对钢柱的编号、外形尺寸、连接板的方位等进行全面复核。确认符合设计图纸要求后，画出钢柱上、下两端的安装中心线和柱下端标高线。

质量管理标准：①每节柱的定位轴线应从地面控制线直接从基准线引上，不得从下层柱的轴线引上；②柱脚底座中心线对定位轴线的偏移为5mm。

4）钢柱吊装

管控要点：①方钢管柱采用四点起吊，圆钢管柱采用三点起吊，临时连接耳板作为吊耳，吊索一端与临时连接耳板连接牢固，另一端直接挂入塔式起重机吊钩内；②钢柱采用"旋转法"吊装，提升时应边起钩、边旋转将钢柱垂直吊起，当钢柱吊离地面500mm时停止提升，施工人员需将钢柱扶稳，而后将钢柱吊装到安装位置后开始落钩，钢柱吊到就位上方200mm时，应停机稳定，对准螺栓孔和十字线后，缓慢下落，使钢柱四边中心线与基础十字轴线对准，再依次将安装螺母套入地脚螺栓内初步拧紧。吊装过程如图5.15所示。

 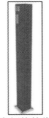 

方钢柱吊装耳板　　　方钢柱就位　　圆钢柱起吊

图 5.15　钢柱吊装示意图

质量管理标准：①混凝土强度达到标准要求 75% 后吊装第一节钢柱；②单节柱的垂直度允许偏差为 $h/1000$，且不应大于 10.0mm；③柱底轴线对定位轴线偏移允许偏差为 3.0mm。

5）位置校正

管控要点：①柱的安装应先调整标高，再调整水平位移，最后调整垂直偏差；②钢柱标高调整：采用柱脚底板预埋好的螺母调节，精度可达到或用小型千斤顶调整；③位移的调整：标高调整好后，再将钢柱四边中心线与基础的十字轴线对准，四边要兼顾，位移偏差要控制在 3mm 以内；④钢柱垂度校正时采用在相互垂直的四个方向拉设钢丝绳及导链，通过调节导链的伸缩进行钢柱垂直度偏差的校正。钢柱校正完成后固定导链及拧紧柱底螺栓螺母。钢柱校正方法示意图如图 5.16 所示。

图 5.16　钢柱校正方法示意图

质量管理标准：校正时应对轴线、垂直度、标高、焊缝间隙等因素进行综合考虑，全面兼顾，每个分项的偏差值都要达到设计及规范要求。

6）柱底灌浆

管控要点：①当柱脚设计为外露式时，柱底与混凝土应有 50mm 间隙，在钢柱安装、调整合格后，采用高强度灌浆料进行二次灌筑法将缝隙填实。灌浆结束后 2～5h 开始用塑料布进行覆盖养护，24h 内不可遭受振动，在强度达到要求之前禁止相应安装施工，24h 后开始洒水养护，养护时间至少 14d；②当柱脚设计为外包式时，需支设模板，外包高度见设计要求，外包范围需二次浇筑混凝土；③当柱脚设计为埋入式时，埋入高度见设计要求，混凝土浇筑高度为混凝土底板标高；④如柱底有垫板作为支撑，先将垫板焊接再二次浇筑混凝土。

质量管理标准：①地脚螺栓施工完毕直至混凝土浇筑终凝前，应加强监测，采取必要的成品保护措施；②混凝土终凝后应实测地脚螺栓最终定位偏差值，偏差超过允许值且影响钢柱就位时，可通过适当扩大柱底板螺栓孔的方法处理。

2. 钢（中）柱安装

1）吊装准备

管控要点：①根据钢柱的质量及吊点情况，准备足够的不同长度、不同规格的钢丝绳及卡环。钢柱的分节长度一般为 2～3 个楼层高度，分节位置宜在梁顶标高 1～1.3m 处；②钢柱吊装前在钢柱上装好小钢爬梯用以施工人员上下用，在钢柱吊装就位之后，可解除吊索具及其他结构构件吊装；③吊装前，下节钢柱顶面和本节钢柱底面的渣土和浮锈要清除干净，保证上、下节钢柱对接面接触顶紧。

质量管理标准：①构件的数量、种类、材质、材料及加工质量需符合设计要求，各构件材料的合格证书和自检记录要齐全；②安装前检查小钢爬梯的焊缝和变形情况，若变形需及时校正；③支承面允许偏差±3.0mm。

2）钢柱吊装

管控要点：①方钢管柱采用四点起吊，圆钢管柱采用三点起吊，临时连接耳板作为吊耳，吊索一端与临时连接耳板连接牢固，另一端直接挂入塔式起重机吊钩内。为了保证吊装平衡，在吊钩下挂设三根或四根足够强度的单绳进行吊运；②钢柱采用"旋转法"吊装，提升时应边起钩、边旋转将钢柱垂直吊起，当钢柱吊离地面500mm时停止提升，人员上前将钢柱扶稳，再平稳地将柱子吊至下节柱柱顶，待上、下柱距离50mm时，将夹板穿在上节柱耳板上，然后缓慢落钩，待夹板螺栓孔与下节钢柱耳板螺栓孔重叠时，穿入紧固螺栓。将螺栓拧紧，撤去绳索，钢柱起吊就位后，应及时在柱顶搭设装配式操作平台，以便工人操作。如图5.17所示。

方钢柱吊装耳板　　　　　　　圆钢柱起吊

图5.17　钢柱吊装示意图

质量管理标准：①每节柱的定位轴线应从地面控制线直接从基准线引上，不得从下层柱的轴线引上；②单节柱的垂直度为$h/1000$且$\leqslant 10$mm；③柱底轴线对定位轴线偏移允许偏差3.0mm。

3）钢柱校正

管控要点：①柱身扭转微调：柱身的扭转调整通过上、下耳板在不同侧夹入垫板，在上连接板拧紧大六角头螺栓来调整。每次调整扭转在3mm以内，若偏差过大则可分成2～3次调整。当偏差较大时还可通过在柱身侧面临时安装千斤顶对钢柱接头的扭转偏差进行校正。②柱身垂直度调整可在柱的偏斜一侧打入钢楔或用顶升千斤顶，随后采用两台经纬仪在柱的两个方向同时进行观测。在保证单节柱垂直度不超标的前提下，注意预留焊缝收缩对垂直度的影响，将柱顶轴线偏移控制在规定范围内。最后拧紧临时连接耳板的大六角头高强螺栓至额定扭矩并将钢楔与耳板固定。钢柱校正方法示意如图5.18所示。

质量管理标准：校正时应对轴线、垂直度、标高、焊缝间隙等因素进行综合考虑，全面兼顾，每个分项的偏差值都要达到设计及规范要求。

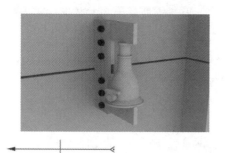

图 5.18　钢柱校正方法示意图

4）钢柱焊接

管控要点：①抗震设计时，框架柱的焊接采用全熔透坡口焊。非抗震设计时，柱拼接可采用部分熔透焊缝。施工前对其首次采用的钢材、焊接材料、焊接方法、焊后热处理等进行焊接工艺评定，并应根据评定报告确定焊接工艺。②加引弧板的焊接方法：应由两名焊工在两相对面等温、等速对称施焊。施工方法：先在第一个两相对面施焊（焊层不宜超过 4 层）→切除引弧板→清理焊缝表面→第二个相对面施焊（焊层可达 8 层）→换焊第一个两相对面，如此循环直到焊满整个焊缝。③不加引弧板的焊接方法：应由两名焊工在对称位置以逆时针方向在距柱角 50mm 处起焊。焊完一层后，第二层及以后各层均在离前一层起焊点 30～50mm 处起焊。每焊一遍应认真检查后清渣，焊到柱角处要稍放慢焊条移动速度，使柱角焊成方角，且焊缝饱满。最后一遍盖面焊缝可采用直径较小的焊条和较小的电流进行焊接。柱焊接与所用设备如图 5.19 所示。

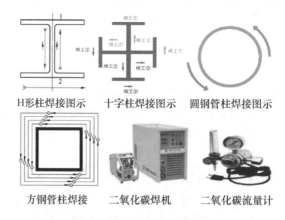

图 5.19　柱焊接与所用设备

质量管理标准：①焊缝表面不得有裂纹、焊瘤等缺陷。一级、二级焊缝不得有表面气孔、夹渣、弧坑、裂纹、电弧擦伤等缺陷，且一级焊缝不得有咬边、未焊满、根部收缩等缺陷；②观察检查或使用放大镜、焊缝量规和钢尺检查，当存在疑义时，采用渗透或磁粉探伤检查。

5）焊缝检测

管控要点：①焊缝的质量检验包括焊缝的外观检验和焊缝无损探伤检验。②焊缝检测范围为所有焊缝都进行外观检查；③无损检验。一级焊缝：动荷载或静荷载受拉，要求与母材等强焊接，使用100％超声波探伤，需评定等级为Ⅱ，检验等级为B级；二级焊缝：动荷载或静荷载受压，要求与母材等强焊接，使用25％超声波探伤，要求评定等级为Ⅲ，检验等级为B级；三级焊缝：为上述一、二级之外的贴角焊缝，不要求超声波探伤。焊缝检测所需仪器如图5.20所示。

超声波探测仪　　　　　　　焊缝量规

图5.20　焊缝检测所需仪器

3. 钢梁安装

1）吊装准备

管控要点：①根据钢梁的质量及吊点情况，准备足够的不同长度、不同规格的钢丝绳及卡环。安装钢梁用的扳手工具及扭剪型高强螺栓和大六角头螺栓、焊接设备等；②钢梁吊装前，应清理钢梁表面污物，对产生浮锈的连接板和摩擦面在吊装前进行除锈；③钢梁吊装前应对梁两端螺栓连接孔进行检测，并与钢柱吊装时两柱的牛腿间检查尺寸相核对，保证钢梁吊装高空对接的精度；④确定钢梁的安装顺序，先吊装主梁再吊装次梁；⑤待吊装的钢梁应装配好附带的连接板，并且将焊接定位板焊接在钢梁端部。吊装所需工具如图5.21所示。

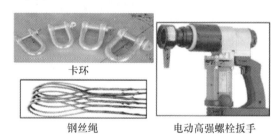

卡环

钢丝绳　　　　　　电动高强螺栓扳手

图5.21　吊装所需工具

质量管理标准：①钢梁构件的数量、种类、材质、材料及加工质量应满足国家现行产品标准和相关设计要求；②连接螺栓应有质量合格证明文件、中文标志和检验报告。高强螺栓应有带扭矩系数和紧固轴力的检验报告。

2）钢梁吊点设计

管控要点：①钢梁宜采用两点起吊，当单根钢梁长度大于21m，采用两点吊装不能满足构件吊装和变形要求时，宜设置3～4个吊装点或采用平衡梁吊装，钢梁的吊点经设计计算确定；②为方便现场安装，确保吊装安全，钢梁在工厂加工制作时，应在钢梁上翼缘部分开吊装孔或焊接吊耳，具体原则如下：钢梁翼缘板厚≤16mm且质量小于4t时，采用在梁翼缘上开吊装孔，当钢梁翼缘板厚＞16mm且质量大于4t时，在梁翼缘上焊接吊耳，吊耳需经过设计验算。

质量管理标准：①吊点的设计距离梁端要合理；②吊耳的强度验算要有足够的安全储备；③吊耳的焊缝要饱满，无夹渣。

3）钢梁吊装

管控要点：①钢梁起吊后，按施工图进行就位，并注意钢梁的轴线位置和正反方向。钢梁就位时，先用冲钉将梁两端孔对位，然后用预安装螺栓拧紧；②在塔式起重机的起重能力范围内，低层钢结构的钢梁吊装宜采用一机一吊，高层钢结构的钢梁吊装可采用一机串吊的方式，以减少吊次，提高工效。凡串吊的梁在相邻的不同楼层时，梁与梁之间距离必须保证两楼层距离再加上 1.5m 左右。安装柱和柱间的主梁时，应根据焊缝收缩量预留焊缝变形值，并做好书面记录；③对于大跨度钢梁，首先安装胎架，之后从两侧向中间吊装钢梁，胎架顶部的工装平台上安装千斤顶，调节钢梁的标高至设计预拱值，通过马板、安装螺栓等临时固定钢梁。钢梁串吊施工示意如图 5.22 所示。

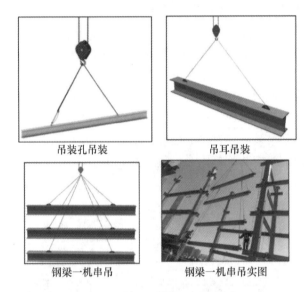

吊装孔吊装　　　　　　　　　　吊耳吊装

钢梁一机串吊　　　　　　　　　钢梁一机串吊实图

图 5.22　钢梁串吊施工示意图

质量管理标准：①在初拧的同时应调整好柱子的垂直偏差和梁两端焊接坡口间隙；②安装螺栓数量不得少于该节点螺栓总数的 1/3，且不得少于 2 个。

4）钢梁连接

管控要点：①对同一层梁，需先拧主梁高强螺栓，后拧次梁高强螺栓。对于同一个节点的高强螺栓，顺序为从中心向四周扩散逐个拧紧。对于扭剪型高强度螺栓的施拧分为初拧和终拧，大型节点分为初拧、复拧、终拧，初拧扭矩取施工终拧扭矩的 50%，复拧扭矩值等于初拧扭矩值。②主梁高强螺栓安装，在主梁吊装就位之后，每端用 2 个冲钉将连接板栓孔与梁栓孔对正，装入安装螺栓，摘钩。随后由专职工人将其余孔穿入高强螺栓，用扳手拧紧，再将安装螺栓换成高强螺栓。③次梁高强螺栓在次梁安装到位后，用 2 个冲钉将连接板栓孔与梁栓孔对正，一次性投放高强螺栓，用扳手拧紧，摘钩后取出冲钉，安装剩余高强螺栓。④各楼层高强度螺栓竖直方向拧紧顺序为先上层梁，后下层梁。待 3 个节间全部终拧完成后方可进行焊接。高强螺栓的初拧及终拧必须在

24h 内完成。⑤当钢框架梁与柱接头为腹板栓接、翼缘焊接时，宜按先栓后焊的方式进行施工。梁柱接头的焊缝，应先焊梁的下翼缘板，再焊上翼缘板，先焊梁的一端，待其焊缝冷却至常温后，再焊接另一端。⑥梁与柱、梁与梁的连接形式及焊缝等级应满足设计要求。

质量管理标准：①高强大六角头螺栓连接副终拧完成 1h 后，48h 内应进行终拧扭矩检查；②高强度螺栓连接副终拧后，螺栓丝扣外露长度 2～3 扣。其中允许有 10％的螺栓丝扣外露 1 扣或 4 扣；③螺栓连接摩擦面应保持干燥、整洁，不应有飞边、毛刺、焊接飞溅物、焊疤、氧化铁皮、污垢等；④当螺栓不能自由穿入时应采用铰刀扩孔，扩孔孔径为 1.2 螺栓直径。图 5.23 给出了钢梁螺栓连接示意图。

钢梁挂篮高强螺栓施拧　　　钢梁高强螺栓连接示意图

图 5.23　钢梁螺栓连接示意图

5）钢梁防护

管控要点：①主梁连接安装使用安全绳，施工人员在主钢梁上行走时，在钢柱之间拉设安全绳。钢柱上布置钢爬梯，方便操作人员上下；②次梁连接安装使用吊篮，周边设好防护栏，防护栏杆用脚手架管每隔 3m 架设 1.2m 高，栏杆间悬挂双道 $\phi 9$ 钢丝绳，栏杆安装后应及时拉设安全绳，以便于施工人员行走时挂设安全带，确保施工安全；③安装完一层钢梁后及时铺设水平安全网。钢梁防护措施如图 5.24 所示。

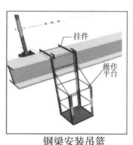

钢梁安装吊篮　　　　　　　夹具式安全立杆

安全绳、防护栏及爬梯的设置　　　　水平安全网

图 5.24　钢梁防护措施

4. 钢板组合剪力墙

1）吊装准备

管控要点：①吊装之前在钢板剪力墙上装好小爬梯，用以钢板剪力墙吊装就位之后，解除吊索具及其他结构构件吊装时人员上下和施工作业；②钢板墙吊装前，应清理钢板墙基底表面污物，对产生浮锈的连接板和摩擦面在吊装前进行除锈；③配齐相关吊装工具，如卡环、钢丝绳等；④配齐钢板墙连接用的工装，如高强螺栓及配套的电动扳手等。钢梁吊装所需工具如图 5.25 所示。

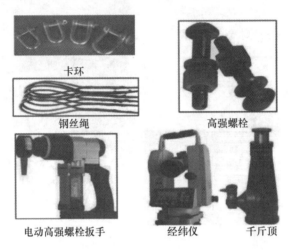

卡环
钢丝绳　　高强螺栓
电动高强螺栓扳手　　经纬仪　　千斤顶

图 5.25　钢梁吊装所需工具

质量管理标准：①钢板剪力墙的质量合格证明文件和检验报告要齐全；②单块钢板剪力墙的高度和宽度及平面内对角线允许偏差±4mm，栓钉的定位允许偏差±5mm；③单块钢板只允许 1 条拼接缝，钢板表面不得有凹凸不平、划痕等缺陷。

2）钢板墙吊点设计

管控要点：①吊点位置及吊点数根据剪力墙形状、断面、长度、起重机性能等具体情况确定；②吊点设置在预先焊好的连接耳板处，每片钢板墙设置 4 个吊点，连接耳板在钢板墙顶处，钢板竖直，吊点通过钢板墙重心位置，易于起吊、对线、校正。当钢板墙构件为不规则异形构件时，吊点应计算确定。钢板墙吊点现场施工如图 5.26 所示。

吊点设置

图 5.26　钢板墙吊点现场施工图

质量管理标准：①吊点的设计距离钢板墙端要合理；②吊耳的强度验算要有足够的安全储备；③吊耳的焊缝要饱满，无夹渣。

3）首节钢板墙吊装

管控要点：①起吊前，钢板墙应垫上枕木以避免起吊时底板与地面接触，起吊时，不得使底端在地面上有拖拉现象。②钢板剪力墙采用四点起吊，临时连接耳板作为吊耳，吊索一端与临时连接耳板连接牢固，另一端直接挂入塔式起重机吊钩内。钢板剪力墙吊离地面300mm时，先发出停止信号，对构件和各部位环节进行检查，特别是检查各吊具的安全性及牢固性是否安全可靠，无问题后再继续进行。③钢板剪力墙吊装到安装位置后应停机稳定，调整钢板剪力墙与基础两基准线达到准确位置，指挥吊车下降就位，并拧紧全部基础螺栓螺母，然后慢慢调整，并用临时连接耳板与钢柱进行连接固定，同时采用钢丝缆风绳对钢板剪力墙进行临时固定，缆风绳沿墙体方向成对布设，缆风绳上端直接与剪力墙吊装耳板连接，下端可设置倒链与预埋地锚相连。达到安全方可摘除吊钩，继续按此法吊装第一节所有钢板剪力墙。

质量管理标准：①拼接缝宽度对接允许偏差 $b \geqslant 500$，±3.0mm；②拼接缝长度对接允许偏差 $L \geqslant 1000$，±3.0mm。

4）钢板校正

管控要点：①柱底轴线偏差调整。在起重机不松钩的情况下，将剪力墙的控制轴线与柱底预埋件轴线对齐，缓慢降落至设计标高位置，也可在剪力墙吊装之前在柱底板上加焊用于定位剪力墙轴线的辅助小板。②柱身垂直度校正可采用缆风绳校正＋千斤顶校正方法。用2台呈90°的经纬仪找垂直。在校正过程中，在剪力墙侧面加焊一个用于千斤顶受力的钢板，不断微调千斤顶的高度，直到校正完毕。校正剪力墙正面垂直度时，可直接拉动正面两层缆风绳下葫芦进行调整，再用经纬仪复核。剪力墙柱身垂直度校正完成后，方可对柱脚点焊加固。钢板剪力墙轴线及垂直度校正如图5.27所示。

钢板剪力墙轴线校正　　　　钢板剪力墙垂直度校正

图5.27　钢板剪力墙轴线及垂直度校正

质量管理标准：①定位轴线允许偏差1mm；②垂直度允许偏差 $h/250$ 且 $\leqslant 15$mm；③平面弯曲 $L(h)/1000$ 且 $\leqslant 10$mm。

5）钢板墙焊接

管控要点：①钢板剪力墙用连接耳板临时固定，钢板校正合格后，焊接应从每侧中部向两侧对称施焊，焊接过程中应控制焊接应力，防止钢板发生过大焊接变形；②钢板剪力墙对接处焊接至少至其截面周长 2/3 时方可去掉临时对接耳板；③单块剪力墙相邻两个接头不要同时开焊，先焊接一端焊缝，同时对另一端焊缝临时固定，待焊缝冷却到常温后，再进行另一端的焊接。先焊钢板之间的纵向焊缝，再焊与钢柱连接的焊缝。

质量管理标准：①焊缝表面不得有裂纹、焊瘤等缺陷。一级、二级焊缝不得有表面气孔、夹渣、弧坑裂纹、电弧擦伤等缺陷，且一级焊缝不得有咬边、未焊满、根部收缩等缺陷；②观察检查或使用放大镜、焊缝量规和钢尺检查，当存在疑义时，采用渗透或磁粉探伤检查。

6）第二节钢板墙吊装

管控要点：吊装前，下节钢板剪力墙顶面和本节钢板剪力墙底面的渣土和浮锈要清除干净，上、下节钢板剪力墙对接时采用临时连接耳板固定，待钢板剪力墙吊装就位后将上、下两段钢板剪力墙用临时螺栓进行临时固定。钢板校正及焊接同首节，工序依此类推。钢板剪力墙吊装示意如图 5.28 所示。

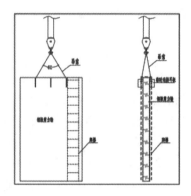

图 5.28　钢板剪力墙吊装示意图

5. 防屈曲钢板剪力墙

1）吊装准备

管控要点：①防屈曲钢板剪力墙中的钢板和预制混凝土板验收要合格；②预制混凝土板的吊点设计满足预拼装时短暂工况的设计要求；③配备齐全吊装连接钢板墙的工装，如起重机械、卡环、钢丝绳、焊接设备等；④根据防屈曲钢板墙的设计连接方式，明确钢板墙的安装思路。吊装所需工具如图 5.29 所示。

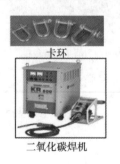

卡环

二氧化碳焊机

钢丝绳

焊丝

图 5.29　吊装所需工具

质量管理标准：①钢板剪力墙和预制混凝土板的质量合格证明文件和检验报告要齐全；②单块钢板剪力墙的高度和宽度及平面内对角线允许偏差±4mm，栓钉的定位允许偏差±5mm；③单块钢板只允许1条拼接缝，且钢板表面不得有凹凸不平、划痕等缺陷。

2）钢板连接预组装

管控要点：钢板剪力墙与钢框架梁采用鱼尾板连接，钢板墙与鱼尾板连接方式分焊接和螺栓连接两种；①当采用焊接连接时宜在工厂进行预组装，鱼尾板与钢板墙连接采用单面坡口焊，焊脚尺寸满足设计要求；②当采用高强螺栓连接时，可在施工现场预组装，如图5.30所示。

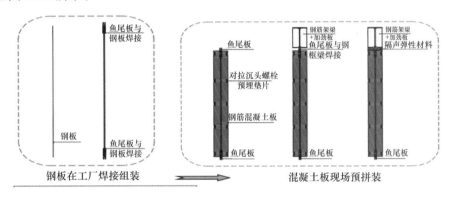

图5.30　钢板连接预组装

质量管理标准：鱼尾板与钢板的焊接缝要饱满，无夹渣。

3）钢板剪力墙现场拼装

管控要点：①用起重机械配吊装工具将预制混凝土板吊起与预组装完成的钢板按照设计间距用对拉沉头螺栓拼装成整体的防屈曲钢板剪力墙；②为减少塔式起重机吊次及提高安装功效，采用钢框架梁与钢板剪力墙预拼装的方法安装施工；③将钢板剪力墙顶部的鱼尾板与上部钢框架梁下翼缘采用双面焊接连接，焊接形式满足设计要求。

质量管理标准：①拼接缝宽度对接允许偏差 $b \geqslant 500$，±3.0mm；②拼接缝长度对接允许偏差 $L \geqslant 1000$，±3.0mm。

4）现场吊装与连接

管控要点：①钢板剪力墙与钢框架梁预组装完成后用起重机械配吊装工具将上部带有钢框架梁的防屈曲钢板剪力墙起吊至指定位置。②钢板剪力墙下部的鱼尾板与下部的钢框架梁连接时间和顺序应满足设计文件要求。当设计要求钢板剪力墙既承担水平剪力又承担竖向压力时，可与主体钢框架梁同时安装施工；当设计要求钢板剪力墙仅承担水平剪力、不承担竖向压力时，需待主体结构封顶后，再将钢板剪力墙下部的鱼尾板与钢框架梁连接固定。现场钢板剪力墙吊装实图如图5.31所示。

质量管理标准：①定位轴线允许偏差1mm；垂直度允许偏差 $h/250$ 且≤15mm；平面弯曲 $L(h)/1000$ 且≤10mm；②焊缝表面不得有裂纹、焊瘤等缺陷。一级、二级焊缝不得有表面气孔、夹渣、弧坑裂纹、电弧擦伤等缺陷，且一级焊缝不得有咬边、未焊满、根部收缩等缺陷。

图 5.31　钢板剪力墙现场吊装

5）节点连接处理

管控要点：钢板剪力墙鱼尾板与钢框架梁焊接连接后，混凝土盖板与钢框架梁之间的间隙采用隔声的弹性材料填充，并用轻型金属架及耐火板材覆盖。

质量管理标准：间隙填充要饱满，填充后应与混凝土板边齐平。

6. 钢筋桁架楼承板安装

1）安装准备

管控要点：①钢筋楼承板的堆放场地应基本平整，堆放高度不宜超过 2m；②钢筋桁架楼承板施工前，必须将梁顶面杂物清扫干净，并对有弯曲或扭曲的楼承板进行矫正，将各捆板吊运到各安装区域，明确起始点及板的扣边方向；③边模等封边板要准备齐全；④配齐相关吊装和焊接工具，如专用吊装带、卡环、钢丝绳、焊接设备等，如图 5.32所示。

卡环

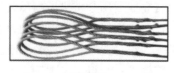

钢丝绳

焊丝

二氧化碳焊机

图 5.32　钢筋桁架楼承板吊装和焊接所需设备

质量管理标准：①楼承板的质量合格证明文件要齐全。②楼承板的长度允许偏差 0.6mm；宽度允许偏差 ±4mm；楼承板钢筋桁架高度允许偏差 ±3mm；楼承板钢筋桁架间距 a 允许偏差 ±3mm，间距 b 允许偏差 ±10mm。③钢筋桁架焊点处熔化金属应均匀，焊点不应脱落、漏焊，焊点应无裂纹、多孔性缺陷及明显烧伤现场。

2）测量放线定位

管控要点：按图纸所示的起始位置在支撑梁或墙上弹设基准线，并检查钢筋桁架楼承板的拉钩是否变形，变形处可以用自制的矫正器械进行矫正。

质量管理标准：严格按照图纸及相应规范的要求调整钢筋桁架楼承板的位置，板的直线度误差为 10mm，板的错口误差要求＜5mm。

3）楼承板铺设

管控要点：①对准基准线，安装第一块板，钢筋桁架楼承板的铺设宜从起始位置向一个方向铺设。钢筋桁架楼承板铺设时，现场需要 3～4 人将每块钢筋桁架楼承板倒运到其铺设部位，铺设工人在铺板时应有 4 人，在模板的两头各 1 人，中间均匀分布 2 人。当模板初步扣合时，中间的 2 人需按紧拉钩处，两头的人再用力将模板完全扣合。楼承板安装时板与板之间扣合应紧密，以防止混凝土浇筑时漏浆。②钢筋桁架楼承板在钢梁上的搭接，桁架长度方向搭接长度不宜小于 5d（d 为钢筋桁架下弦钢筋直径）及 50mm 中的较大值；板宽度方向底模与钢梁的搭接长度不宜小于 30mm，以确保在浇注混凝土时不漏浆。③钢筋桁架楼承板与钢梁搭接时，支座竖筋必须全部与钢梁焊接，宽度方向需沿板边每隔 300mm 与钢梁点焊固定。④当设计要求设置临时支撑时，应按照设计要求在相应的位置设置临时支撑，临时支撑必须与钢梁上表面标高一致。临时支撑不得采用孤立的点支撑，应设置木材和钢板等带状水平支撑，带状水平支撑与楼承板接触面宽度不应小于 100mm。

质量管理标准：支撑楼承板的钢梁表面应保持清洁，楼承板与钢梁顶面间隙应控制在 1mm 以内。

4）栓钉焊接

管控要点：①钢筋桁架楼承板铺设完毕以后，根据设计图纸进行栓钉的焊接。为保证栓钉的焊接质量，焊接前需对完成的钢筋桁架楼承板面灰尘、油污进行清理。钢筋桁架楼承板与母材的间隙应控制在 1.0mm 以内以保证良好的栓钉焊接质量。②抗剪连接栓钉部分直接焊在钢梁顶面上，为非穿透焊；部分钢梁与栓钉中间夹有压型钢板，为穿透焊。栓钉需进行 30°的弯曲试验，其焊缝及热影响区不得有肉眼可见的裂缝。

质量管理标准：栓钉与钢梁焊接焊缝表面不得有裂纹、焊瘤、夹渣、咬边、未焊满、根部收缩等缺陷。

5）设置附加钢筋及端部封堵

管控要点：①附加钢筋的施工顺序为设置下部附加钢筋→设置洞边附加钢筋→设置上部附加钢筋→设置连接钢筋→设置支座负弯矩钢筋；②钢筋桁架楼承板开洞口应通过设计认可，现场进行放线定位。必须按设计要求设置洞口边加强钢筋，当洞边长度小于 1000mm 时，沿着铺设板的方向设置 4Φ12mm 钢筋，后将钢筋伸入钢梁，随后垂直于板的方向设置 4Φ12mm 钢筋，将钢筋设置在钢筋桁架面钢筋之下；③当孔洞边有较大集中荷载或洞边长度大于 1000mm 时，应在孔洞周边设置边梁；④垂直和平行于钢梁的楼承板端部均设置 L 形边模。钢梁边封堵构造如图 5.33 所示。

质量管理标准：①附加钢筋的规格和数量需满足设计要求；②安装边模封口板时，应与楼承板对齐，偏差不大于 3mm。

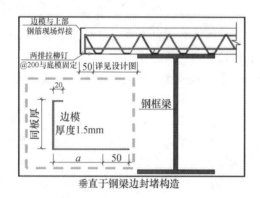

图 5.33　钢梁边封堵构造

7. 压型钢板安装

1) 安装准备

管控要点：①钢柱、梁施工完成，并办理交接验收手续。②压型钢板等材料运进现场，按平面图要求堆放，堆放高度不超过 2m，经检查型号、规格、质量符合设计要求。③吊装设备、焊接设备准备齐全，能满足施工需要；临时供电线路已敷设到位，所使用的零件配套齐备。④铺设前，应割除影响安装的钢梁吊耳，清扫支承面杂物、锈皮及油污。⑤边模包边钢板或支座处支撑角钢焊接完成应验收合格。

质量管理标准：①压型钢板的规格、性能应符合国家产品标准和设计要求；质量合格证明文件、中文标志及检验报告等文件齐全；②波距允许偏差±2mm；波高≤70mm，允许偏差±1.5mm；波高＞70mm，允许偏差±1.5mm。

2) 测量放线定位

管控要点：按图纸所示的起始位置在钢梁或墙上弹设压型板安装位置线，标高应符合设计要求。

质量管理标准：位置线的偏差应符合设计要求。

3) 压型钢板板铺设及端部封堵

管控要点：①压型钢板铺设安装施工顺序按"先大后小、先长后短、先主后辅"的原则执行。先大后小：先铺设大面积区域，后铺设小面积区域；先长后短：先铺设压型钢板长度长的，后铺设长度相对短的；先主后辅：先铺设主要的压型钢板，后铺设安装辅助的封边、堵头板等。②铺设时每片钢板以确定的宽度定位，并以片为单位，边铺设边定位。铺设时压型钢板在梁上的搭接长度短边大于 50mm，长边大于 25mm。③铺设时以压型钢板每肋为基准起始边，依次铺设，随时校正、调直、压实。采用间断焊随铺设随点焊，点焊间距≤400mm，以防止模板的松动、滑脱。压型钢板与压型钢板侧板间连接采用自攻螺栓，使单片压型钢板间连成整板。④压型钢板在铺设时，纵横向压型钢板要注意沟槽的对直沟通，以便于钢筋绑扎。⑤当压型钢板的强度和挠度不满足要求时增设临时支撑，临时支撑底部、顶部应设置宽度不小于 100mm 的水平带状支撑。压型钢板垂直于边梁构造措施如图 5.34 所示。

质量管理标准：①压型钢板与主体结构（梁）的锚固支承长度应符合设计要求，且不应小于 50mm，端部锚固件连接应可靠；②压型钢板在钢梁上的搭接长度不小于 375mm。

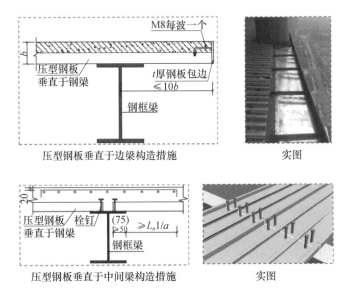

图 5.34 压型钢板垂直于边梁构造措施

4）栓钉焊接

管控要点：①栓钉间距按照设计要求进行焊接排布。②将栓钉放置在焊枪的夹紧装置中，把相应直径的保护瓷环置于母材上，把栓钉插入瓷环内并与母材接触。③按动电源开关，栓钉自动提升，激发电弧。焊接电流增大，使栓钉端部和母材局部表面熔化。设定的电弧燃烧时间达到后，将栓钉自动压入母材。④切断电源，熔化金属凝固，并使焊枪保持不动。冷却后，栓钉端部表面形成均匀的环状焊缝余高，敲碎并清除保护瓷环。

质量管理标准：栓钉与钢梁焊接焊缝表面不得有裂纹、焊瘤、夹渣、咬边、未焊满、根部收缩等缺陷。

5）设置附加钢筋

管控要点：①按照设计要求设置附加钢筋，附加钢筋的施工顺序：设置下部附加钢筋→设置洞边附加钢筋→设置上部附加钢筋→设置连接钢筋→设置支座负弯矩钢筋；②钢筋压型钢板采用后开洞的措施，当开洞孔径或边长≤300mm 时，可不采取加强措施。当开洞尺寸在 300～750mm 之间时，应采取加强措施，在垂直于板肋方向设置角钢或附加钢筋；当开洞尺寸在 750mm 且小于 1500mm 时，应采取有效的加强措施，沿顺肋方向加角钢与邻近结构梁连接，在垂直肋方向加角钢与顺肋方向角钢连接。

质量管理标准：附加钢筋的规格和数量满足设计要求。

8. 叠合楼板安装

1）进场验收

管控要点：检查叠合板的编号、预留洞、接线盒的位置和数量、外观质量包括粗糙面面积（不小于结合面的 80％）、外露钢筋以及裂缝情况（裂缝宽度小于 0.2mm）等。

质量管理标准：预留、预埋正确，尺寸符合要求，外观良好。

2）测量放线

管控要点：叠合板吊装前测量并弹出标高控制线、叠合板安装位置线，板底搭在钢梁上翼缘为 60mm。

质量管理标准：施工线清晰、位置准确。

3）支撑布置

管控要点：根据支撑布置图，安装独立支撑，并按楼层标高计算出支撑上标高，墙体两侧拉施工控制线进行标高控制。

质量管理标准：独立支撑布置符合要求。

4）支撑安装

管控要点：根据支撑布置图，安装独立支撑，并按楼层标高计算出支撑上标高，墙体两侧拉施工控制线进行标高控制。

质量管理标准：独立支撑与横梁安装稳定标高允许偏差为 5mm。

5）板带安装

管控要点：根据水平现浇段的尺寸，制作定型钢框木模板板带，板带制作长度小于净空 10mm，宽度每边 20～50mm 搭接，粘贴海绵条以安装后调节位置和标高，然后采用木屑在端部使钢框与混凝土墙之间揳紧。

质量管理标准：双向板端模板安装位置准确，标高符合要求，位置偏差 10mm，标高允许偏差 5mm。

6）起吊

管控要点：叠合板采用专用吊具和钢丝绳，按次序吊装，叠合板吊至地面 500mm 左右时，检查是否有歪扭或卡死现象及各吊点受力是否均匀，然后安全、平稳、快速地吊运至安装地点。叠合板起吊如图 5.35 所示。

质量管理标准：叠合板吊装钓具完好，吊点位置准确。

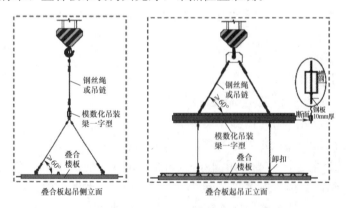

图 5.35　叠合板起吊

7）就位调整

管控要点：叠合板吊运至安装位置 1m 左右时，调整叠合板方向和位置，落至 100mm 时，边线基本吻合，人工辅助缓慢下落，基本落实后人工微调，使边线吻合、落实、摘钩。

质量管理标准：楼板安装后位置准确，无悬空不实现象，端部钢筋位置合理。

8）检查验收

管控要点：楼层内可设置2人，边安装边检查叠合板位置、铺设的虚实情况、支撑、叠合板底部标高、现浇板带稳定与楼板的间隙等情况，并及时与上部人员沟通共同予以调整。

质量管理要点：符合设计要求。

9）栓钉及板底焊接

管控要点：①叠合板安装检查合格后，端部支座采用电渣压力焊将每块板的底部预埋钢片与钢框梁的翼缘单面焊接，焊缝长度不小于60mm；②叠合楼板板底焊接完毕后，根据设计图纸进行栓钉与钢框架上翼缘焊接。

质量管理标准：栓钉与钢梁、板底钢片与钢梁等焊接焊缝表面不得有裂纹、焊瘤、夹渣、咬边、未焊满、根部收缩等缺陷。

9. 钢结构虚拟安装技术

在钢结构安装阶段，通过对钢结构构件的选型和安装工艺及工法进行虚拟仿真，可降低该阶段的返工率，提升施工效率和质量。

1）钢柱、钢梁吊装

在钢柱、钢梁吊装施工开始前，通过BIM技术对钢结构构件进行模型搭建，在施工场景中创建临时道路、车辆运输路线及吊装过程模拟，能有效减少钢结构构件的二次搬运，避免人员与施工机具路线重叠，从而提高吊装机具的工作效率，控制吊装成本。

2）钢柱的临时固定与复测校正

可采用建模手段来模拟柱的临时固定与复测校正。通过模拟预估临时固定与校正过程可能存在的问题（如人员安排等），从而提高临时固定与校正的精确度与效率。在复测过程中，可利用BIM技术对测量仪器与已安装构件进行碰撞检验，进而对测量仪器进行合理有效的布置，以提高复测过程的效率。

5.3.3 外围护构件安装

1. 外挂墙板安装

1）进场验收

管控要点：现场施工管理人员要检查外挂墙板的编号、规格尺寸、预埋牛腿和预埋螺栓的位置及标高、预埋安装吊环螺栓的位置及数量等是否符合设计要求。

质量管理标准：①外挂墙板构件、主要材料及配件均应按检验批进场验收；②构件进场应有签字的质量证明文件。

2）吊装准备

管控要点：①吊装工具，包括模数化吊装梁、吊链或钢丝绳、吊环螺栓、牵引绳等。②测量设备，包括水准仪、卷尺、墨斗。③连接设备，包括螺母、垫片、扳手等；钢框梁上、下翼缘的连接角钢应提前焊接好。④防水密封材料，包括发泡聚乙烯棒、气密条；每块墙板的上部接缝内部气密条在吊装前安装好。⑤明确外挂墙板的安装思路，自下而上开始安装。

质量管理标准：防水密封材料检测报告及质量证明文件齐全。

3）测量放线

管控要点：①外挂墙板安装前，在墙板内侧弹出竖向和水平线（左右线和进出线），设置楼面轴线垂直控制点，楼层上的控制轴线用垂线仪及经纬仪由底层原始点直接向上引测；②每个楼层设置标高控制点，在该楼层柱上放出 500mm 标高线。

质量管理标准：施工现场清晰、位置准确。

4）预制外挂墙板起吊

管控要点：①吊具挂好后起吊至距地 500mm，检查构件吊耳连接无误后方可继续起吊，起吊时应缓慢匀速，保证预制外挂墙板边缘不被损坏；②将预制外挂墙板缓慢吊起平稳后再匀速转动吊臂，吊至作业层上方 500mm 左右时，作业人员扶住构件，调整墙板位置，缓慢下降墙板，将墙板上、下 4 个连接螺栓分别穿入钢框梁上、下翼缘上的角钢，利用挂板牛腿临时支撑在钢框梁的上翼缘上。

5）预制外挂墙板初步连接

管控要点：外挂墙板牛腿搁置在钢框梁上翼缘后，首先将墙板上部的 2 个预埋螺栓分别与钢梁下翼缘连接角钢安装双螺母进行初拧，然后卸掉吊环螺栓及吊具。

6）预制外挂墙板校正及固定

管控要点：根据测放的控制线，用挂板牛腿配合调整预制墙板的水平、垂直及标高，待均调整至误差范围内后安装下部连接角钢螺栓及螺母紧固到设计要求。挂板校正按照以下原则进行：

（1）外挂墙板侧面中线及板面垂直度的校核应以中线为主调整。

（2）外挂墙板上下校正时，以竖缝为主进行调整。

（3）外挂墙板接缝应以满足外墙面平整为主。

（4）外挂墙板山墙阳角与相邻板的校正，以阳角为基准调整。

（5）外挂墙板拼缝平整的校核，以楼地面水平线为基准调整。

质量管理标准：①外挂墙板标高允许偏差±5mm；②相邻墙板平整度允许偏差 2mm；③墙面垂直度层高允许偏差 5mm；④相邻接缝高度允许偏差 3mm；⑤接缝宽度允许偏差±5mm，中心线与轴线距离允许偏差 5mm。ALC 外围护板模型如图 5.36 所示。

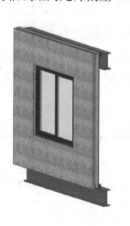

图 5.36　ALC 外围护板模型

7）板缝处理

管控要点：①接缝中应按设计要求填塞密封胶背衬材料（发泡聚乙烯棒），背衬材料与接缝两侧基层之间不得留有空隙，且背衬材料进入接缝的深度应和密封胶的厚度一致；②外挂墙板十字接缝处各 300mm 范围内的水平缝和垂直缝应一次施工完成；③嵌填密封胶后，应在密封胶表干前用专用工具对胶体表面进行修整，溢出的密封胶应在固化前进行清理。

质量管理标准：①密封胶嵌填应饱满、密实、均匀、顺直、表面平滑；②外挂墙板接缝的密封胶进场复验项目应包括下垂度、表干时间、挤出性、适用期、弹性恢复率、拉伸模量、质量损失率。

8）外挂墙板虚拟施工

应用 BIM 技术对项目应用外挂墙板进行建模，可复核各项设计布置图，如墙板布置图、窗间墙布置图、外墙板三维效果图等，如图 5.37～图 5.39 所示。

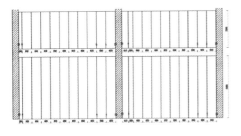

图 5.37 墙板布置图

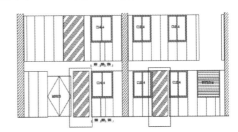

图 5.38 窗间墙布置图

图 5.39 外墙板三维效果图

通过 BIM 技术的三维可视化模型，配合技术交底文件整理加工成可前期给现场分包管理人员、施工作业工长、班组工人进行全员交底的三维模型文件。

根据墙板布置图确定板材规格为 200mm 厚，宽度整板为 600mm。异形规格可以根据具体需要定制生产。墙板安装为竖向安装，连接配件采用角钢连接，如图 5.40 所示。各种管道穿越外墙板时，其结合处应做好防渗处理。安装事宜包括但不限于：U 形卡/角钢的焊接、钩头螺栓锚固、AAC 板材安装、预留门窗洞口、AAC 板材与钢梁/钢柱/楼板夹缝处理、AAC 板材间缝隙处理等。

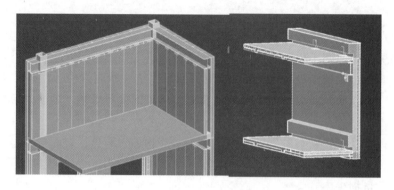

图 5.40　外墙板拆分图

通过将这些构件进行模型搭建、节点工艺处理，可形成更为直观、便于理解的三维施工交底文件，如图 5.41 所示。

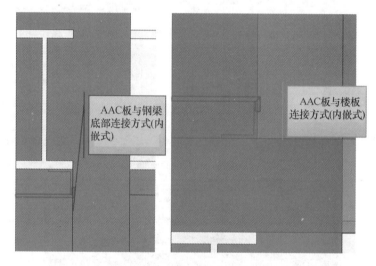

图 5.41　外墙板节点图

板缝处亦可三维直观表达密封胶处理等细节部分，为装配式精细化施工提供有效依据，控制材料用量和成本，如图 5.42 所示。

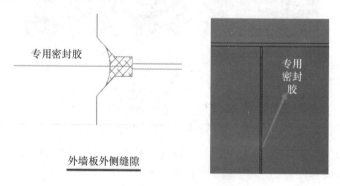

图 5.42　外墙板内、外侧缝隙用胶示意

外挂墙板安装虚拟施工流程如图5.43所示。

图 5.43 外挂墙板安装虚拟施工流程

2. ALC 条板安装

1）进场验收

管控要点：②现场施工管理人员需确认 ALC 条板种类、尺寸和外形等是否满足设计要求；②条板隔墙安装工程应在做地面找平层之前进行。

质量管理标准：隔墙条板的品种、规格、性能、外观应符合设计要求。

2）安装准备

管控要点：①测量放线工具，包括经纬仪、水准仪、卷尺、线锤、墨斗等；②连接材料，包括 U 形钢卡、连接角钢、钩头螺栓等；③板缝处理材料，包括聚合物水泥砂浆、专业黏结剂、耐碱玻纤网格布等；④其他工具，包括 ALC 专用切割机、吊带、冲击电钻、木楔、撬杠、专用运板车等。

3）基层清理及测量放线

管控要点：①墙板的安装基层应清理干净，凹凸不平处用砂浆找平，对需要处理的光滑地面应进行凿毛处理；②根据排板图和现场定位轴线，在钢柱和楼板面上用墨线弹出每块板材和门窗洞口的安装平面线、水平控制线，以控制整个墙面的垂直度、平整度以及门窗洞口的标高。

质量管理标准：施工线清晰，位置明确。

4）安装连接卡件

管控要点：外墙采用内嵌方式配连接角钢与条板钩头螺栓固定，先通过钢梁焊接固定角钢，再固定钩头螺栓。

质量管理标准：条板隔墙的预埋件、连接件的位置、规格、数量和连接方法应符合设计要求。

5）条板安装及矫正

管控要点：①墙板采用竖放安装方式，门窗过梁及窗台板可采用竖放或横放安装方式，隔墙长度尺寸宜满足 600mm 模数，门窗洞口两侧宜用整板。②条板从钢柱的一端向另一端按顺序安装；当有门洞口时，从门洞口向两侧安装。③在条板下部打入木楔，并应搂紧，且木楔的位置应选择在条板的实心肋上。利用木楔调整位置，两个木楔为一组，使条板就位，将板垂直向上挤压，顶紧梁、板底部，调整好板的垂直度后再固定。④按顺序安装条板，将板榫槽对准榫头拼接，条板与条板之间应紧密连接；应调整好垂直度和相邻板面的平整度，并应待条板的垂直度、平整度检验合格后，再安装下一块板。⑤外墙条板吊装就位、对准墨线靠紧通长角钢，从条板里面将钩头螺栓穿入孔中，使钩头钩在通长角钢上，在螺栓一端放上 φ50 圆垫片，拧紧螺帽，将钩头螺栓和角钢的接触面焊接起来，接触面上、下满焊，如图 5.44 所示。

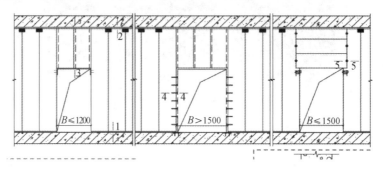

图 5.44 条板安装立面

质量管理标准：①条板安装应垂直、平整、位置正确，转角应规整，板材不得有缺边、掉角、开裂等缺陷；②条板隔墙表面应平整、接缝应顺直、均匀，不应有裂缝，条板之间、条板与建筑主体结构的结合应牢固，稳定，连接方法应符合设计要求；③表面平整度、立面垂直度、阴阳角方正允许偏差 3mm；接缝高低允许偏差 2mm；墙体轴线位移允许偏差 5mm；④安装后的条板隔墙 7d 内不得承受侧向作用力。

6）底部水平缝处理

管控要点：单面墙体安装完成后，板材底部与楼板之间的间隙均填充 1∶3 水泥砂浆或干硬性细石混凝土。一般 3～5d 后可拔出木楔，并对木楔洞补入水泥砂浆或细石混凝土。

质量管理标准：条板隔墙安装所用接缝材料的品种及接缝方法应符合设计要求。

7）竖向板缝处理及验收

管控要点：板缝及两种材料相邻处缝隙处理先用聚合抗裂砂浆将板缝批实批平，然后在板缝处批入宽 100～200mm、厚 5～10mm 的聚合物抗裂砂浆，并压入耐碱玻纤网格布。

质量管理标准：条板隔墙安装所用接缝材料的品种及接缝方法应符合设计要求。

8）保温装饰一体板安装

管控要点：在 ALC 板上弹出排板线，竖向控制线和水平控制线误差≤3mm；挂板沿排板线安装，间距为 300～500mm，紧固件安装齐全，压力适度；挂接平面控制线保证板面平整；在保温装饰板背面每平方至少涂 8 个黏结点且黏结面积不得小于板面的 45%；保温装饰板粘于 ALC 板上，四边均需安装卡扣，预留嵌缝条与板面深度 3～

5mm 为宜，板缝两侧用胶带粘贴，在板缝中注入硅酮耐候密封胶，厚度为 0.5～1mm，随后用平刮刀刮平密封胶。保温装饰一体板虚拟施工如图 5.45 所示。

图 5.45　保温装饰一体板虚拟施工示意图

5.3.4　装配式内墙 ALC 条板安装

1）进场验收

管控要点：①现场施工管理人员需确认条板种类、尺寸和外形等是否满足设计要求；②条板隔墙安装工程应在地面找平前进行。

质量管理标准：隔墙条板的品种、规格、性能、外观应符合设计要求。

2）安装准备

管控要点：①测量放线工具，包括经纬仪、水准仪、卷尺、线锤、墨斗等；②连接材料，包括 U 形钢卡、连接角钢、钩头螺栓等；③板缝处理材料，包括聚合物水泥砂浆、专业黏结剂、耐碱玻纤网格布等；④其他工具，包括 ALC 专用切割机、吊带、冲击电钻、木楔、撬杠、专用运板车等。

3）基层清理及测量放线

管控要点：①墙板的安装基层应清理干净，凹凸不平处用砂浆找平，对需要处理的光滑地面应进行凿毛处理；②根据排板图和现场定位轴线，在钢柱和楼板面上用墨线弹出每块板材和门窗洞口的安装平面线、水平控制线，以控制整个墙面的垂直度、平整度以及门窗洞口的标高。

质量管理标准：施工线清晰，位置明确。

4）安装连接卡件

管控要点：采用 U 形钢卡法固定，按照弹好的墙体位置线安装 U 形卡，每块板一只 U 形卡与钢梁焊接，或用两颗钉与混凝土连接。U 形卡的中间位置尽量对着板与板的拼缝，卡住板材的高需≥20mm。固定 U 形卡件的方式如果是钉固定，则不得少于 2 个；如果是点焊固定，不得少 4 个固定点。

质量管理标准：条板隔墙的预埋件、连接件的位置、规格、数量和连接方法应符合设计要求。

5）条板安装及矫正

管控要点：①墙板采用竖放安装方式，门窗过梁及窗台板可采用竖放或横放安装方式，隔墙长度尺寸宜满足 600mm 模数，门窗洞口两侧宜用整板。②条板从钢柱的一端向另一端按顺序安装；当有门洞口时，从门洞口向两侧安装。③在条板下部打入木楔，并应搂紧，且木楔的位置应选择在条板的实心肋上。利用木楔调整位置，两个木楔为一组，使条板就位，将垂直向上挤压，顶紧梁、板底部，调整好板的垂直度后再固定。④按顺序安装条板，将板榫槽对准榫头拼接，条板与条板之间应紧密连接；应调整好垂直度和相邻板面的平整度，并应待条板的垂直度、平整度检验合格后，再安装下一块板。⑤外墙条板吊装就位，对准墨线靠紧通长角钢，从条板里面将钩头螺栓穿入孔中，使钩头钩在通长角钢上，在螺栓一端放上 $\Phi 50$ 圆垫片，拧紧螺帽，将钩头螺栓和角钢的接触面焊接起来，接触面上下满焊，如图 5.46 所示。

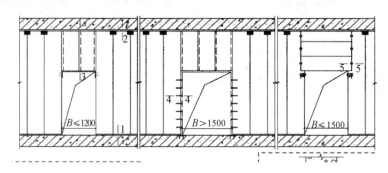

图 5.46　条板安装立面

质量管理标准：①条板安装应垂直、平整、位置正确，转角应规整，板材不得有缺边、掉角、开裂等缺陷；②条板隔墙表面应平整、接缝应顺直、均匀，不应有裂缝，条板之间、条板与建筑主体结构的结合应牢固、稳定，连接方法应符合设计要求；③表面平整度、立面垂直度、阴阳角方正允许偏差 3mm；接缝高低允许偏差 2mm；墙体轴线位移允许偏差 5mm；④安装后的条板隔墙 7d 内不得承受侧向作用力。

6）底部水平缝处理

管控要点：单面墙体安装完成后，板材底部与楼板之间的间隙均填充 1：3 水泥砂浆或干硬性细石混凝土。一般 3～5d 后可拔出木楔，并对木楔洞补入水泥砂浆或细石混凝土。

质量管理标准：条板隔墙安装所用接缝材料的品种及接缝方法应符合设计要求。

7）竖向板缝处理及验收

管控要点：板缝及两种材料相邻处缝隙处理，采用聚合抗裂砂浆先将板缝批实、批平，然后在板缝处批入宽 100～200mm、厚 5～10mm 的聚合物抗裂砂浆，并压入耐碱玻纤网格布。

质量管理标准：条板隔墙安装所用接缝材料的品种及接缝方法应符合设计要求。

5.3.5　装配式整体厨卫安装

1. 安装总体要求

（1）室内装饰装修材料应按现行国家标准《民用建筑工程室内环境污染控制标准》

（GB 50325—2020）的要求进行甲醛、氨、挥发性有机化合物和放射性等有害指标的检测。

（2）验收时，需进行室内环境污染物浓度检测，应符合《建筑工程绿色施工规范》（GB/T 50905—2014）的要求。

2. 整体厨房安装

1）安装准备

管控要点：①整体厨房部品应进行进场验收，对照装箱单检查零部件是否齐全，检查部品部件是否有破损划伤现象；②地面、墙面和吊顶工程应按设计要求完成施工并验收合格；③确认图纸设计与现场尺寸是否相符，检查给水管、排水管、煤气管、消毒柜、烟机电源等位置是否正确。

质量管理标准：①部品应进行进场检验，所用材料和产品的名称、规格、型号、数量和质量应符合设计要求；②产品合格证、出厂合格证、性能检验报告等质量证明文件齐全有效。

2）地柜安装

管控要点。①先将木销插在侧板（或装有连接杆的板件）上，确认木销露出部分不得超过 10mm，再将装好木销的侧板准确地与地板进行连接；最后用自攻螺丝钉固定背板，注意每个连接杆的木销共 4 颗，其中 2 颗位于柜体上部，另 2 颗放在柜体下部。木销与孔位的错位或侧板与底板的错位误差如果在 2mm 以内，则可用美工刀适当修正木销。②安装地脚：900～1000mm 的柜体应在底板的中心增加 1 个地脚；1m 以上的柜体，应在底板中心的前后端各增加 1 个地脚，左、中、右地脚应在一条直线上。③摆放、调平、连接柜体：测试厨房内的地面水平，找出最低点和最高点，从厨房地面最高端开始，调整柜体地脚，调至最低端，保持柜体在一个水平面上，调整完后用水平尺进行检查。确认柜体水平后，用螺钉连接柜体。用 5mm 的钻头在侧板上打出连接孔，用自攻螺钉将柜体连接。连接时，尽量保证两侧板完全重合，如存在误差，则需保证顶端和前端在同一平面上。④柜体开缺：因厨房内有燃气表、水表、排水管等需要进行柜体开缺时，应精确测量开缺尺寸，用曲线锯平稳地将柜体进行改造，锯完后的板件裸露部分必须用锡箔纸或橡胶带封边，如图 5.47 所示。

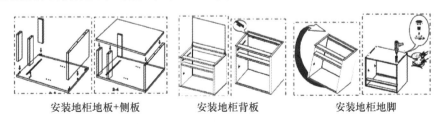

安装地柜地板+侧板　　　　安装地柜背板　　　　安装地柜地脚

图 5.47　地柜安装

质量管理标准：①地柜摆放好后应用水平尺校平，各地柜间及门板缝隙应均匀一致；②各个柜体之间应用连接件连接固定，门板应无变形，板面应平整；③门板与柜体、门与门之间缝隙应均匀一致，且无上下、前后错落。门与柜体缝隙宽度允许偏差为 2mm；④地柜台面距地面高度允许误差为 ±10mm。

3）吊柜安装

管控要点：①柜台先在地面预拼装，再按照样板房标准和图纸标注高度确定好高度后，根据高度确定挂片安装；②如吊灯在柜内，则根据吊灯位置开孔，预留电源线；③安装吊柜应从上往下挂，拧紧吊码，打水平，确保吊柜与墙体靠紧、挂牢。其中，吊码中的上螺钉是上下调节，下螺钉是前后紧固。吊柜安装完毕后应在柜体与墙面接触部位打硅胶，使柜体与墙面紧贴，注意吊柜顶部与棚顶的处理，如果吊柜是与棚顶相连的，则注意连接处缝隙的处理，做到外观上上下一体，如图 5.48 所示。

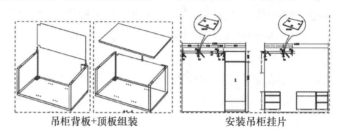

吊柜背板+顶板组装　　　　安装吊柜挂片

图 5.48　吊柜安装

质量管理标准：①吊柜与地柜的相对应侧面直线度允许误差应不大于 2.0mm；②相邻吊柜、地柜和高柜之间应采用柜体连接件固定，柜与柜之间的层错位、面错位不得超过 1.0mm。

4）门板安装

管控要点：①将两块门板水平放置（上下整齐），用专用门铰将两块门板连接在一起；②在地柜下端另立三个支撑点将连接好的门板置放在支撑点上；③确认门板安装位置后将门板与柜体用角铁连接；④门板安装完毕后，利用靠内的螺钉前后调节门板，靠外的螺钉调节门板的左右位置。

质量管理标准：①门板间隙缝要均匀，上下要水平；②柜门安装应连接牢固，开关灵活，不应松动，且不应有阻滞现象。

5）台面安装

管控要点：①铺装台面垫条。柜体水平度检查合格后，在侧板上铺装与台面板同材质的垫条，用 502 胶与柜体侧板连接牢靠。②固定台面。将工厂加工好的台面用大理石胶粘贴在垫条上，搬运中注意对柜体和台面的保护。③台面开孔。根据柜体的宽度设计图纸及水槽、灶台的尺寸，在台面板材上用铅笔画线，确定切割的尺寸，开孔的四周（板材的正、反面）必须修理成 $R6mm$ 的圆角且打磨平滑。④检查平整度。用水平尺检查台面板的平整度，台面板安装完后，要用吸尘器将作业现场彻底打扫一遍。

质量管理标准：①台面开孔要平滑；台面与墙壁（包括柱、水管、墙角柱）之间保留 3～5mm 的伸缩缝以避免因热胀冷而损坏台面。②安装完后用玻璃胶将台面四周填封好。③台面及前角拼缝和拼接时的错位误差应不大于 0.5mm。

6）小五金安装

管控要点：①平开门。吊柜最下端拉手孔距门板外沿的水平和垂直距离均为 50cm；地柜最上端拉手孔距地柜门板顶端垂直距离为 50cm，侧面水平距离为 50cm；抽屉拉手孔距门板最上端的距离为 50mm，水平位置居中。②吊柜上翻门：拉手孔距门板下端边沿垂直距离为 50mm，水平位置居中。

质量管理标准：拉手的安装位置满足设计要求。

7）水槽、灶台和抽油烟机安装

管控要点：①灶台安装。将嵌入式炉灶试放在开孔里，应确保每一边留有不小于 5mm 的间隙；用红板纸或隔热棉隔热后再增加用作散热处理的锡箔胶带。②水槽安装。在预留好的水槽位置边上，提前安装好水龙头和进水管道。水槽的下水接口及其附件和水槽的水龙头与给水接口连接好；将水槽放入预留好的水槽孔中，在台面和水槽之间安装配套的挂片，确保水槽安装牢固。安装完毕后对水槽进行漏水测试，最后用硅胶进行水槽的封边，保证水槽和台面之间的缝隙均匀一致。③烟机安装。确定挂板安装位置→钻孔安装挂板→将油烟机挂扣到挂板上→安装排烟管→安装加长罩→安装油杯等配件。

质量管理标准：①燃气灶具的进气接头与燃气管道接口之间的接驳应严密，接驳部件应用卡箍紧固；②洗涤槽与台面相接处应采用防水密封胶密封，不得渗漏水；给水管道、水嘴及接头不应渗水；③排油烟机排气管与接口处应采取密封蜡，吸油烟机的中心应对准灶具中心，吸油烟机的吸孔宜正对炉眼。

8）验收

管控要点：①厨房的质量验收应以竣工验收时可观察到的工程观感质量和影响使用功能的质量作为主要验收项；②验收检查的文件包括施工图、设计说明及其他设计文件，以及材料的产品合格证书、性能检测报告和进场验收记录、施工记录。

质量管理标准：厨房家具安装，外形尺寸（长、宽、高）允许偏差为±1mm，对角线长度之差为 3mm。

3. 整体卫生间安装

1）安装准备

管控要点：①整体卫生间产品应进行进场验收，对照装箱单检查零部件是否齐全，检查零部件是否有破损划伤现象；②与整体卫生间连接的管线应敷设至安装要求位置，并应验收合格。

质量管理标准：整体卫生间产品合格证、出厂合格证、性能检验报告等质量证明文件齐全有效。

2）测量定位

管控要点：①测量立管到墙面的距离；②测量排污孔到墙面的距离；③根据楼面弹出的轴线位置定位卫生间，保证防水盘开洞位置与楼面留洞位置相对应，尺寸无偏差。

质量管理标准：位置线要符合设计及规范要求。

3）底盘安装

管控要点：底盘采用 SMC 材料制作而成，自带 5cm 防水反边、导流槽和地漏孔，在底盘加强筋上首先安装调节螺栓，其次在架空层安装排水横管，最后将底盘放入卫生间合适的位置，调整底盘螺栓高度，用水平仪测量水平，保证螺栓全部与地面接触。

质量管理标准：①底盘的高度及水平位置应调整到位，内外设计标高差 2mm，底盘应完全落实、水平稳固、无异响现象。②预留排水管的位置和标高应准确，排水应通畅。

4) 壁纸安装

管控要点：壁板采用 SMC 材料制作而成，墙板需要通过拼装组成浴室墙面。安装顺序为：①按图纸要求将壁板按次序摆放整齐，在两块壁板之间侧面贴上密封条，然后用大力钳将两块壁板夹紧，保持上下对齐、表面平整，用手电钻钉孔，并用螺栓拧紧，每条接缝螺栓间距为 400mm；②将连接好的壁板在背面安装加强管，对角处安装角连接件；③将组装好的壁板卡入底盘翻边的卡槽内与底盘连接，并用橡皮锤轻敲，使壁板内侧与防水盘内壁在同一平面。

质量管理标准：①壁板拼接处应表面平整、缝隙均匀；②整体卫生间壁板的安装应使安装面完全落实、水平稳固，没有变形和表面损伤；③壁板之间的压条长度应与壁板高度相一致，应先中缝压线，再壁板角压线，最后顶盖压线；④阴阳角方正、立面垂直度、表面平整度等均为 3mm；接缝高低差、接缝宽度均为 1mm。

5) 给水管及电源线安装、接管试压

管控要点：①将冷热水前端加截止阀，电源线按要求安装；②按照壁板事先开好的上水孔，在墙板背面用管夹固定好给水管，把水贯通件安装到位，拧紧内丝弯头，并与卫生间已预留好的给水管热熔连接，并保证各接点无渗漏；③用试压泵对各接点进行打压试验，压力为 0.9MPa，保压 5min，之后检查水管接点是否有渗漏，如图 5.49 所示。

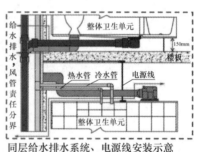

同层排水管道安装图示　　　　同层给水排水系统、电源线安装示意

图 5.49　同层排水管道安装

质量管理标准：①给水管接头采用热熔连接时，应保证所熔接的接头质量；②给水管道安装完成后，应进行打压试验，并应合格。

6) 顶板安装

管控要点：①顶板采用 SMC 材料模压而成，通过拼装组成浴室吊顶，吊顶自带检修口；②根据图纸按顺序排好位置，板与板表面要平整，缝隙要均匀，然后将顶板放到壁板上，用自攻螺栓将顶板与壁板连接，注意顶板与壁板尽可能靠近，如图 5.50 所示。

质量管理标准：①顶板安装应保证顶板与顶板、顶板与壁板间安装平整、缝隙均匀。②顶板安装允许偏差：表面平整度为 3mm；接缝高低差为 1mm；接缝宽度均为 2mm。

7) 门框及窗套安装

管控要点：①将门框安装到壁板预留口处，用线坠量出门框的垂直度，然后将门框与两边壁板连接固定；②壁板和外围护墙体窗洞口衔接应通过窗套进行收口处理，并做好防水措施。

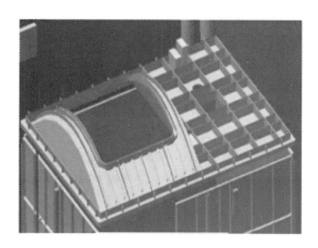

图 5.50 顶板安装

质量管理标准：①门框安装的垂直度应满足设计要求；②窗洞口处防水密封要严实。

8）内部件安装

管控要点：根据设计图尺寸要求将各配件安装到位，如洗面台、镜子、坐便器、换气扇、开关插座及灯具等，如图 5.51 所示。

图 5.51 整体卫生间内部件

质量管理标准：①洗面台水龙头安装需平整、水平、牢固、不渗水、开启灵活；②地漏部位低于整体地坪 3～5mm；③坐便器的安装坑距应一致，口径对准。

9）卫生间打胶

管控要点：①贴胶纸，将壁板之间的缝贴胶带纸，必须粘贴一致；②打胶，将密封胶嘴切 45°斜口，然后用胶枪沿胶缝打胶，注意打胶均匀；③刮胶，用刮板沿缝隙将密封胶刮平，刮胶时一定要均匀，处理表面光泽，表面不能起泡；④去胶纸，将贴在两边的胶纸一起撕掉，撕胶纸时注意不要污染其他地方。

10）验收

管控要点：①给水与供暖管道的连接，接头处理，水管试压，风管严密性检验；②排水管道的连接，接头处理，满水排泄试验；③电线与电器的连接，绝缘电阻测试，等电位联结测试。

质量验收标准：龙头、花洒及坐便器等用水设备的连接部位应无渗漏，排水通畅。

5.3.6 机电系统安装

1. 机电专业系统分类

1）暖通专业系统：空调冷冻水系统、空调冷却水系统、空调冷凝水系统、采暖系统、空调送风系统、空调回风系统、新风系统、排风系统、消防排烟系统、厨房排烟系统、加压送风系统。

2）给排水专业系统：给水系统、热水系统、中水系统、废水系统、污水系统、雨水系统、压力污水系统、通气系统、喷淋系统、消火栓系统、气体灭火系统。

3）电气专业系统：强电系统、弱电系统、消防电系统。

机电管线综合是目前 BIM 在国内较为广泛且成果较为明显的应用，通过对机电各专业传统二维图纸的三维模型搭建与校验，机电安装虚拟施工可以形成图纸查错、设计查错、精细化机电模型、机电管线优化深化、机电构件拆分与加工等相关成果。

2. 机电模型规划

在机电安装虚拟施工中，可预先对项目的机电管线进行建模规划，从机电预制范围、建模深度、成本算量、进度监控、模型结算等方面综合考虑，制定统一的模型标准，可有助于项目文件的有效传递与保存。

1）确定虚拟施工的设备选型

根据设计参数与模型规划选择合格的生产厂商，并与厂商进行模型对接，确保厂商能够提供 BIM 产品模型，根据厂商提供的产品模型进行数据库的梳理，包括标准、规格、族库等模型及方案文件。在虚拟施工阶段使设备厂家参与到项目中，避免后期因设计与厂商设备尺寸不统一而导致的返工现象，节省了设备成本，缩短了施工周期。

2）碰撞检查与管线综合排布

根据设计图纸（模型）和项目数据库，建立项目模型，对于建模中发现的问题，与设计单位沟通解决后，最终将管线综合排布模型发给项目各参与方确认。利用 BIM 技术，通过搭建各专业 BIM，能够在虚拟的三维环境下方便地发现设计中的碰撞冲突，提高管线综合的设计能力和工作效率，及时排除项目施工环节中可能遇到的碰撞、冲突，减少由此产生的变更申请，提高施工现场的生产效率，降低因施工协调造成的成本增加和工期延误。

3）构件拆分与加工清单

针对模型中的水管、风管、桥架的直管段，按照厂家的产品固定长度进行拆分。先制作好管道打断的接头，根据厂家参数设置好扣减规则并载入项目插件的系统中（如：水管的管箍、卡箍、双法兰片，风管的法兰，桥架的连接片等）。根据厂家产品特性，在 Revit 拆分插件中设置好各个系统管段长度。最后选择要拆分的管段，点击拆分，直管段即生成通过预设接头连接的固定长度管段。利用 Revit 自带"新建明细表"功能，统计时选择族类别，在选取要统计的参数，系统会生成本项目中所有此类别的明细。根据系统编号进行系统材料区分。针对项目中复杂节点的模型组或者需要自己拼装生产的构件，可将 Revit 节点模型导入 Inventor，与加工人员沟通区分和加工编号的顺序，根据组装顺序进行编号并将编号结果与管道长度编辑成表格形式，利用软件生成轴测图标注、管道长度表格编辑成图纸打印。

机电系统 BIM 如图 5.52 所示。

图 5.52　机电模型

3. 机电安装注意事项

1）管道工程

（1）管道连接宜采用机械连接方式。

（2）采暖散热片组装需在工厂完成。

（3）设备安装产生的油污应随即清理。

（4）管道试验及冲洗用水应有组织排放，处理后重复利用。

（5）污水管道、雨水管道试验及冲洗用水应利用非自来水水源。

2）通风工程

（1）预制风管下料宜按先大管料、后小管料，先长料、后短料的顺序进行。

（2）预制风管安装前应将内壁清扫干净。

（3）预制风管连接宜采用机械连接方式。

3）电气工程

（1）电线导管暗敷应做到线路最短。

（2）应选用节能型电线、电缆和灯具等，并应进行节能测试。

（3）预埋管线口应采取临时封堵措施。

（4）线路连接宜采用免焊接头和机械压接方式。

（5）不间断电源柜试运行时应进行噪声监测。

（6）不间断电源安装应采取防止电池液泄漏的措施，废旧电池应回收。

（7）电气设备的试运行不得低于规定时间，且不应超过规定时间的 1.5 倍。

4. 机电双模验收

采用 BIM 指导机电安装，在设计端解决管线碰撞问题，合理进行机电管线的排布。利用工业互联网进行工厂智能化生产，构件信息输入生产设备，实现精细化生产，保证构件质量的统一。现场安装完成后通过点云扫描仪进行质量双模验收，保证现场的施工成果与设计方案的一致性。

5.3.7　二通厂项目施工技术及虚拟施工案例

1）墙板安装

保温装饰一体板施工工艺。

①工艺流程：基层检查→基层处理→弹放基准线→粘贴保温装饰一体板→打锚固件→校正板面→打密封胶→揭保护膜→验收。

②粘贴保温装饰一体板施工工艺。

第一步，基层处理。本工程基层为蒸压加气混凝土条板，吸水率比较高且面层颗粒较多。施工前需做表面清洁，然后刷一层防水界面剂，以降低墙面的吸水率，增加砂浆的吸附力。

第二步，放基准线。首先在施工墙面上根据设计分格方案，把纵向和横向的基准线用墨线在墙体上弹好。每个连接施工面均要弹线。

第三步，调配贴板黏结剂。将专用粘板粉加入适应的清水，用电动搅拌器充分调配均匀即可。

第四步，粘贴保温装饰板。首先把调配均匀的黏结剂用泥抹点涂或者条涂在保温复合板的背面。每个涂点的直径≥200mm，每平方米不得少于 8 个涂点。用手将板推压在墙面上，然后用皮锤敲击板的表面来调整保温装饰一体板的位置，使整体板面保持平整，分格缝对齐。

第五步，打锚固件。保温装饰粘贴好位置确定后要安装机械紧固件。紧固件应先从直边中部按 300～500mm 间距安装（或者根据实际情况而定），必要时再加外压件调整板缝的高低差。无论安装内紧固件或外紧固件都不能用力过大，以免造成板面的波浪形状。

第六步，弹分格线，贴纸胶带。用专门清洁剂将施胶板面清洗干净，根据分格宽度的要求，弹出分格线再沿贴线贴纸胶带。

第七步，打密封胶。先用封胶枪在分格缝内均匀适量地打上密封胶，再用平刮刀刮平密封胶，要求密封胶在板上的宽度为 12～18mm，施胶完毕后将纸胶带撕掉即可。

第八步，板面清洁。先清洁装饰板边缘上的涂灰、污垢，撕去保护膜，再用干净毛巾将粘胶遗留物清除干净。如果装饰板局部粘上水泥、砂灰等，应用清水冲洗干净。

2）蒸压砂加气条板施工工艺

（1）工艺流程：定位放线→验线→安装顶部、底部连接角钢→板材就位安装→垂直度、平整度调整→检查修补墙板破损→填缝处理。

（2）定位放线：清理基层，在墙板安装位置的顶部混凝土梁或楼板上弹出墙板安装位置控制线，两侧柱或墙上弹出垂直控制线、水平标高控制线；依据轴线（或控制线），在楼板上弹出外墙板安装的位置线及门窗洞口位置线；根据墙板位置线，用三线仪（或吊坠）在钢柱上弹出墙板垂直位置线。

（3）验线：熟悉图纸，计算出各个轴线与墙体位置线的计算长度；用盒尺测量轴线与墙体位置线的距离并与理论计算长度对比。

（4）安装顶部、底部连接角钢：板材就位后，按照弹好的墙体位置线安装角钢，每块板板底角钢卡件用膨胀螺栓与混凝土楼板连接。如图 5.53 所示。

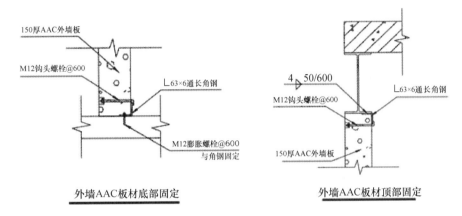

图 5.53　外墙 AAC 板材底部及顶部固定

（5）板材就位安装：外墙顶部与工字钢连接方法为 L63×6、宽 120mm 单个角铁与 M12 钩头螺栓@600 焊接固定；外墙板底部与楼板连接节点构造方法为 L63×6 的通长角铁与 M12 钩头螺栓@600、M12 金属锚栓@600 焊接固定；安装于结构外侧的竖板基础（楼面梁）顶面应用 1∶3 水泥砂浆或 C20 细石混凝土找平。将板材用人工立起后移至安装位置，板材上下端用木楔临时固定，上端留 20mm 缝隙，并用聚合物砂浆塞填。板材安装时宜从门洞边开始向两侧依次进行。洞口边与墙的阳角处应安装未经切割的完好整齐的板材。施工中切割过的板材即拼板宜安装在墙体阴角部位或靠近阴角的整块板材间。

（6）垂直度、平整度调整：用 2m 靠尺检查墙体平整度，用线锤和 2m 靠尺吊垂直度，用橡皮锤敲打上下端木楔调整板材直至合格为止，校正好后固定配件。

（7）检查修补墙板破损：整个墙面板安装完成后，应检查墙面安装质量。对超过允许偏差的墙面用钢齿磨板或磨砂板修正。对缺棱掉角的墙板用伊通专用修补料进行修补和嵌缝。

（8）填缝处理：板材下端与楼面处缝隙用 1∶3 水泥砂浆嵌填密实，板材上端与梁底缝隙用聚合物砂浆嵌填密实，上下端塞缝定位木楔应在砂浆结硬后取出，且填补同质砂浆。板材与柱墙连接处用聚合物砂浆填充；板材之间凸起两侧挂满黏结砂浆，将板推挤凹槽挤浆至饱满度 90% 以上。表面用专用修补砂浆补平；板材与板材之间拼缝用专用修补砂浆补平。

内、外墙板安装实景如图 5.54 所示。

图 5.54 内、外墙板安装实景

5.4 施工管理与信息化应用

据统计，全球建筑行业普遍存在生产效率低下的问题，其中 30％的施工过程需要返工，60％的劳动力被浪费，10％的损失来自材料的浪费。而 BIM 是一个包含了建筑所有信息的数据库，可将 3D 建筑模型同时间、成本结合起来，从而对建设项目进行直观的施工管理。EBIM 云平台采用云＋端的模式，可将所有数据（BIM 模型、现场采集的数据、协同的数据等）均存储于云平台，各应用端（PC 端、App 端以及 Web 端）调用数据。本节将介绍 EBIM 软件在施工管理中的应用。

5.4.1 安全管理

安全管理是为实现安全目标而进行的有关决策、计划、组织和控制等方面的活动，主要运用现代安全管理原理、方法和手段，分析和研究各种不安全因素，从技术、组织和管理上采取有力的措施，解决和消除各种不安全因素，防止事故的发生。

1. 施工准备阶段安全控制

在施工准备阶段，利用 BIM 进行与实践相关的安全分析，可降低施工安全事故发生的可能性，如：①4D 模拟与管理和安全表现参数的计算可在施工准备阶段排除建筑安全风险；②使用 BIM 虚拟划分施工空间，排除安全隐患；③通过模型对水平洞口危险源自动识别。

2. 施工现场安全监控

采用物联网技术将 RFID 标签与 BIM 系统集成，通过将预设好编码和信息的 RFID 标签附着于施工现场的安全监控对象（人、材、机械、装配式构件、设备等），以此可在 BIM 3D 或 4D 模型中可视化动态呈现监控对象的安全状态。

3. 现场作业人员管理

1）劳务实名制管理系统

对所有进场的劳务人员采取实名登记，对其技能水平、年龄和资历进行汇总，建立人员信息数据库。在施工阶段对施工现场进行封闭式管理，采用人脸识别、门禁闸机、指纹识别等技术对进场人员的信息进行核定，禁止一切外来人员进入施工场地。

2）VR 安全教育系统

利用 VR 虚拟现实技术，对现场施工场景进行模拟，让工人使用 VR 眼镜对施工流程进行熟悉和了解，通过对所"发生"的安全事故进行体验，加强工人的安全意识。

3）施工人员定位技术

通过 WSN（Wireless Sensor Networks）定位技术、RFID 定位技术、GPS 定位技术、UWB（Ultra Wide Band）定位技术方便管理人员动态地通过 PC 端或移动端实时可视化地掌握现场人员的位置，并对危险情况进行报警和反馈。

4）人员行为安全状态与行为判别

（1）基于图像安全状态识别技术。

借助深度摄像头和计算机等硬件，通过获取现场作业人员工作状态图像，借助人员行为数据库和深度图像分析、对比技术，达到人员安全状态识别的目的。该技术可应用于身份识别、安全防护检查及作业行为监控。

（2）基于视频的人员异常行为检测与识别技术。

该技术有三类：第一类是基于模板匹配的方法；第二类是基于图像动态特征的方法；第三类是基于状态空间的方法。

4. 危险品安全位置的智能识别

可利用 RFID 标签附着于危险品上，RFID 标签上可记录该危险品的基本信息。危险品在出厂、入库、运输等不同阶段，当标签靠近 RFID 读写器时，会将不同阶段的状态信息存储或上传管理系统。

5.4.2　进度管理

在项目建设过程中，影响施工进度的因素众多，如工人的工作效率、管理水平、图纸问题、施工质量等。可通过引入 BIM 技术，利用 BIM 可视化、参数化等特点来降低各项负面因素对施工进度的影响，提升进度计划管理水平和现场工作效率，以及最大限度地避免进度拖延事件的发生。

1. 基于 BIM 的进度计划编制

基于 BIM 制定进度计划的第一步是要建立 WBS 工作分解结构，以往计划编制人员只能手工完成这些工作，现在可用相关的 BIM 软件或系统完成。利用 BIM 软件编制进度计划与传统方法的区别在于，WBS 分解完成后需将 WBS 作业进度、资源等信息与 BIM 模型图元信息进行链接。

2. 建立完善的计划保证体系

项目的计划体系由总进度控制计划和分阶段进度计划组成，总进度控制计划控制大的框架，必须保证按时完成，分阶段计划按照总进度控制计划排定，只可提前，不能超出总进度控制计划限定的完成日期。

1）一级总体控制计划

表述各专业工程的阶段目标，是业主、设计、监理及总包高层管理人员进行工程总体部署的依据，主要实现对各专业工程计划进行实时监控、动态关联。施工组织中施工总进度控制计划即为一级总体控制计划。

2）二级进度控制计划

以专业和阶段施工目标为指导，分解形成细化的该专业或阶段施工的具体实施步骤，以达到满足一级总控计划的要求，便于业主、监理和总包管理人员对该专业工程进度的总体控制，如机电安装进度计划、主体结构工程施工进度计划等。

3）三级进度控制计划

分项工程在各个流水段的工序工期，是对二级控制计划的进一步细化。该计划以表述当月、当周、当日的操作计划，施工方随工程例会发布并检查总结完成情况，月进度计划报业主、监理审批。

在实施过程中，可采取日保周、周保月、月保阶段、阶段保总体控制计划的控制手段，使计划阶段目标分解细化至每一周、每一日，保证总体进度控制计划的按时实现。

4）基于 BIM 的施工进度优化及控制

基于 BIM 的进度计划优化包括在传统优化方法基础上结合 BIM 技术对进度计划进行优化，以及应用 BIM 技术进行虚拟建造、施工方案比选、临时设施规划。基于 BIM 的进度计划优化流程如图 5.55 所示。

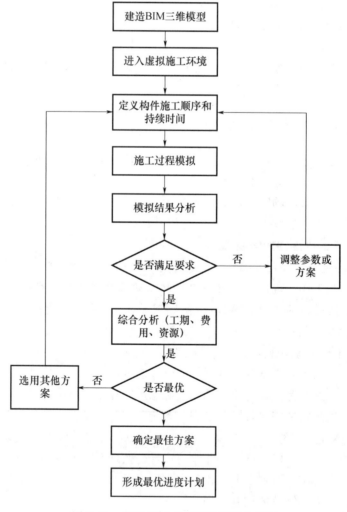

图 5.55　基于 BIM 的进度计划优化流程

基于BIM的施工进度控制可进行进度跟踪控制以实现实时分析、参数化表达以及协同控制。基于BIM的4D施工进度跟踪与控制系统，可在项目实施过程中利用进度管理信息平台实现异地办公、信息共享，将决策信息的传递次数降到最低，保证施工管理人员所做的决定立即执行，提高现场施工效率。

以EBIM软件为例：打开EBIM软件，在EBIM软件主界面上有"工程"菜单，该功能可将BIM导入EBIM软件当中，将模型导入软件后，在软件主界面有"进度计划"菜单，单击"进度计划"，该菜单下有两个子选项"进度计划"和"模拟设置"，选择"进度计划→计划管理"命令可将编制好的计划导入EBIM软件当中，同时也可对计划进行更新、保存、删除、插入节点、插入子节点等操作；此外还可单击选择"计划管理"中的"关联模型"将模型与计划进度关联起来，以此可通过选择"进度计划→计划列表→进度模式"命令进行虚拟施工模拟，能直观看到建造进度。EBIM软件进度管理功能界面如图5.56所示。

图5.56　EBIM软件进度管理功能界面

3. 制定施工保障计划

根据总控工期、阶段工期和分项工程的工程量制定的各种工期保障计划，是进度管理的重要组成部分，按照最迟完成或最迟准备的插入时间原则，制定各类保障计划，做到工期控制有条不紊、有章可循。为保证施工总体进度计划的实施，编制如下各项施工保障计划：

1）施工准备工作计划

施工准备工作是正式施工前的必要工作，是正式施工的前提，因此必须做好施工准备工作。施工准备的临时设施搭设可以与正式施工同时进行，以确保工作的顺利进行。

2）图纸发放计划

该计划要求的是分项工程所必需的图纸的最迟提供期限。这些图纸包括：结构、建筑施工图，安装施工图，施工安装节点详图，安装预留预埋详图、系统综合图等。

3）施工方案编制计划

此计划要求的是拟编制的施工方案的最迟提供期限。"方案先行、样板引路"，用以确保工期和质量，通过方案和样板制定出合理的工序、有效的施工方法和质量控制标准。

4. 分包作业计划

在工程施工中，某些专业性较强的工程由建设方直接进行分包，则需要提前编制分包工程的工作计划，如钢结构住宅产业化等。该计划主要包括各专业分包商选定的时间、深化设计及施工准备的时间、进场施工的时间。尽早地确定专业分包商是保证工程正常运行的关键。

1）主要施工机械设备进场计划

此计划要求的是施工生产设备所需的最迟进场期限。各种施工主要设备机具必须在计划限定的最迟时间前进场，不得影响正常的施工进度。由于施工现场狭窄，机械设备在使用完毕后应及时组织退场。

2）主要安装设备、材料进场计划

此计划要求的是分项工程开工所必需的主要材料、设备最迟进场期限。物资部门将根据此计划进行物资供应的各项准备工作，包括咨询、报批、订货加工等。同时，也是业主供货的主要依据。

5. 技术工艺的保障

1）针对性的施工方案和技术交底

在制订施工方案时需做到"方案先行，样板引路"，制订详细的、有针对性和具有可操作性的施工方案，从而实现在管理层和操作层对施工工艺、质量标准的熟悉和掌握，使工程施工有条不紊地按期保质完成。专项施工方案覆盖面要具有针对性，内容要详细，以调动操作层学习施工方案的积极性。要抓住关键工序、特殊工序，制定详细的施工工艺或操作规程。大力推广新技术、新材料、新工艺，依靠科学技术加快施工进度。

2）合理安排施工工序

在安排施工工序时，应最大限度地挖掘关键线路的潜力，各工序的穿插要紧凑，工序时间应尽量压缩。结构施工阶段安装预埋随时插入，不占用主导工序时间，装修阶段各工种之间建立联合验收制度，以确保施工时间、空间充分利用，同时保证各专业间良好配合，避免互相干扰和破坏而影响施工的正常进行，造成工序时间的延长。在装修施工阶段，安装及土建交叉作业多，施工工序繁杂，以施工进度计划为先导，以先进的组织管理及成熟的施工经验为保障，通过预见及消除影响因素，控制关键工序及合理调配施工资源等措施组织施工生产。

5.4.3　成本管理

成本管理的过程是运用系统工程的原理对企业在生产经营过程中发生的各种耗费进行计算、调节和监督的过程，而工程成本控制是其中的一个管理难点。而 BIM 作为一个完整的信息模型，可利用建筑数字模型中的信息，建立基于 BIM 的 5D 实际成本数据库，还可多维度汇总分析更多种类和更多统计分析条件的成本报表，以提高企业成本控制能力。

（1）创建基于 BIM 的实际成本数据库。建立成本的 5D（3D 实体、时间、工序）关系数据库，让实际成本数据及时进入 5D 关系数据库。以各 WBS 单位工程量人、材、机单价为主要数据进入到实际成本 BIM 中。

（2）实际成本数据及时进入数据库。初始实际成本 BIM 中成本数据以采取合同价和企业定额消耗量为依据。随着进度进展，实际消耗量与定额消耗量会有所差异，要及时进行调整。每月对实际消耗进行盘点，调整实际成本数据。化整为零，动态维护实际成本 BIM，大幅减少一次性工作量，有利于保证数据的准确性。如：①材料实际成本，要以实际消耗为最终调整数据，而不能以财务付款为标准；②机械周转材料实际成本，同材料实际成本，要注意各项分摊，有的可按措施费单独立项；③管理费实际成本，由财务部门每月盘点，提供给成本经济师，调整预算成本为独立项实际成本，实际成本不确定的项目仍按预算成本进入实际成本。

（3）实行多维度（时间、空间、WBS）成本分析。建立实际成本 BIM，周期性（月、季）按时调整维护好该模型。

5.4.4 质量管理

建筑业经过长期的发展已经积累了丰富的管理经验，工程项目的质量管理也有一系列的管理方法。但是工程实践表明，传统质量管理方法在理论上的作用很难在工程实际中得到发挥，影响了工程项目质量管理的工作效率，造成工程项目的质量目标最终不能完全实现。而将 BIM 技术应用于质量管理，如质量验收计划确定、质量验收、质量问题处理、质量问题分析等方面，可将质量相关工作信息串联，形成闭环。具体应用如下：

（1）收集质量安全管理相关资料，如施工所依据的模型、质量验收相关标准和文件，将其录入模型中形成质量管理模型。

（2）根据项目进度，制定质量验收计划，将形成的质量管理模型和质量验收计划上传至质量管理平台（云端），进行标准化管理。

（3）质量管理人员将巡视过程中发现的质量问题上传，记录在相应构件中，并将问题推送给相关人员，督促相关问题形成闭环。

（4）针对质量验收过程中发现的质量问题进行分析，形成质量问题处理意见，将相关资料录入或关联至云端模型。

（5）施工方根据验收资料进行项目整改，并将整改情况信息上传至模型，直至项目整体质量验收通过。

BIM 应用于质量管理见表 5.3。

表 5.3 BIM 应用于质量管理

序号	资源类型	内容和要求
1	实施软件	Autodesk Revit，广联达 GCL，BIM 5D，清华斯维尔系列软件
2	工程资料	1. 质量验收规程； 2. 施工资料规程； 3. 职业健康安全规程

续表

序号	资源类型	内容和要求	
3	BIM 模型	模型元素类型	模型元素和信息
		上游模型	施工深化模型或预制加工模型元素及信息
		建筑工程分部分项质量管理信息	建筑工程分部工程主要包括地基与基础、主体结构、建筑装饰装修、建筑屋面、建筑给水排水及采暖、建筑电气、智能建筑、通风与空调、电梯等。非几何信息包括：质量控制资料（原材料合格证及进场检验试验报告、材料设备试验报告、隐蔽工程验收记录、施工记录以及试验记录）；安全和功能检验资料，各分项试验记录资料等；观感质量检查记录，各分项观感质量检查记录；质量验收记录（检验批质量验收记录、分项工程质量验收记录、分部工程质量验收记录等）

5.4.5 协同管理

　　大型项目参与人员很多，可能分布在不同的专业团队甚至不同的城市或国家，信息沟通及交流非常重要。而对于大型的装配式钢结构项目而言，协同管理及协同控制尤为重要。在装配式钢结构的实施过程中，除了要让每个项目的参与者明晰各自的计划和任务外，还应让参与者了解整个项目模型建立的状况、协同人员的动态、提出问题（询问）及表达建议的途径。为了实现上述目标，利用 BIM 技术辅助实现以上功能，使项目各参与方协同工作。

　　为有效协同各单位各项施工工作的开展，也为了装配式钢结构项目能顺利执行，施工总承包单位应组织协调工程其他施工相关单位，通过自主研发 BIM 平台或购买第三方软件来实现协同办公。协同办公平台工作模块应包括族库管理模块、模型物料模块、采购管理模块、统计分析模块、数据维护模块、工作权限模块、工程资料模块。所有模块通过外部接口和数据接口进行信息的提取、查看、实时更新数据。

　　以 EBIM 软件为例，该软件是具有 PC 端、手机端和 Web 端的管理协同平台。

　　图 5.57 为 EBIM 软件 PC 端的资料管理界面，项目组织中的成员可根据权限在 EBIM 软件中上传或查看相关工程资料或工程照片，还可设置分组将工程资料进行分类上传至对应的文件夹下。

　　图 5.58 为 EBIM 软件 PC 端对于表单的管理界面，可通过右击模型中的构件来创建表单或者关联表单，也可通过 EBIM 软件的"表单→通用表单/自定义表单"功能进行表单的上传，导出或者关联模型构件；还可对表单进行分组设置管理，在表单内插入图片等操作。

　　图 5.59 为在 EBIM 上进行材料跟踪。通过在 EBIM 软件的 Web 端或 PC 端对材料模板进行状态设置，状态设置完成后可将所设置的状态与预制构件相关联，进行材料跟踪时可在 Web 端或 PC 端查看构件的工艺等信息。设置完毕后，在施工现场还可通过手机二维码扫描或输入构件序号来进行材料跟踪。对于无法扫码的构件如楼板构件，可在 EBIM 软件 PC 端通过点击模型对应构件进行材料跟踪。

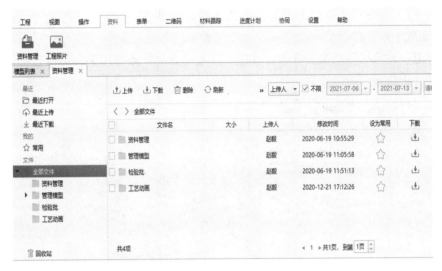

图 5.57　EBIM 软件 PC 端资料管理界面

图 5.58　EBIM 软件 PC 端表单管理界面

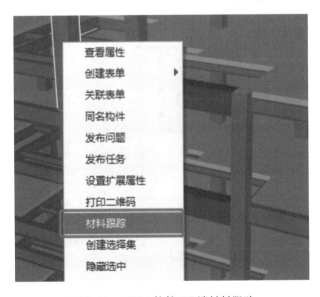

图 5.59　EBIM 软件 PC 端材料跟踪

图 5.60 为在 EBIM 软件上进行问题的协同，通过 EBIM 软件 PC 端的"协同→问题/发布问题"功能进行问题的发布、查看或者对问题进行分类。还可将问题与模型构件进行绑定，并且可@相关责任人。在施工现场巡查时，还可用手机端对有问题的部位进行拍照并上传至 EBIM 平台。

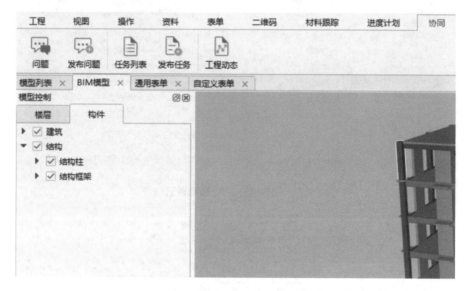

图 5.60　EBIM 软件问题的协同

图 5.61 为在 EBIM 软件 PC 端二维码发布，通过右击模型构件或在软件主界面"二维码→构件二维码/自建二维码"进行构件二维码的发布，通过在施工现场使用手机端扫描二维码可查询到该构件的信息。

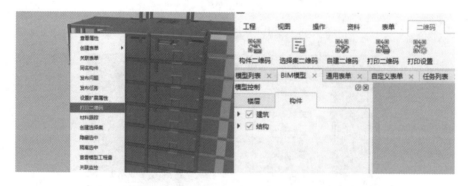

图 5.61　EBIM 软件 PC 端二维码发布

5.4.6　技术交底

传统平面施工技术交底存在不够直观、难以精确表达复杂的构件搭接关系、交底人与交底内容理解有偏差等问题。基于 BIM 技术交底有效提高了交底内容的直观性和精确度，使交底内容更加直观，施工工艺执行得更加彻底，极大地提高了工作效率，施工班组能够很快理解设计方案和施工方案，保证施工目标的顺利实现。各专业技术交底内容如下。

（1）脚手架工程：所用的材料种类、型号、数量、规格及其质量标准；架子搭设方式、强度和稳定性技术要求（必须达到牢固可靠的要求）；架子逐层升高技术措施和要求；架子立杆垂直度和沉降变形要求；架子工程搭设工人自检和逐层安全检查部门专门检查；架子与建筑物连接方式与要求；架子拆除方法和顺序及其注意事项；架子工程质量标准和安全注意事项。

（2）钢结构工程：钢结构的型号、质量、数量、几何尺寸、平面位置和标高，各种钢材的品种、类型、规格，以及连接方法与技术措施；焊接设备规格与操作注意事项，焊接工艺及其技术标准、技术措施、焊缝形式、位置及质量标准；构件下料直至拼装整套工艺流水作业顺序；钢结构质量标准和质量通病预防措施，施工安全技术措施。

（3）装饰工程：各部位装修的种类、等级、做法和要求、质量标准、成品保护技术措施；新型装修材料和有特殊工艺装修要求的施工工艺和操作步骤，与有关工序联系交叉作业互相配合协作；安全技术措施，特别是外装修高空作业安全措施。

EBIM 软件应用与技术交底，可在 EBIM 软件 PC 端点击"操作→构件过滤/构件搜索"查看构件的详细信息，能够更直观地给施工人员进行技术交底，精确地表达复杂构件的搭接情况。图 5.62 为 EBIM 软件 PC 端应用于技术交底界面。

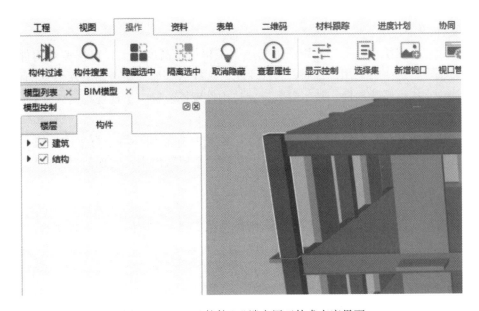

图 5.62 EBIM 软件 PC 端应用于技术交底界面

5.4.7 数字化集成交付

数字化集成交付即是在机电工程三维图形文件的基础上，以建筑及其产品的数字化表达为手段，集成了规划、设计、施工和运营各阶段工程信息的建筑信息模型文件传递。施工阶段及此前阶段积累的 BIM 数据最终是为建筑物、构筑物增加附加价值的，需要在交付后的运营阶段再现或再处理交付前的各种数据信息，以便更好地服务于运营。

而目前建筑行业工程竣工档案的交付主要采用纸质档案，其缺点是档案文件堆积如山，数据信息保存困难，容易损坏、丢失，查找使用麻烦。国家档案行业相关标准规范仅描述了将纸质竣工档案通过扫描、编目整理，形成传统档案的数字化加工、存储，未能实现结构化、集成化、数字化、可视化的信息化处理。

在集成应用了 BIM 技术、计算机辅助工程（Computer Aided Engineering，CAE）技术虚拟现实人工智能、工程数据库、移动网络、物联网以及计算机软件集成技术，引入工业基础类标准（Industry Foundation Class，IFC），通过建立机电设备信息模型，可形成一个面向机电设备的公信息数据库，实现信息模型的综合数字化集成。

1. 数字集成化交付

建筑工程竣工档案具有可视化、结构化、智能化、集成化的特点，采用全数字化表达方法，对建筑机电工程进行详细的分类梳理，并将构件几何信息、技术信息、产品信息、维护维修信息与构件三维图形关联。

集成交付需要一个基于 BIM 的数据库平台，通过该平台提供网络环境下多维图形的操作，构件的图形显示效果不限于二维 XY 图形，还包括三维 XYZ 图形不同方向的显示效果。建筑机电工程系统图、平面图均可实现立体显示，施工方案、设备运输路线、安装后的整体情况等均可进行三维动态模拟演示、漫游。

1）智能化

智能化要求建筑机电工程三维图形与施工工程信息高度相关，可快速对构件信息、模型进行提取、加工，利用二维码、智能手机、无线射频等移动终端实现信息的检索交换，快速识别构件系统属性、技术参数，定位构件现场位置，实现现场高效管理。

2）结构化

数字化集成交付系统在网络化的基础上，对信息在异构环境进行集成、统一管理，通过构件编码和构件成组编码，将构件及其关键信息提取出来，实现数据的高效交换和共享。

3）集成化

规划信息、设计信息、施工信息、运维信息在工程各个阶段通常是孤立的，给同一项目各个专业信息传达造成了极大的不便。通过对各阶段信息进行综合，并与模型集成，可达到工程数据信息的集成管理。

2. 数字化集成交付的应用

1）集成交付总体流程（图 5.63）

由施工方主导，依据相关勘察设计和其他工程资料，对信息进行分类，对模型进行规划，制定相关信息文件、模型文件格式、技术、行为标准。应用支持 IFC 协议的不同建筑机电设计软件虚拟建造出信息模型。将竣工情况完整而准确地记录在 BIM 中。通过数字化集成交付系统内置的 IFC 接口，将三维模型和相关的工程属性信息一并导入，形成 MEP-BIM，将所建立的三维模型和建模过程中所录入的所有工程属性同时保留下来，避免信息的重复录入，提高信息的使用效率。通过基于 BIM 的集成交付平台，将设备实体和虚拟的 MEP-BIM 一起集成交付给业主，实现机电设备安装过程和运维阶段的信息集成共享、高效管理。

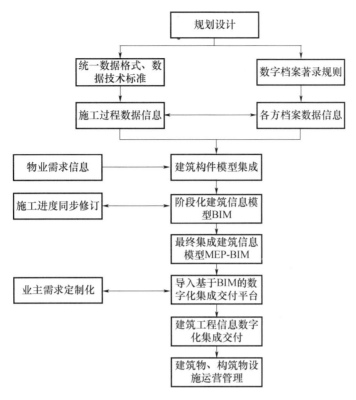

图 5.63　集成交付流程

2）机电工程数字化集成交付的应用

MEP 模型以构件为基础单位组成，对构件及其逻辑结构进行定义和描述，包括构件定义、构件空间结构、构件间关系、系统定义和系统与构件间关系：

（1）构件定义包括构件的类型以及名称等基本属性。

（2）空间结构是根据建筑楼层和分区等空间信息定义的模型结构。

（3）构件间关系描述系统中各个构件之间的连接关系。

（4）系统定义包括系统类型及其基本属性。

（5）系统与构件间关系定义各个构件所属的系统。

导入集成交付平台后，即可实现信息模型的查看、数据的提取、导入导出。此时，集成交付前阶段的信息数据即可转入到物业设施设备的管理运营中去。

5.4.8　二通厂项目施工管理与信息化应用案例

1. 安全管理

建谊集团在首钢二通厂建设过程中，全面履行总承包的职责，对该工程的安全生产全面负责。根据确定的安全生产目标，责成相关单位如供货商等进行具体的实施管理，并定期向项目部和业主汇报进展情况；同时，项目部将设置专职安全负责人检查实施单位的安全生产情况，并向项目部进行定期的检查汇报。项目部在建设过程中，根据建设进展情况，组织定期的检查、专题活动，推动、提高首钢二通厂工程的安全生产。

项目部在建设工程中,对本工程的安全生产实施全过程、全员管理。针对项目建设的不同阶段,组织编写有针对性的实施方案,对难度大的特殊作业,特别要坚持编写专门方案,并组织专家对其安全生产等进行全面评估确认后方可实施。需要编制专项安全施工方案的详见本施工组织设计中的主要施工方案编制内容及计划表。在建设工程中,项目部责成相关单位,对所有建设工程编制实施方案,坚持方案会签制,强调方案对建设活动的指导作用。

1)施工安全管理目标

因工死亡事故为0;重大机械事故为0;职业病发生率为0;重大火灾、爆炸事故为0;安全防护合格率大于95%;化学及危险品专库存放率100%;月平均因工伤亡事故频率小于1.5‰。

2)管理方针

本项目严格贯彻执行公司的职业健康安全方针,认真落实各级安全生产责任制,全面提高现场的职业健康安全管理和文明施工水平,确保所有进场施工人员和所有相关方的安全健康。在项目建设生产过程中,始终贯彻"安全第一、预防为主"的安全生产工作方针,认真执行国务院、住房城乡建设部、北京市的各项规定。

3)安全组织管理体系

安全组织管理体系如图5.64所示。

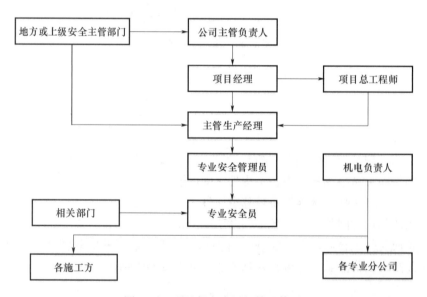

图5.64 项目部安全组织管理体系

4)职业健康安全管理职责及安全教育培训措施

(1)公司的安全生产管理职责

公司负责指导本项目的职业健康安全生产工作;负责审批和发布项目职业健康安全管理办法,批准重大职业健康安全技术方案和实施措施,核定重大职业健康安全设施的经费,为安全、文明施工创造基础条件与外部环境;协助或组织对特别重大事故的调查、处理。

公司各职能部门对项目职业健康安全生产负有具体组织管理责任，分包商、供货商对所管合同项目的职业健康安全生产承担管理责任。

（2）项目经理

贯彻落实安全生产方针、政策、法规和各种规章制度，结合项目工程特点及施工全过程的情况，制定本项目工程各项安全生产管理办法，或提出要求并监督其实施；本着"安全第一、预防为主"的原则，根据工程特点确定安全工作的管理体制和人员，并分解、落实安全责任和考核指标；根据工程需要按规定配备一定数量且具备相应业务水平的职业健康安全管理人员，建立专门的管理体系，积极支持其开展工作；做好对分包队伍的考察评估工作，做到聘用手续完善。确保分包队伍的管理体制健全，具备与工程施工相适应的能力，并经过三级安全教育。在签订分包合同时，要明确分包队伍安全文明施工的责任指标，并规定考核办法；组织安全技术措施的落实工作，监督安全技术交底制度及设施、设备验收制度的实施，当采用新工艺、新技术、新设备、新材料施工时，组织落实相应的安全措施，配备必要的防护用品和安全设施；督促或组织项目安全生产文明施工大检查，对发现的各类问题要定时、定人、定措施认真整改；对上级安全监督部门的整改通知，认真组织落实，及时报告执行结果；发生因工伤亡事故时，做好现场保护和伤员抢救工作。除及时上报外，要积极组织或配合有关部门本着"四不放过"的精神进行事故调查分析和处理，并且吸取教训，采取措施防止事故再次发生；定期组织召开项目安全生产例会，分析现场安全形势，处理施工过程中有关安全生产与文明施工的重大问题。

（3）现场生产经理

对工程项目的职业健康安全管理负直接责任，协助项目经理贯彻落实安全生产法规和各项规章制度；结合项目生产特点提出有针对性的安全生产管理要求，为实现项目职业健康安全目标和文明施工目标提出切实可行的办法，并组织专业工程师、分包负责人及有关人员贯彻实施；组织落实工程项目职业健康安全计划以及各项安全技术措施、方案的组织实施工作，组织落实项目各级人员的安全生产责任制；领导、监督项目分包单位人员安全教育、培训和考核的组织领导工作；组织安全生产、文明施工大检查，坚持当生产与安全发生矛盾时，服从安全的原则，及时纠正各种违章现象，发现问题，督促整改并复查整改效果；听取、采纳职业健康安全方面的合理化建议，支持安全生产管理人员的业务工作，主控项目安全生产保证体系的正常运转；接到上级单位的安全与文明施工检查和整改通知后，及时组织实施并且及时报告实施情况；发生因工伤亡事故时，组织保护现场、抢救伤员，并及时报告，协助做好事故调查分析的具体组织工作。

（4）技术负责人

对工程项目的职业健康安全负技术责任，贯彻落实国家安全生产方针、政策，严格执行安全技术规程、规范、标准及上级安全技术文件；结合项目工程特点，主持项目工程安全技术交底；参加或组织编制施工组织设计，编制、审查施工方案时，要制定、审查安全技术措施，保证其可行与针对性，并随时检查、监督、落实；针对施工的不同阶段（如季节性施工），制定专项安全技术措施，并组织专题安全教育培训；采用新材料、新技术、新工艺时，事先提出职业健康安全技术措施，并向操作人员进行技术培训和交底；组织对大型设施、设备的检查、验收，并督促使用者做好使用中的职业健康安全管理工作；参加安全生产检查，对施工中存在的不安全因素，从技术方面提出整改意见和办法予以消除；参加因工伤亡事故或重大未遂事故的调查分析，从技术上分析发生事故的原因，提出措施和整改意见。

（5）安全员

贯彻和宣传有关的职业健康安全法律法规，组织落实上级的各项职业健康安全管理规章制度，并监督检查执行情况；根据工程进度和特点，制定项目职业健康安全计划和完成计划的保证措施，并督促贯彻实施；协助项目领导制定或修改职业健康安全管理制度，组织职业健康安全活动；负责审查项目制定的安全操作规程和安全技术措施，并对执行情况进行监督检查；组织、监督分包单位的安全教育，管理特种作业人员的培训取证工作；经常深入现场进行职业健康安全和文明施工检查，对"三违"行为及不符合安全管理的单位和个人，有权进行批评、处罚或停止工作，并指导有关单位和人员进行不符合项和隐患的整改；参加项目的施工组织设计（方案）的讨论，参加生产例会，及时提出职业健康安全方面的问题；参加暂设、临电、大中型施工机具设备和脚手架的安装验收，及时发现问题，并督促有关部门进行处理；对安全帽、安全带、安全网等重要劳动保护用品进行鉴定，并监督其合理使用；及时向项目经理和公司主管部门汇报安全生产情况，反映项目员工在职业健康安全管理方面的意见和建议；参加因工伤亡事故的调查、统计、分析，并按规定上报，对伤亡事故和重大未遂事故的责任者提出处理意见。

5）职业健康安全教育培训

人员进场后，项目经理部质量安全管理部组织全体管理人员（包括所属分包单位的管理人员）进行职业健康安全管理体系的培训，并做好培训记录。

职业健康安全管理体系培训内容：公司《职业健康安全手册》、程序文件及支持性文件；项目适用的职业健康安全法律、法规；项目的职业健康安全规章制度；《项目职业健康安全手册》。

6）一般安全教育培训

（1）入场三级安全教育：新工人入场必须进行项目总包单位、项目分包单位、作业班组三级安全教育并做好记录，经总包单位质量安全组考试合格、登记备案后，方准上岗作业。

教育时间：总包级教育为16h，分包级教育为16h，班组级教育为8h。工程项目可根据工程规模及特点对各级安全教育的时间做适当的延长。

（2）教育内容：总包级教育内容；分包级教育内容；班组级教育内容。

（3）转场安全教育：从本公司其他工程项目转入本工程项目进行施工作业时，必须接受总包单位组织的至少8h的转场安全教育，并做好记录，经总包质量安全组考核合格、登记备案后上岗。

（4）变换工种安全教育：凡改变工种或调换工作岗位的工人必须接受总包单位组织的变换工种安全教育，做好记录。变换工种安全教育时间不得少于4h，经总包质量安全组考核合格、登记备案后方准上岗。

（5）特种作业安全教育：从事特种作业的人员必须经过专门的安全技术培训，经考核合格取得操作证后方可独立作业，并按特种作业人员有关管理办法按要求进行年审，同时进入现场作业时应将有效的操作证复印件交总包质量安全组登记备案。

项目总包单位对从事特种作业的人员要进行经常性的安全教育，并做好记录，频率为每月一次，每次不得少于4h。

7）安全管理制度及安全管理措施

（1）安全生产例会制度：每半月召开一次安全生产工作例会，总结前一阶段的安全生产情况，布置下一阶段的安全生产工作。

（2）特种作业持证上岗制度：施工现场的特种作业人员必须经过专门培训，考试合格，持特种作业操作证上岗作业。

（3）安全值班制度：项目经理部及劳务队伍必须安排负责人员在现场值班，不得空岗、失控。

（4）安全技术交底制度：各施工项目必须有针对性的书面安全技术交底，并有交底人与被交底人的签字。

（5）建立安全生产班前讲话制度：安全工程师应根据具体施工进展情况及各阶段施工特点，在施工之前及时对班组作业人员进行安全讲话。

（6）机械设备、临电设施和脚手架的验收制度：各种机械设备、临电设施和脚手架在安装完毕后必须进行专项验收，未经验收或验收不合格严禁使用（包括分包单位租赁设备、分包单位自由设备）。

2. 质量管理

本工程严格按规范化的质量体系文件进行操作，加强项目质量管理，规范管理工作程序，提高工程质量，从而达到交付满意工程的目的。

在本节中主要围绕工程质量目标、施工质量保证体系、施工质量控制措施、全面质量管理等4个方面进行阐述，这4个方面的关系是相辅相成的。

1）质量过程控制管理

分包自检合格→分包填写报验单（含隐、预检记录）（资料的填写根据各项目部实际情况决定）→资料合格后报工程部→主管责任工程师组织质量、技术、安全现场验收→报监理现场检查验收→合格进行下一道工序；不合格下发整改通知单→分包按时整改后重新填写报验申请→主管责任工程师组织现场验收，合格后按照工序进行施工，否则将按照不合格下发整改通知单→连续报验三次仍不合格或整改不及时、不认真则进行罚款处理责令继续整改，工程部下发总包通知单陈述情况留资料备案→合格后继续施工，否则对分部工程停止报验并及时召开质量分析会通报→情节严重者局部停工整改。

2）施工工序质量控制

（1）工序质量控制应符合下列规定：实行样板制，每一分项工程施工前要先做出样板，经质检员检查认可后方可组织施工；相关各专业工种间认真执行"三检制"管理，不同施工单位之间工程交接，应进行交接检查，填写《交接检查记录》。移交单位、接收单位和见证单位共同对移交工程进行验收，并做记录。

（2）施工试验及见证计划：根据本工程概况和特点针对性地编制了工程试验方案。防水、混凝土、钢筋、钢筋接头、钢结构、保温节能材料实行100％见证，按试验计划进行及时见证取样送试，试验结构合格后进行下一道工序施工。

3）施工质量管理体系

施工质量管理体系的设置及运转均围绕质量管理职责、质量控制进行，只有职责明确、控制严格，才能使质量管理体系落到实处。本工程在管理过程中将对这两个方面进行严格的控制，施工质量管理体系如图 5.65 所示。

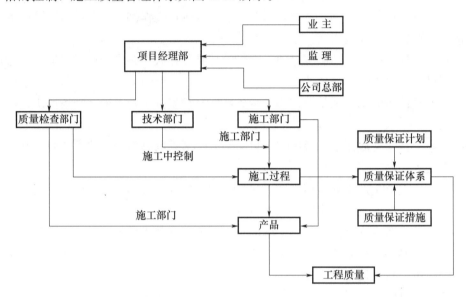

图 5.65　施工质量管理体系

4）质量控制体系

质量保证体系是运用科学的管理模式，以质量为中心所制定的保证质量达到要求的循环系统，质量保证体系的正常运作必须以质量控制体系来予以实现。

（1）施工质量控制体系的设置：以质量目标为依据，编制相应的分项工程质量目标计划，这个分项目标计划应使项目参与管理的全体人员均熟悉了解，做到心中有数；在目标计划制定后，施工现场管理人员应编制相应的工作标准在施工班组实施，在实施过程中进行方式、方法的调整，以使工作标准完善；在实施过程中，无论是施工工长还是质检人员均要加强检查，在检查中发现问题并及时解决，以使所有质量问题解决于施工之中，并同时对这些问题进行汇总，形成书面材料，以保证在今后或下次施工时不出现类似问题。

（2）施工质量控制体系运转的保证：项目领导班子成员应充分重视施工质量控制体系运转的正常，支持有关人员开展的围绕质保体系的各项活动。提供必要的资金，添置必要的设备，以确保体系运转的物质基础。制定强有力的措施、制度，以保证质保体系的运转。

（3）施工质量控制体系的落实：施工质量控制体系主要是围绕"人、机、料、环、法"五大要素进行的，任何一个环节出了差错，势必使施工的质量达不到相应的要求，故在质量保证计划中，对这施工过程中的五大要素的质量保证措施必须予以明确的落实。施工质量保证措施是施工质量控制体系的具体落实，其主要是对施工各阶段及施工中的各控制要素进行质量上的控制，从而达到施工质量目标的要求。

（4）工程阶段性的质量控制措施：施工阶段性的质量控制措施主要分为三个阶段，并通过这三阶段来对本工程各分部分项工程的施工进行有效的阶段性质量控制。施工阶段性质量控制措施如图 5.66 所示。

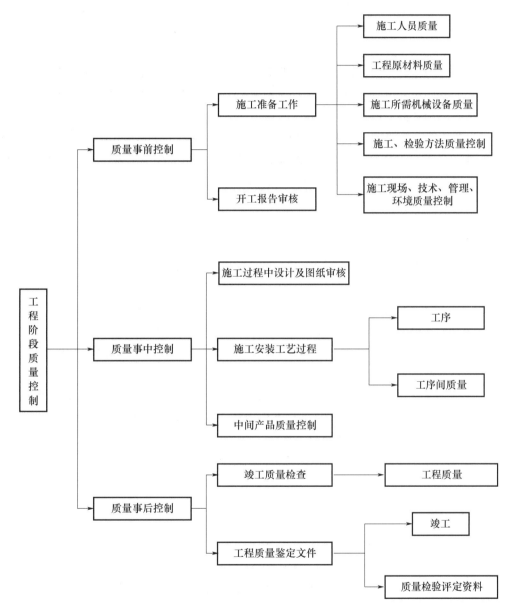

图 5.66　施工阶段质量控制措施

5）施工质量预控措施

项目质量控制应确保质量责任到位，坚持对人、机械、材料、方法、环境等生产因素实施严格的质量控制。在工程的重要部位及细部做法质量精，无工序不到位或漏检不合格的质量缺陷。为保证影响工程质量的各种因素处于受控状态，按照北京市"结构长城杯"的评审要求对以下几个方面进行严格预控。

（1）施工方案的编制程序、内容和编制依据符合有关规定。其中，直接涉及结构工程的内容符合实际，对工程施工具有合理的指导性。

（2）施工方案符合本施工组织设计、规范、标准和设计要求，并针对分部、分项重点工程、关键施工工艺或季节性施工等均有方案和技术措施。施工方案对项目任务、施工部署、施工组织、施工方法、工艺流程和材料、质量等具体内容，均有较强的针对性和实用性。

（3）工程的施工方案、技术交底资料和文件制度措施等应按规定具备审批手续。在实施过程中有调整变更时，应对原文件资料进行修改或附有修改资料依据。确保制定与实施的严肃性和文件资料真实、齐全。

（4）技术交底应是施工组织设计和施工方案的具体化。应按项目施工阶段进行前期交底或过程交底。有设计交底、施工组织设计交底、分部分项工程施工技术交底等。施工技术交底的内容，必须具有可行性和可操作性。

思考题

1. 什么是智慧工地？

2. 智慧工地有哪些特征？

3. 简述智慧工地施工平面布置的原则。

4. 为实现智慧工地的实际应用，哪些关键技术是必需的？

5. 请读者查阅资料，了解最新的智慧工地技术应用案例。这些案例中使用了哪些智慧工地的关键技术？

6. 除本书提及的智慧工地关键技术，还有哪些技术具有智慧工地的应用前景？

7. 相比传统建造技术，智能施工技术的优势体现在哪些方面？

8. 如何利用 BIM 技术进行协同管理？

9. 装配式钢结构预制构件的质量检查和验收要求有哪些？

参考文献

[1] 杜修力，刘占省，赵研．智能建造概论［M］．北京：中国建筑工业出版社，2020．

[2] 马张永，王泽强．装配式钢结构建筑与 BIM 技术应用［M］．北京：中国建筑工业出版社，2019．

[3] 刘桂荣，周建亮，吕志涛．BIM 技术及应用［M］．北京：中国建筑工业出版社，2017．

[4] 钮鹏，姜继红，梁栋．装配式钢结构设计与施工：新型现代建筑实例分析［M］．北京：清华大学出版社，2017．

[5] 王新，刘立明．装配式钢结构施工技术与案例分析［M］．北京：机械工业出

版社，2020.

[6] 陶旭东，陈音，陈燕飞，等．游牧式预制构件生产技术与应用 [J]．施工技术，2020，49 (17)：105-109.

[7] 杜明芳．智能＋时代建筑业转型发展之道 [M]．北京：机械工业出版社，2020.

[8] 王要武，陶斌辉．智慧工地理论与应用 [M]．北京：中国建筑工业出版社，2019.

[9] 龚剑，房霆宸．数字化施工 [M]．北京：中国建筑工业出版社，2018.

6 装配式钢结构建筑智慧运维技术

教学目标

1. 了解智能化运维管理方案和智能化运维系统的内涵；
2. 理解装配式钢结构建筑智能化运维管理的主要内容；
3. 掌握 VR 技术在装配式钢结构建筑运维阶段的应用。

6.1 智能化运维管理方案

为了保证运维管理项目顺利按计划实施，达到预期目标，规避运维管理风险，降低运维管理成本，应制订详细和全面的策划以及运维管理方案。基于 BIM 的运维方案可在项目竣工前按照项目实际需求进行编制，项目相关方共同参与编制，如运维管理方、BIM 咨询以及设备设施、建筑集成管理系统和运维管理平台厂商。运维管理方案应包括项目需求分析、运维管理平台功能分析以及可行性分析，进行必要的成本和风险评估。

应用流程：

（1）收集资料，保证工程资料、数据的准确性。

（2）进行项目应用需求调研分析，确定运维管理内容，调研对象应包括建设方、使用方、运维管理方各层级人员。

（3）进行运维管理平台功能模块分析、可行性分析以及成本、风险评估，保证运维管理平台数据安全、系统可靠、功能适用、支持拓展、效益良好。

（4）项目相关方共同参与编制运维管理方案，运维管理方审批后执行。

运维管理方案策划操作流程如图 6.1 所示。

运维管理方案策划基础资源及应用成果见表 6.1。

表 6.1 运维管理方案策划基础资源及应用成果

序号	资源类型	内容和要求
1	实施软件	Microsoft Office、WPS Office 等
2	工程资料	1. 运维管理需求分析； 2. 建筑智能系统集成分析； 3. 建筑运维设备接口分析； 4. 成本评估、风险评估等
3	运维管理方案策划成果	内容包括运维应用的总体目标、运维实施的内容、运维模型标准、运维模型构建、运维系统搭建的技术路径、运维系统的维护规划等

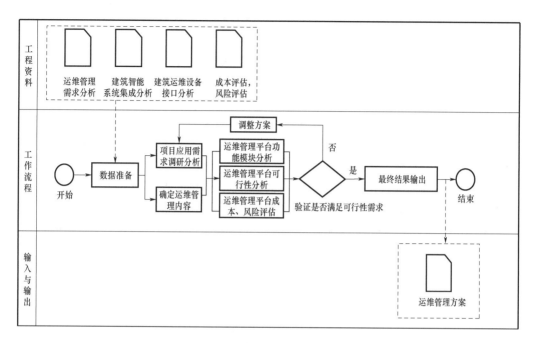

图 6.1　运维管理方案策划操作流程

6.2　智能化运维系统

运维管理平台系统是实现基于 BIM 技术的信息化运维核心基础，是实现可视化运维管理、数据集成、数据交互的主要载体。运维管理平台应根据运维管理方案要求进行软件选型和系统搭建，一般应满足"数据可靠、系统可靠、功能适用、支持拓展"的原则。

运维系统维护是保障运维管理系统正常运行的重要手段。运维管理系统维护主要包括运维系统升级维护、模型维护管理以及运维数据维护管理等工作。运维管理系统的维护一般由供应商或开发厂商实施，部分维护工作可由运维管理方实施，应按照运维系统维护计划执行。运维管理系统的版本升级和功能升级需要充分考虑到原有模型和数据的完整性、安全性。

1. 应用流程

（1）运维系统可选用专业软件供应商提供的运维平台，在此基础上进行功能性定制开发，也可自行结合既有三维图形软件或 BIM 软件，在此基础上集成数据库进行开发。运维平台宜利用或集成业主既有的设施管理软件的功能和数据。运维系统宜充分考虑利用互联网、物联网和移动端的应用。

（2）如选用专业软件供应商提供的运维平台，应全面调研该平台的服务可持续性、数据安全性、功能模块的适用性、BIM 数据的信息传递与共享方式、平台的接口开放性、与既有物业设施系统结合的可行性等内容。

（3）如自行开发运维平台，应考察三维图形软件或 BIM 软件的稳定性、既有功能对运维系统的支撑能力、软件提供 API 等数据接口的全面性等。

（4）运维系统选型应考察 BIM 运维模型与运维系统之间的 BIM 数据的传递质量和传递方式，确保建筑信息模型数据的最大化利用。

（5）按照运维系统维护计划进行运维系统维护，包括数据安全管理、模型维护管理、数据管理等。运维数据的安全管理包括数据的存储模式、定期备份、定期检查等；模型维护管理主要指由于建筑物维修或改建的原因，运维管理系统的模型数据需要及时更新；运维管理的数据维护主要包括建筑物的空间、资产、设备等静态属性的变更引起的维护，也包括在运维过程中采集到的动态数据的维护和管理。

运维管理系统构建操作流程如图 6.2 所示。

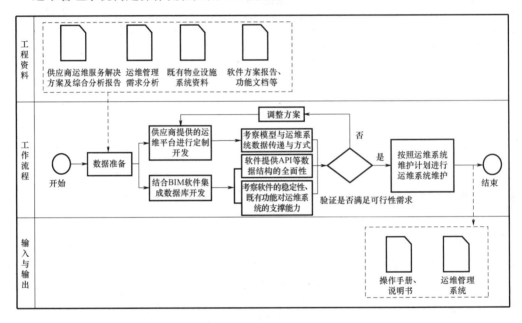

图 6.2　运维管理系统构建操作流程

2. 基础资源及应用成果

运维管理系统构建基础资源见表 6.2。

表 6.2　运维管理系统构建基础资源

序号	资源类型	内容和要求
1	实施软件	Archibus、FM：system、Allplan Allfa 等运维管理系统以及 Autodesk Design Review、Navisworks、Revit 二次开发工具
2	工程资料	1. 供应商运维服务解决方案及综合分析报告； 2. 运维管理需求分析； 3. 既有物业设施系统资料； 4. 软件方案报告、功能文档等

运维管理系统构建成果见表 6.3。

表 6.3 运维管理系统构建成果

序号	类型	内容和要求
1	运维管理系统	由软件供应商或开发团队提供，应满足既定的性能指标要求
2	操作手册、说明书	包括运维系统构建规划、功能模块选取、使用说明、资源配备、实施计划、服务方案等

6.3 智能化运维模型

运维模型为运维系统数据平台搭建提供重要的数据基础。运维模型一般以竣工模型为基础进行创建，对竣工模型进行检查和信息提取，确保运维模型信息准确并与建筑实体保持一致。

1. 应用流程

（1）验收竣工模型，确保竣工模型的可靠性。

（2）根据运维系统的功能需求和数据格式，将竣工模型转化为运维模型。在此过程中，应注意模型的轻量化。模型轻量化工作包括：优化、合并、精简可视化模型；导出并转存与可视化模型无关的数据；充分利用图形平台性能和图形算法提升模型显示效率。

（3）根据运维模型标准，核查运维模型的数据完备性。验收合格资料、相关信息宜关联或附加至运维模型，形成运维模型。

运维模型创建操作流程如图 6.3 所示。

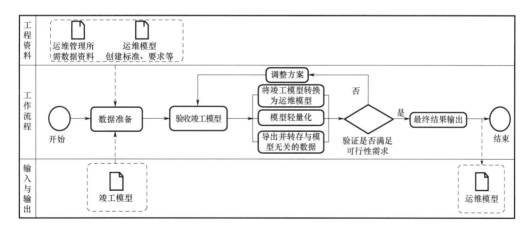

图 6.3 运维模型创建操作流程

2. 基础资源及应用成果

运维模型创建基础资源见表 6.4。

表 6.4　运维模型创建基础资源

序号	资源类型	内容和要求	
1	实施软件	Navisworks、Revit、Archibus、FM；system 等	
2	工程资料	1. 运维管理所需数据资料，如设计图纸、运营资料等 2. 运维模型创建标准等	
3	BIM 模型	模型元素类型	模型元素和信息
		竣工模型	满足竣工模型要求，包括完整准确的构件、设施、设备等几何、非几何信息

6.4　智能化运维管理

运维管理主要包括空间管理、资产管理、设备管理、应急管理、能耗管理等内容，各应用内容由运维管理平台相关功能模块实现。空间管理能有效管理建筑空间，保证空间利用率；资产管理将实现建筑资产的信息化管理，提升资产效益，辅助投资决策；设备管理有助于设备正常运行，延长设备使用寿命，降低维修、更换成本；应急管理有利于控制紧急事件发生的概率和事态发展，降低突发事件引发的损失，保障人员、设备、资产的安全；能耗管理实现能耗的准确预测分析和智能调节，有利于节约能源，降低建筑能耗，实现绿色环保发展理念。

1. 空间管理

为了有效管理建筑空间，保证空间的利用率，结合建筑信息模型进行建筑空间管理，其功能主要包括空间规划、空间分配、人员管理等。

1）应用流程

（1）收集数据，保证数据模型数据和属性数据的准确性。

（2）将空间模型的运维模型、属性信息按照要求加载到运维系统的空间管理模块中。建筑空间管理信息集成后，在运维系统中进行核查，确保信息集成的准确性、一致性。

（3）进行空间规划，根据企业或组织业务发展，设置空间租赁或购买等空间信息，积累空间管理的各类信息，便于预期评估，制定满足未来发展需求的空间规划；进行空间分配，基于建筑信息模型对建筑空间进行合理分配，方便查看和统计各类空间信息，并动态记录分配信息，提高空间的利用率。

（4）进行人流管理，对人流密集的区域，实现人流检测和疏散可视化管理，保证区域安全。进行统计分析，开发空间分析功能获取准确的面积使用情况，满足内外部报表需求。

（5）在空间管理过程中，将人流管理、统计分析等动态数据集成到系统中，形成空间管理数据，为建筑物的运维管理提供实际应用和决策依据。

空间管理操作流程如图 6.4 所示。

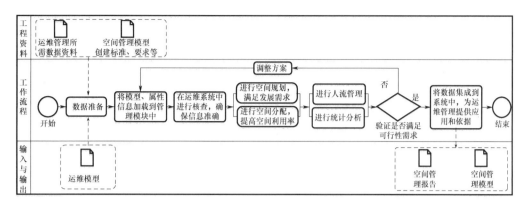

图 6.4　空间管理操作流程

2）基础资源及应用成果

空间管理基础资源及应用成果见表 6.5、表 6.6。

表 6.5　空间管理基础资源

序号	资源类型	内容和要求	
1	实施软件	Navisworks、Revit、Archibus、FM：system 等	
2	工程资料	1. 运维管理所需数据资料，如设计图纸、空间管理和运营资料等； 2. 空间管理模型创建标准、要求等	
3	BIM 模型	**模型元素类型**	**模型元素和信息**
		运维模型	包括建筑空间模型，按单体、楼层进行模型划分。模型非几何信息包括：空间编码、空间名称、空间分类、空间面积、空间分配信息、空间租赁等。非几何信息可集成在模型中，也可采用 Excel 等结构化文件保存

表 6.6　空间管理应用成果

序号	类型	内容和要求
1	空间管理模型	满足空间管理需求，集成空间管理过程数据、信息
2	空间管理报告	包括空间管理过程各类分析数据和报表，如空间占用、成本分析等，指导空间管理决策

2. 资产管理

利用建筑信息模型对资产进行信息化管理，辅助建设单位进行投资决策和制定短期、长期的管理计划。利用运维模型数据，评估、改造和更新建筑资产的费用，建立和维护与模型关联的资产数据库。

1）应用流程

（1）收集数据，并保证模型数据和属性数据的准确性。

（2）将资产管理的运维模型、属性信息按要求加载到运维系统的资产管理模块中。建筑资产管理信息集成后，在运维系统中进行核查，确保信息集成的准确性、一致性。

（3）进行资产管理，将资产更新、替换、维护过程等动态数据集成到系统中。记录资产模型更新，动态显示建筑资产信息的更新、替换或维护过程，并跟踪各类变化。

（4）形成资产管理数据为运维和财务部门提供资产管理报表、资产财务报告，提供决策分析依据。比如，形成运维和财务部门需要的可直观理解的资产管理信息源，实时提供有关资产报表；生成企业的资产财务报告，分析模拟特殊资产更新和替代的成本测算；基于建筑信息模型的资产管理，财务部门可进行不同类型的资产分析。

资产管理操作流程如图 6.5 所示。

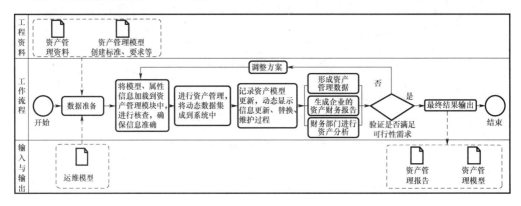

图 6.5　资产管理操作流程

2）基础资源及应用成果

基础资源及应用成果见表 6.7、表 6.8。

表 6.7　资产管理基础资源

序号	资源类型	内容和要求	
1	实施软件	Navisworks、Revit、Archibus、FM：system 等	
2	工程资料	1. 资产管理所需数据资料，如资产编码、资产名称、资产分类、资产价值、资产所属空间、资产采购等资料信息； 2. 资产管理模型创建标准、要求等	
3	BIM 模型	模型元素类型	模型元素和信息
		运维模型	应包括建筑资产模型，按单体、楼层进行模型划分。模型非几何信息包括：资产编码、资产名称、资产分类、资产价值、资产所属空间、资产采购等信息。非几何信息可集成在模型中，也可采用 Excel 等结构化文件保存

表 6.8　资产管理应用成果

序号	类型	内容和要求
1	资产管理模型	满足资产管理需求，集成资产管理过程数据、信息
2	资产管理报告	包括资产管理过程各类分析数据和报表，如资产管理报表、资产财务分析报告等，指导资产管理决策

3. 设备管理

将建筑设备自控（BA）系统、消防（FA）系统、安防（SA）系统及其他智能化系统和建筑运维模型结合，形成基于 BIM 技术的建筑运行管理系统和运行管理方案，有利于实施建筑项目信息化维护管理。提高工作效率，准确定位故障点的位置，快速显示建筑设备的维护信息和维护方案。有利于制定合理的预防性维护计划及流程，延长设备使用寿命，从而降低设备替换成本，并能够提供更稳定的服务。记录建筑设备的维护信息，建立维护机制，以合理管理备品、备件，有效降低维护成本。

1）应用流程

（1）收集数据，并保证模型数据和属性数据的准确性。

（2）将设备管理的运维模型、属性数据按要求加载到运维系统的设备管理模块中。设备维护管理信息集成后，在运维系统中进行核查，确保信息集成的准确性、一致性。

（3）进行设备维护管理，如设备设施资料管理、日常巡检、维保管理。将设备更新、替换、维护过程等动态数据集成到系统中。记录设备模型更新，动态显示建筑设备信息的更新、替换或维护过程，并跟踪各类变化。

（4）形成设备管理数据、报表等为维保部门的维修、维保、更新、自动派单等日常管理工作提供基础支撑和决策依据。

设备管理操作流程如图 6.6 所示。

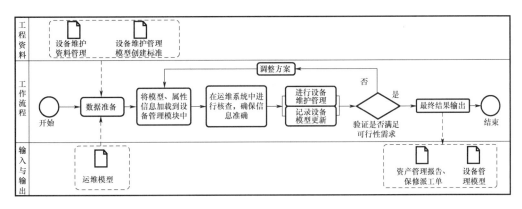

图 6.6　设备管理操作流程

2）基础资源及应用成果

基础资源及应用成果见表 6.9 和表 6.10。

表 6.9　设备管理基础资源

序号	资源类型	内容和要求
1	实施软件	Navisworks、Revit、Archibus、FM：system 等
2	工程资料	1. 设备维护管理所需数据资料，如设备编码、设备名称、设备分类、所属空间、设备采购信息、设备维护计划等资料信息； 2. 设备维护管理模型创建标准、要求等

续表

序号	资源类型	内容和要求	
		模型元素类型	模型元素和信息
3	BIM 模型	运维模型	应包括设备维护模型，按单体、楼层进行模型划分。模型非几何信息包括：设备编码、设备名称、设备分类、功能参数、所属空间、设备采购、设备维护计划等信息。非几何信息可集成在模型中，也可采用 Excel 等结构化文件保存

表 6.10　设备管理应用成果

序号	类型	内容和要求
1	设备管理模型	满足设备管理需求，集成设备管理过程数据、信息
2	设备管理报告、报修派工单	包括设备管理过程各类分析数据和报表，如设备管理报表、设备维护计划、报修派工单等，指导设备管理决策

4. 应急管理

利用建筑模型和设施设备及系统模型，制定应急预案，开展模拟演练。当突发事件发生时，在建筑信息模型中直观显示事件发生位置，显示相关建筑和设备信息，并启动相应的应急预案，以控制事态发展，减少突发事件的直接和间接损失。

1）应用流程

（1）收集数据，并保证模型数据和属性数据的准确性。

（2）将应急管理的运维模型、属性信息按要求加载到运维系统的应急管理模块中。应急管理信息集成后，在运维系统中进行核查，确保信息集成的准确性、一致性。

（3）进行应急事件和预案脚本设置，输入紧急事件相关信息，如事件等级、空间位置、预案措施、疏散和救援路线、应急设备等。

（4）对应急事件进行模拟预演，利用可视化功能展示事件发生的状态，如着火位置、人流疏散路线、救援车辆进场路线等。依据应急事件模拟结果审查、优化应急预案。

（5）应急事件发生时，系统自动定位应急事件的位置，显示应急事件状态，形成应急管理数据，为安保工作提供决策依据。

应急管理操作流程如图 6.7 所示。

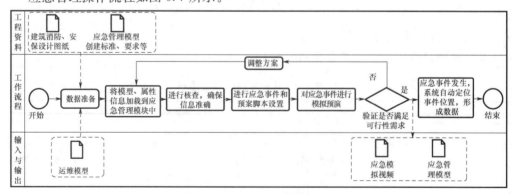

图 6.7　应急管理操作流程

2）基础资源及应用成果

基础资源及应用成果见表 6.11 和表 6.12。

表 6.11　应急管理基础资源

序号	资源类型	内容和要求	
1	实施软件	Navisworks、Revit、Archibus、FM：system 等	
2	工程资料	1. 建筑消防、安保等设计图纸，应急设施设备、感应报警设备的性能和位置，应急预案，包括应急事件类型和等级、事件位置、人员分布、疏散路线、应急事件管理区域责任人、消防和医疗救护进场路线等； 2. 应急管理模型创建标准、要求等	
3	BIM 模型	模型元素类型	模型元素和信息
		运维模型	应包括应急管理模型，按单体、楼层进行模型划分。模型非几何信息包括：建筑空间、房间、走道、楼梯、电梯等的尺寸、布局、消防、安保的感应、火警报警、消防喷淋、指示等设备终端的位置。模型非几何信息包括：应急事件和应急预案相关信息

表 6.12　应急管理应用成果

序号	类型	内容和要求
1	应急管理模型	满足设备应急管理需求，集成应急管理过程数据、信息
2	应急模拟视频	应急预案进行模拟分析和优化，确保应急预案可靠
3	应急管理报告	包括应急管理过程各类分析数据和报表，为应急预案优化和安保提供决策依据

5. 能耗管理

利用建筑模型和设施设备及系统模型，结合楼宇计量系统及楼宇相关运行数据，生成按区域、楼层和房间划分的能耗数据，对能耗数据进行分析，发现高耗能位置和原因，并提出针对性的能效管理方案，降低建筑能耗。

1）应用流程

（1）收集数据，并保证模型数据和属性数据的准确性。

（2）将能耗管理的运维模型、属性信息按要求加载到运维系统的能源管理模块中。能源管理管理信息集成后，在运维系统中进行核查，确保信息集成的准确性、一致性。

（3）通过传感器将设备能耗进行实时收集，并将收集到的水、电、煤气数据传输至中央数据库进行收集。

（4）进行能耗管理。如：能耗分析，运维系统对中央数据库收集的能耗数据信息进行汇总分析，通过动态图表的形式展示出来，并对能耗异常位置进行定位、提醒；智能调节，针对能源使用历史情况，可以自动调节能源使用情况，也可根据预先设置的能源参数进行定时调节，或者根据建筑环境自动调整运行方案；能耗预测，根据能耗历史数据预测设备能耗未来一定时间内的能耗使用情况，合理安排设备能源使用计划。

（5）能耗管理数据为运维部门的能源管理工作提供决策分析依据。

能耗管理操作流程如图 6.8 所示。

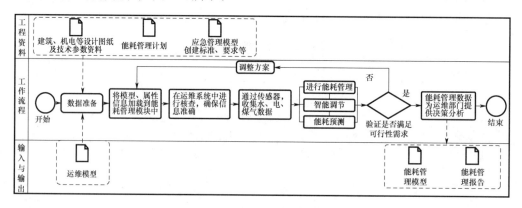

图 6.8　能耗管理操作流程

2）基础资源及应用成果

基础资源及应用成果见表 6.13 和表 6.14。

表 6.13　能耗管理基础资源

序号	资源类型	内容和要求	
1	实施软件	Navisworks、Revit、Archibus、FM；system 等	
2	工程资料	1. 建筑、机电等设计图纸和技术参数资料，包含功能房间、设备机房、机电系统和设备、计量仪表等的位置、属性、参数信息； 2. 能耗管理计划，如能耗阶段（年、月）消耗量、调节措施等； 3. 应急管理模型创建标准、要求等	
		模型元素类型	模型元素和信息
3	BIM 模型	运维模型	应包括能耗管理模型，按单体、楼层进行模型划分。模型非几何信息包括：建筑空间、房间、机房、耗能设备、计量仪表、传感器等的尺寸、位置信息。模型非几何信息包括：耗能设备和计量器、传感器的各类性能参数以及能耗管理计划相关信息

表 6.14　能耗管理应用成果

序号	类型	内容和要求
1	能耗管理模型	满足能耗管理需求，集成应急管理过程数据、信息
2	能耗模拟视频	能耗管理过程各类分析数据和报表，为能耗管理优化和决策提供依据

6.5　智能化运维管理平台

1. 功能架构

通过三维 BIM 图形平台整合 BIM 建筑模型、BIM 机电模型、施工资料、运维资料、设备信息、监控信息、规范信息等图形及信息数据。在三维图形平台基础上，基于 SOA

（面向服务的架构）体系进行设计开发，实现基于 BIM 的三维可视化运维管理（FM）系统。

1）系统总体架构

系统总体架构包括应用层、平台层、数据层和设施层 4 个层次，相互形成一个有机的整体。

（1）应用层。

系统直接面向客户的应用部分，系统的主要功能都集中在这一层。

（2）平台层。

整个系统应用的支撑平台，包括三维图形及 BIM 信息支撑平台、楼宇自控、安防视频监控平台等。

（3）数据层。

整个系统的数据来源基础，包括 BIM 模型数据、设备参数信息、设备运维信息、运维知识库等。视频监控、能耗监测及楼宇自控等数据是需要集成的数据，可调用设备商提供的数据访问接口。

（4）设施层。

基础软硬件支撑，是系统 24×7h 无故障运行的软硬件基础保证。

运维平台架构如图 6.9 所示。

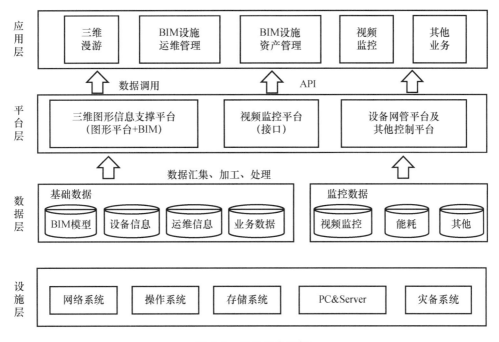

图 6.9　运维平台架构

2）运维管理系统

基于 BIM 的运维管理系统主要包含三维展示、运维管理、资料管理、安全管理、能源管理、查询统计、系统管理等功能模块。

（1）漫游定位与设备信息查看。

在 BIM 模型中可漫游查看相关设施，并可点击查看设施的相关资料和信息，通过传感装置也可实时获取和展示采集到的监控信息。系统对具体设备的 BIM 模型浏览是双向的，用户既可以通过在模型视图中选择相对应的设备模型构件，也可以通过输入设备名和设备型号等属性的方式进行查询浏览。无论采用何种方式，一旦选中了某一具体设备，在界面上就会出现与该设备相关的设备信息（包括设备的名称、型号、技术参数、生产厂家等）供用户查看，同时，用户也可以通过点击关联标签，查看"设备说明书""维修保养资料""供应商资料""应急处置预案""历史维护信息"等各种与设备相关的文件及信息资料。

在三维场景中对建筑内的各种资源进行分类管理和空间查询，点击查询结果快速定位到具体位置，并显示资源的相关属性信息和关联的图纸资料等内容。包括按关键词模糊查询、组合条件查询、空间查询、缓冲区查询、点选查询等多种查询方式。

（2）设备维护与保养。

设备维护分为及时性故障派修和计划性保养维护。

在 BIM 维护模型建立时就会对设备进行标准化分类和编码，并把各类设备的保养维护周期和程序以及与设备维护承包商的维护合约及设备保险等内置到系统中。

对于计划性维护，系统会根据内置规则自动生成运维计划表。检修人员可按计划对设施或设备进行日常维护，并更新维护状态。在发现故障时，可通过手持设备扫描设备标签上的二维码，进行设备定位，登记故障，并可生产派工单，检修过程中可查看故障构件的相关图纸、历史维修信息、维修知识资料等，辅助问题解决，完成后可记录维护日志，更新状态。维修人员在巡检过程中发现设备故障时，可直接通过手持设备扫描二维码进行故障登记，并可在系统中查询设备的厂家、型号、维修等设备属性信息和库存备件情况。

通过 BIM 设备信息中的"关联资料"，可以查看关联到设备信息中的图纸、使用手册、维护规程等信息，也可以查询到该设备的上下游构件情况，这些资料可以帮助维护人员快速完成设备的维护工作。

（3）设备运行监控。

基于 BIM 模型可以进行设备检索、运行和控制功能，通过点击 BIM 模型中的设备，可以查阅所有设备信息，如供应商、使用期限、联系电话、维护情况、所在位置等；可以对设备生命周期进行管理，比如对寿命即将到期的设备及时预警和更换配件，防止事故发生；通过设备名称，或者描述信息，可以查询所有相应设备在虚拟建筑中的准确定位；管理人员或者决策者可以随时利用四维 BIM 模型，进行建筑设备实时浏览。

设备运行和控制。所有设备是否正常运行都能在 BIM 模型上直观显示，例如绿色表示正常运行，红色表示出现故障；对于每个设备，可以查询其历史运行数据；另外，可以对设备进行控制，例如某一区域照明系统的打开、关闭等。

（4）资料管理。

资料管理可以对建筑全生命周期中产生的资料进行管理，包括设施设备资料、项目信息资料、设计图纸、施工图纸、竣工图纸、培训资料、操作规程等。资料信息基于数据库存储，提供增加、删除、修改及检索功能。软件按照图形信息资料的用途以及所属的专业进行分类管理，同时实现了图纸与构件的关联，能够根据设备快速地找到构件的图纸。实现了三维视图与二维平面图的关联，用户通过选择专业以及输入图纸相关的关键字，可以实现快速检索和打开。

（5）安全管理。

系统提供与视频监控设备、消防报警设备的接口，可以实时在三维运维平台中采集、查看、监控这些信息，在设备报警时可以做到及时处理，防患于未然。此外，系统还可以对采集的数据进行统计分析，如统计设备报警情况等。

（6）能耗管理。

通过能耗分析软件与实时采集数据相结合，可以协助技术人员拟订节能计划和节能方案。

（7）统计报表。

系统通过对 BIM 及其运维中产生和采集的数据，可以提供各类信息的查询统计报告，为资源盘查、配件采购、财务预算等提供数据参考。生成故障分析处理统计表、设备资产统计表、设备损毁分析表、备件情况表、维修费用统计表、空间利用情况统计表。

3. 常见的维护平台

目前，基于 BIM 的运维管理平台主要包括较成熟的国外软件产品、二次开发以及自主研发平台。商业软件产品包括 Archibus、FM：system、Allplan Allfa 等；二次开发主要是基于商业软件进行二次开发的运维 BIM 系统，如基于 Autodesk Design Review、Navisworks、Revit 等进行二次开发；自主研发的运维管理平台包括蓝色星球等。

1）Archibus

Archibus 关注资产及设施的全生命周期的管理，提供追踪资产的可视化管理工具，针对性地提供策略性长期规划，服务于财务安排、空间管理、周期性工作组织、预见性风险规避等方面全过程、系统地运维管理。Archibus 的功能模块包括设施管理、资产管理、运维管理和技术管理四大模块，如图 6.10 所示。

图 6.10　Archibus 功能模块

（1）空间管理模块。

这是整个 Archibus 的核心，建筑空间 Space 层级关系为建筑物—楼层—房间—工作区域，以表达面积管理需求。面积管理包括区域内的固定和活动资产，还与人力资源等进行关联。空间管理能快速识别大量空间的使用功能，可根据一个共同的企业空间标准，确定空间的过度使用和使用不足的情况，可重新启用空置的房间，可通过分析各种空间绩效管理指标进行空间优化，提升空间利用率。

（2）运维管理模块。

该模块负责组织设施、设备维护，对应急维修设备数据进行访问，跟踪所有的维修作业，高效处理运维管理工作。运维管理可提升内部及外部服务表现，编排工作优先次序，避免工作积压；能够评估工单要求，优化人工及物料使用，尽量减低运作成本；查询历史数据，简化工作预测及预算程序；追踪预防性维修程序，核实开支及确保符合内部标准或条例要求；提供状况评估能力。

（3）应急预案模块。

可调配现有信息以实现灾难恢复计划，包括遗失资产的挂账及赔偿要求存盘；维护正常运作期间准确的、最新的信息；提供做出时间敏感性决策时所需的信息。

（4）项目管理模块。

可采用集中管理方式自上而下地管理流程，依据项目中的优先顺序管理每个项目下的工程费用；有利于项目组成员的合作，做到在不同地点和不同组织的项目组成员信息同步；按照预先确定的目标，提供直观的计分卡分析方法，对各个管理流程和各个项目的阶段进行分析，确定计划是否按期完成和预算是否超出；通过显示项目的里程碑、阶段任务、进展状况，让项目组成员直观掌握项目进展；通过充分利用系统原有的数据，减轻项目管理负担。

（5）状态评估模块。

利用原有的处理过程和已有的数据，判断例行维护费用和用于更新的费用的合理性。Archibus/TIFM 状态评估模块采用系统性的方法和有针对性的方法评估物业和设施的状态，在满足机构需要的基础上延长各种资源的使用寿命。应用状态评估模块，生成正确评估和改进全部设施状态指数（CPI）的计划，使设施问题对设施使用者的影响降到最小，并且降低运营成本。状态评估可及时判别出需要纠正的潜在问题，从而防止损坏提前发生，或防止损坏到邻近的资产，或防止整个设备的损坏；状态评估过程、发现问题和需要纠错过程可无缝连接，即在状态评估应用中可以直接发出纠错工作单；向控制中心提供状态信息，以便对识别出问题的设施提供保护措施，延长资产寿命。

（6）空间预订管理模块。

可使同类房间的预订过程顺畅；提升管理效率，减少搜索可用空间和避免双重预定的情况；确保所需的房间设施可用，避免管理效率降低。

（7）设备及家具管理模块。

可有效地管理设备和家具等固定资产。Archibus/TIFM 的设备及家具管理系统通过将设备、家具与空间位置、使用及维护人员有机地结合在一起进行管理，追踪设备的更新、人员和资产的调整，并维护数据记录，同时能够按员工确定成本，可以方便地进行设备、人员的搬迁及变更管理。系统帮助机构提高管理能力，提高工作效率，降低运营成本。

（8）通信设施管理模块。

可保证网络畅通使用及建立可维护的网络系统，可依据技术进步及机构自身的业务扩展进行系统升级管理，可进行通信设施物理位置变化和维护管理，生成相应的管理控制图表。Archibus/TIFM 的通信和电缆管理应用系统，可管理网络信息，包括系统容量、设备和线路的物理位置、维护历史等，能够快速判断问题，缩短维修时间，同时还能帮助将冗余的网络设施进行重新设置并再次部署，减少浪费，最大程度地发挥 IT 设施价值。

（9）服务台/应急维修模块。

可简化服务请求和工单的创建、派工、管理过程。Archibus 服务台是一个基于Web 的应用，可以提交服务请求，如一般性的维修、搬动、变更、会议室预约、项目管理等。服务台自动化地处理请求，匹配服务类型，审定优先级，跟踪服务执行过程等。对于复杂的维修工作，Archibus 使用另一个基于 Web 的应急维修管理，该应用提供计划、调度、跟踪详细维修管理的功能。

（10）地理信息系统扩展模块。

将建筑设施数据与地理信息系统连接起来，利用 GIS 的视觉表现，制定更为完善的决策。

2）FM：system

FM：system 实现了人员、场地、工作三位一体，打破信息共享屏障。FM：system 集空间管理、地产、运营维护、设施项目等功能于一个系统中，实现信息共享，给管理人员提供统一的信息。

（1）空间管理。

通过详细的空间利用清单、精确的占地面积以及设施检测程序提高空间及面积利用率。跟踪部门配给，便于生成反馈报告。将设施信息同 Auto CAD 图纸中的详细信息结合，并通过网络浏览器来操作呈现平面图上设施的即时数据。

（2）策略制定。

通过对目前及未来的空间需求进行分析、预测，将建筑及设施计划同业务运营紧密结合。对可能发生的情况进行多重分析，制定多重方案，从中探索节约总投资成本的契机。

（3）资产管理。

对办公家具、设备、计算机、安全保障系统、建筑系统及图形制品等企业资产进行跟踪管理。

（4）地产投资管理。

对照效益指标及行业标准对资产财务数据进行分析，对投资效益进行监督，从而对所建地产成本进行管理。跟踪租赁信息，不断关注租约到期及续租日期。

（5）行动管理。

通过将行动程序、通知及报告自动化来降低行动成本及客户流失率。通过网络渠道了解实时行动数据，从而提高同合作方及内部客户的沟通效率。

（6）设施管理。

利用自动通知、移动设备接入及详细报告，对技术及销售人员的工作程序及预防性维护程序进行优化。

（7）项目管理。

通过跟踪重要财务及时间信息来保障设施项目在预算范围内如期进行。对多重合同、销售人员及项目阶段进行管理。

6.6 智能化系统常见故障与管理维护

由于各类智能化系统不仅自身的系统结构复杂、实施技术难度高，而且各智能化系统之间具有很强的相关性，因此，对智能化系统的运行管理与维护工作应作为独立项目实施与管理。

1. 智能化系统常见故障

建筑设备在投入运转后会不可避免地发生一些故障，主要表现在以下 3 个方面：

（1）执行机构（电动阀）运行不良。

（2）火灾探测器：温感、烟感探测器暴露在装修环境中或处于工作环境比较差的地方，易出现老化、损坏及因粉尘等污染物而产生误报。

（3）电视监控设备：电视监控设备多维 24h 通电工作，容易造成监视屏闪烁、摄像机与监控设备老化等问题，影响监控效果。

2. 智能化系统维护与管理

智能化系统的运营管理主要包括管理网络、资源管理、耗材管理。其中，管理网络是建立运营管理的网络平台，监控节能、节水的管理和环境质量，提高物业管理水平和服务质量，建立必要的预警机制和突发事件的应急处理系统。资源管理主要是节能与节水管理，实现分户、分类计量与收费。耗材管理是建立建筑、设备与系统的维护制度，减少因维修带来的材料损耗。

建筑智能化系统在运营管理方面的应用更为直接。表现在：智能建筑信息设施系统中的综合布线系统和信息网络系统为运营管理提供网络平台。建筑智能化集成系统实施对节能、节水的管理和环境质量的监测，实时采集监测点的运行数据，在数据中心将实时监测各环节的数据变化通过图表等方式进行直观展现，对异常数据及时报警，通过曲线图、趋势图等对节能、节水和环境质量情况进行分析统计，根据分析结果优化设备运行，实现不同控制系统间的联动，合理分配用能、用水，实现能源精细管理，提升建筑节能、节水管理水平；建筑设备监控系统监视设备的运行，记录运行时间，根据记录数据制定设备维护保养计划，延长设备使用寿命，提高物业管理水平和服务质量；智能建筑公共安全中的应急联动系统和集成管理系统实现运营管理所要求的预警机制和突发事件的应急处理能力，而建筑智能化集成管理系统软件实施绿色建筑资源管理，节约成本。

6.7 VR（虚拟现实）技术案例应用

1. 工程运维管理阶段 VR 技术应用

1）试运行模拟培训（VR Commissioning）

项目在竣工后，交付试运行阶段，可以通过 BIM VR 场景进行模拟仿真运行的场景，即试运行模拟（VR Commissioning）。以一个生产工厂为例，可以通过 VR 来精确模拟各类设备运行时的工况，如图 6.11 所示。

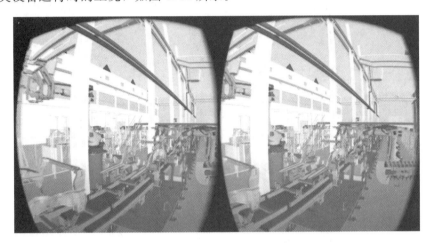

图 6.11　生产工厂运行模拟

试运行模拟仿真的内容包括设备运行工况模拟、消防应急演练模拟、典型设备故障应急演练模拟等。

图 6.12 为电路设备各种运行工况的检修流程模拟仿真应用案例。体验者通过操作电路图和虚拟电路设备模型，即可模拟培训各类电路设施操作规程和检修的流程。

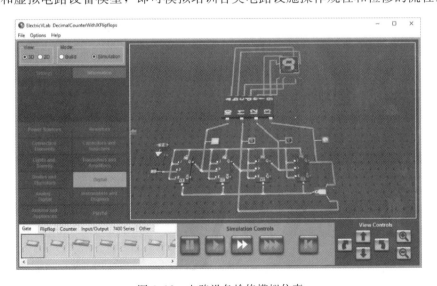

图 6.12　电路设备检修模拟仿真

图 6.13 为发生火灾、爆炸后的消防应急培训演练模拟,与施工阶段的安全教育培训类似。同时还涉及通过 VR 模式对运维人员进行设备运行原理的教学指导。

图 6.13　SimLab VR 应急模拟器

2) VR 远程操作交互

VR 技术结合建筑工程设施的物联网硬件,可将设备运行的数据实时在 VR 场景中呈现。反过来,也可以通过在 VR 场景中操作虚拟硬件设施,使程序将指令传递给建筑中的实际硬件控制器,实现远程操作,如图 6.14 所示。特别是对于一些操作危险性较高的设备区域,在 VR 场景中远程操作,除了提高安全性,还非常简单、直观、便捷。数据双向流动,物联网应用在国外已经有这方面的案例。

图 6.14 是钢材工厂中通过 VR 远程操作机床设备的案例。体验者手持控制器,在 VR 场景中操作虚拟设备,实际控制的却是跟虚拟设备一致的实体建筑设备。且设施设备的实时运行数据,也能够在 VR 场景中查看,操作员只需要在控制室体验区,即可对整个建筑内所有联机的设备进行控制。

图 6.14　Learnmark 机床模拟器

2. 工程运维管理阶段 AR/MR 应用

以一个典型案例来介绍 AR/MR 应用。全球知名电梯厂商 Thyssen Krupp 基于微软 HoloLens 开发了专门针对其企业的一个 BIM＋MR 运维检修管理系统，将电梯运行的设备数据联网，并在 MR 端显示出来，指导现场维修人员，提高工作效率。维修人员接收到维修通知，打开 MR 设备，查看待维修的电梯设备信息及故障状态。然后到设备所在建筑进行维修操作。在维修过程中，维修人员不需要带任何图纸，所有模型和文档数据信息均通过 MR 眼镜增强显示在空间中，所有的隐蔽工程信息也增强显示出来。遇到不能判断的问题时，还可寻求远程协助，将头盔摄像头画面同步给其他人员。

维修完成后，设备运行的实时信息、工单信息都可通过 MR 眼镜实时查看，并同步到服务器端。整个过程，维修人员通过 MR 进行信息增强辅助，让传统基于图纸、检测设备和经验的检修流程大大缩短，极大地提高了工作效率。

Thyssen Krupp 的创新应用可拓展到建筑工程运维管理的各个方面，让 AR/MR 技术辅助运维人员高效率地工作。运维阶段的建筑工程 BIM 数据是实时更新的，它们是一套数字虚拟资产，VR/AR/MR 提供了管理人员、业主与数据资产沟通交互的媒介，让数据资产在运维管理全生命期发挥价值，如图 6.15 所示。

图 6.15　通过 VR/AR/MR 与管理人员沟通

思考题

1. 智能化运维管理方案有哪些？
2. 概述智能化运维阶段运营流程。
3. 简述智能化运维管理流程。
4. 智能化系统常见故障有哪些？如何进行管理维护？
5. VR 技术在智能运维阶段的应用价值有哪些？

参考文献

[1] 龚剑.工程建设企业 BIM 应用指南 [M].上海：同济大学出版社，2018.

[2] 郑展鹏.数字化运维 [M].北京：中国建筑工业出版社，2019.

[3] 徐春社，袁竞峰，李明勇，等.BIM 技术与现代化建筑运维管理 [M].南京：东南大学出版社，2018.